全国高职高专建筑类专业规划教材

建筑工程质量控制与安全管理

（第2版·修订版）

主　编　陶继水　苟文权
副主编　张　茹　周忠浩
主　审　包永刚

黄河水利出版社

·郑州·

内 容 提 要

本书是全国高职高专建筑类专业规划教材，是根据教育部对高职高专教育的教学基本要求及中国水利教育协会职业技术教育分会高等职业教育教学研究会组织制定的建筑工程质量控制与安全管理课程标准编写完成的。本书适应现代工程监理发展的需要，对工程质量控制与安全管理过程中的常用方法、常见问题加以介绍。全书分上、下两篇共9个学习项目，上篇建筑工程质量控制主要包括质量控制基本知识认知、建筑工程施工阶段质量控制、建筑工程施工质量控制要点、建筑工程施工质量验收等内容，下篇建筑工程安全管理主要包括建筑施工安全管理概述、建筑施工安全管理机制、建筑施工安全管理技术、施工现场临时用电安全管理、现场文明施工与消防安全等内容。

本书可供高职高专院校土木工程类工程监理专业教学使用，也可以作为各类成人高校培训教材，同时可供监理单位、建设单位、勘察设计单位、施工单位等工程技术人员参考，也可作为参加监理工程师执业考试的参考书。

图书在版编目(CIP)数据

建筑工程质量控制与安全管理/陶继水，苟文权主编.—2版.—郑州:黄河水利出版社,2019.8 (2024.1 修订版重印)

全国高职高专建筑类专业规划教材

ISBN 978-7-5509-2405-5

Ⅰ.①建… Ⅱ.①陶… ②苟… Ⅲ.①建筑工程-质量管理-高等职业教育-教材 ②建筑工程-安全管理-高等职业教育-教材 Ⅳ.①TU712.3②TU714

中国版本图书馆 CIP 数据核字(2019)第 122817 号

组稿编辑:王路平 电话:0371-66022212 E-mail:hhslwlp@ 163. com
简 群 66026749 931945687@qq. com

出 版 社:黄河水利出版社 网址:www.yrcp.com
地址:河南省郑州市顺河路黄委会综合楼 14 层 邮政编码:450003
发行单位:黄河水利出版社
发行部电话:0371-66026940、66020550、66028024、66022620(传真)
E-mail:hhslcbs@ 126. com
承印单位:河南承创印务有限公司
开本:787 mm×1 092 mm 1/16
印张:19
字数:440 千字 印数:4 001—5 000
版次:2013 年 7 月第 1 版 印次:2024 年 1 月第 3 次印刷
2019 年 8 月第 2 版
2024 年 1 月修订版
定价:48.00 元

(版权所有 盗版、抄袭必究 举报电话:0371-66025553)

第 2 版前言

本书是贯彻落实《国家中长期教育改革和发展规划纲要（2010～2020 年）》《国务院关于加快发展现代职业教育的决定》（国发〔2014〕19 号）、《现代职业教育体系建设规划（2014～2020 年）》等文件精神，在中国水利教育协会指导下，由中国水利教育协会职业技术教育分会高等职业教育教学研究会组织编写的第二轮建筑类专业规划教材。本套教材力争实现项目化、模块化教学模式，突出现代职业教育理念，以学生能力培养为主线，体现出实用性、实践性、创新性的教材特色，是一套理论联系实际、教学面向生产的高职教育精品规划教材。

本书第 1 版由安徽水利水电职业技术学院闫超君主持编写，在此对闫超君老师及其他参编人员在本书编写过程中所付出的劳动和贡献表示感谢！本书第 1 版自 2013 年 7 月出版以来，因其通俗易懂、全面系统、应用性知识突出、可操作性强等特点，受到全国高职高专院校土建类专业师生及广大建筑从业人员的喜爱。随着我国建设理论水平的不断发展，为进一步满足教学需要，应广大读者的要求，编者在第 1 版的基础上对原教材内容进行了全面修订、补充和完善。

为了不断提高教材质量，编者于 2024 年 1 月，根据近年来在教学实践中发现的问题和错误，对全书进行了系统修订完善。

本次再版，根据本课程的培养目标和当前监理理论的发展状况，力求拓宽专业面，扩大知识面，反映先进的理论水平以适合发展的需要；力求综合运用基本理论和知识，以解决工程实际问题；力求理论联系实际，以应用为主，内容上尽量符合实际需要。

本书再版具有以下特点：

（1）语言表述规范、清晰，深入浅出，知识内容易于理解。

（2）遵循"理论满足必需、够用"的原则，讲清概念，强化应用，注重实用。

（3）紧密结合颁布实施的《建设工程监理规范》（GB/T 50319—2013）以及相关法律法规，淘汰部分陈旧知识，同时吸收了工程建设监理行业的一些最新研究成果和实践做法。

（4）重点突出，内容更新，充分体现本书的科学性、先进性、实用性，突出理论与实践有机结合。

（5）采用项目化编写，体现教学组织的科学性和灵活性，教学内容的先进性和前瞻性。

本书分上、下两篇共 9 个学习项目，主要内容涵盖了工程建设监理方面的知识和技能要求。本课程实践性强、综合性大、社会性广，必须结合工程实际情况，综合运用有关基本理论和知识，解决生产监理实践问题。

本书编写人员及编写分工如下：学习项目 1～3 由安徽水利水电职业技术学院陶继水编写，学习项目 4、5 由重庆水利电力职业技术学院周忠浩编写，学习项目 6、8、9 由贵州工商职业学院苟文权编写,学习项目7由山西水利职业技术学院张茹编写。本书由陶继水、苟文权担任主编,陶继水负责全书统稿;由张茹、周忠浩担任副主编;由河南水利与环境职业学院包永刚教授担任主审。

　　本书在修订过程中,引用了大量的规范、专业文献和工程案例,在书中未一一注明出处,在此向有关文献的作者深表谢意!同时也向支持和帮助本书修订再版的其他高职高专院校土木工程专业老师表示谢意!

　　由于编者的理论水平和实践经验所限,这次修订再版仍难免有不妥、不周、不够准确之处,热情期待广大读者批评指正。

编　者

2024 年 1 月

目　录

上篇　建筑工程质量控制

学习项目 1　质量控制基本知识认知

【知识目标】

　　1.掌握建筑工程质量、建筑工程质量控制的基本知识；

　　2.熟悉建筑工程质量控制的基本原则及建筑工程质量责任体系。

【能力目标】

　　1.能区别质量与建筑工程质量，熟悉影响质量的因素；

　　2.熟悉建筑工程质量控制的基本原则；

　　3.熟悉建筑工程质量体系和责任主体。

任务 1.1　工程质量基本知识认知

1.1.1　质量

　　2008 版 GB/T 19000—ISO 9000 族标准中质量的定义是：一组固有特性满足要求的程度。

　　上述定义可以从以下几方面去理解：

　　(1)质量不仅是指产品质量，也可以是某项活动或过程的工作质量，还可以是质量管理体系运行的质量。质量是由一组固有特性组成的，这些固有特性是指满足顾客要求和其他相关方要求的特性，并由其满足要求的程度加以表征。

　　(2)特性是指区分的特征。特性可以是固有的或赋予的，可以是定型的或定量的。特性有各种类型，质量特性是固有的特性，并通过产品、过程或体系设计和开发及其后的实现过程形成的属性。固有的意思是指在某事或某物中本来就有的，尤其是那种永久的特性。赋予的特性(如某一产品的价格)并非是产品、过程或体系的固有特性，不是它们的质量特性。

　　(3)满足要求就是应满足明示的(如合同、规范、标准、技术、文件、图纸中明确规定的)、通常隐含的(如组织的惯例、一般习惯)或必须履行的(如法律、法规、行业规则)需要和期望。与要求相比较，满足要求的程度才反映质量的好坏。对质量的要求除考虑满足顾客的需要外，还应考虑其他相关方即组织自身利益、提供原材料和零部件等的供方的利益和社会的利益等多种要求。例如,需考虑安全性、环境保护、节约能源等外部的强制要求。只有全面满足这些要求,才能评定为好的质量或优秀的质量。

(4)顾客和其他相关方对产品、过程或体系的质量要求是动态的、发展的、相对的。质量要求随着时间、地点、环境的变化而变化。如随着技术的发展、生活水平的提高,人们对产品、过程或体系会提出新的质量要求。因此,应定期评定质量要求,修订规范标准,不断开发新产品、改进老产品,以满足已变化的质量要求。另外,不同国家不同地区因自然环境条件、技术发达程度、消费水平和民俗习惯等的不同会对产品提出不同的要求,产品应具有这种环境的适应性,对不同地区应提供不同性能的产品,以满足该地区用户的明示的或通常隐含的需要和期望。

1.1.2　建筑工程质量

建筑工程质量简称工程质量。工程质量是指工程满足业主需要的,符合国家法律、法规、技术规范标准、设计文件及合同规定的特性综合。

建筑工程作为一种特殊的产品,除具有一般产品共有的质量特性(如性能、寿命、可靠性、安全性、经济性等)满足社会需要的使用价值及其属性外,还具有特定的内涵。

建筑工程质量的特性主要表现在以下六个方面:

(1)适用性,即功能。是指工程满足使用目的的各种性能。包括:理化性能,如尺寸、规格、保温、隔热、隔声等物理性能;耐酸、耐碱、耐腐蚀、防火、防风化、防尘等化学性能;结构性能,指地基基础牢固程度,结构的足够强度、刚度和稳定性;使用性能,如民用住宅工程要能使居住者安居,工业厂房要能满足生产活动要求,道路、桥梁、铁路、航道要能通达便捷等,建筑工程的组成部件、配件、水、暖、电、卫生器具、设备也要能满足其使用功能;外观性能,指建筑物的造型、布置、室内装饰效果、色彩等美观大方、协调等。

(2)耐久性,即寿命。是指工程在规定的条件下,满足规定功能要求使用的年限,也就是工程竣工后的合理使用寿命周期。由于建筑物本身结构类型不同、质量要求不同、施工方法不同、使用性能不同的个性特点,目前国家对建设工程的合理使用寿命周期还缺乏统一的规定,仅在少数技术标准中提出了明确要求。例如,民用建筑主体结构耐用年限分为四级(15~30年、30~50年、50~100年、100年以上),对工程组成部件(如塑料管道、屋面防水、卫生洁具、电梯等)也视生产厂家设计的产品性质及工程合理使用寿命周期而规定不同的耐用年限。

(3)安全性。是指工程建成后在使用过程中保证结构安全、保证人身和环境免受危害的程度。建筑工程产品的结构安全度、抗震、耐火及防火能力,人民防空的抗辐射、抗核污染、抗爆炸波等能力,是否能达到待定的要求,都是安全性的重要标志。工程交付使用之后,必须保证人身财产、工程整体都有能免遭工程结构破坏及外来危害的伤害。工程组成部件,如阳台栏杆、楼梯扶手、电梯产品漏电保护、电梯及各类设备等,也要保证使用者的安全。

(4)可靠性。是指工程在规定的时间和规定的条件下完成规定功能的能力。工程不仅要求在交工验收时要达到规定的指标,而且在一定的使用时期内要保持应有的正常功能。如工程上的防洪与抗震能力,防水隔热、恒温恒湿措施,工业生产用的管道防"跑、冒、滴、漏"等,都属可靠性的质量范畴。

(5)经济性。是指工程从规划、勘察、设计、施工到整个产品使用寿命周期内的成本和消耗的费用。工程经济性具体表现为设计成本、施工成本、使用成本三者之和。通过分析比较,判断工程是否符合经济性要求。

(6)与环境的协调性。是指工程与其周围生态环境的协调,与所在地区的经济环境协调以及与周围工程相协调,以适应可持续发展的要求。

上述六个方面的质量特性彼此之间是相互依存的。总体而言,适用、耐久、安全、可靠、经济、与环境的协调都是必须达到的基本要求,缺一不可。但是对于不同门类的专业的工程,工业建筑、民用建筑、公用建筑、道路建筑可依据其所处的特定地域环境条件、技术经济条件的差异,有不同的侧重。

1.1.3　建筑工程质量形成过程与影响因素

1.1.3.1　工程建设各阶段对质量形成的作用与影响

工程建设的不同阶段,对工程项目质量的形成起着不同的作用与影响。

1.项目可行性研究

项目可行性研究是在项目建议书和项目策划的基础上,运用经济学原理对投资项目的有关技术、经济、社会及所有方面进行调查研究,对各种可能的拟建方案和建成投产后的经济效益、社会效益和环境效益等进行技术经济分析、预测和论证,确定项目建设的可行性,并在可行的情况下,通过多方案比较从中选出最佳建设方案,作为项目决策和设计的依据。在此过程中,需要确定工程项目的质量要求,并与投资目标相协调。因此,项目的可行性研究直接影响项目的决策质量和设计质量。

2.项目决策

项目决策阶段可通过项目可行性研究和项目评估,对项目的建设方案做出决策,使项目的建设充分反映业主的意愿,并与地区环境相适应,做到投资、质量、进度三者协调统一。所以,项目决策阶段对工程质量的影响主要是确定工程项目应达到的质量目标和水平。

3.工程勘查、设计

工程的地质勘查是为建设场地的选择和工程的设计与施工提供地质资料依据。工程设计是根据建设项目的总体需求(包括已确定的质量目标和水平)及地质勘查报告对工程的外形和内在的实体进行筹划、研究、构思、设计和描绘,形成设计说明书和图纸等相关文件,使得质量目标和水平具体化,为施工提供直接依据。

工程设计质量是决定工程质量的关键环节,工程采用什么样的平面布置和空间形式,选用什么样的结构类型,使用什么样的材料、构配件及设备等,都直接关系到工程主体结构的安全可靠,关系到建设投资的综合功能是否充分体现规划意图。在一定程度上,设计的完美性反映了一个国家的科技水平和文化水平;设计的严密性、合理性也决定了工程建设的成败,是建设工程的安全、适用、经济与环境保护等措施得以实现的保证。

4.工程施工

工程施工是指按照设计图纸和相关文件的要求,在建设场地上将设计意图付诸实现的测量、作业、检验,形成工程实体建成最终产品的活动。任何优秀的勘察设计成果,只有通过施工才能变为现实。因此,工程施工活动决定了设计意图能否体现,它直接关系到工程的安全可靠、使用功能的保证,以及外表观感能否体现建筑设计的艺术水平。在一定程度上,工程施工是形成实体质量的决定性环节。

5. 工程竣工验收

工程竣工验收就是对项目施工的质量通过检查评定、试车运转,考核项目质量是否达到设计要求,是否符合决策阶段确定的质量目标和水平,并通过验收确保工程项目的质量。所以,工程竣工验收对质量的影响是保证最终产品的质量。

1.1.3.2 影响工程质量的因素

影响工程的因素很多,但归纳起来主要有五个方面,即人(man)、材料(material)、机械(machine)、方法(method)和环境(environment),简称为 4M1E 因素。

1. 人员素质

人是生产经营活动的主体,也是工程项目建设的决策者、管理者、操作者。工程建设全过程都是通过人来完成的。人员的素质,即人的文化水平、技术水平、决策能力、管理能力、组织能力、作业能力、控制能力、身体素质及职业道德等,都将直接或间接地对规划、决策、勘察、设计和施工的质量产生影响;而规划是否合理,决策是否正确,设计是否符合所需要的质量功能,施工能否满足合同、规范、技术标准的需要等,都将对工程质量产生不同程度的影响,所以人员素质是影响工程质量的一个重要因素。因此,建筑行业实行的经营资质管理和各类专业从业人员持证上岗制度是保证人员素质的重要管理措施。

2. 工程材料

工程材料泛指构成工程实体的各类建筑材料、构配件、半成品等,它是工程建设的物质条件,是工程质量的基础。工程材料选用是否合理、产品是否合格、材料是否经过检验、保管使用是否得当等,都将直接影响建设工程的结构刚度和强度、工程外表及感官、工程的使用功能及工程的使用安全等。

3. 机械设备

机械设备可分为两类:一类是指组成工程实体及配套的工艺设备和各类机具,如电梯、泵机、通风设备等,它们构成了建筑设备安装工程或工业设备安装工程,形成完整的使用功能;另一类是指施工过程中使用的各类机具设备,包括大型垂直与横向运输设备、各类操作工具、各种施工安全设施、各类测量仪器和计量器具等,简称施工设备,它们是施工生产的手段。机具设备对工程质量也有重要的影响。工程用机具设备的产品质量优劣直接影响工程使用功能质量。施工用机具设备的类型是否符合施工特点、性能是否先进稳定、操作是否方便安全等,都将会影响工程项目的质量。

4. 方法

方法是指工艺方法、操作方法和施工方案。在工程施工中,施工方案是否合理、施工工艺是否先进、施工操作是否正确,都将对工程质量产生重大的影响。大力推进采用新技术、新工艺、新方法,不断提高工艺技术水平,是保证工程质量稳定提高的重要因素。

5. 环境条件

环境条件是指对工程质量特性起重要作用的环境因素,包括:工程技术环境,如工程地质、水文、气象等;工程作业环境,如施工环境作业面大小、防护设施、通风照明和通信条件等;工程管理环境,如工程邻近的地下管线、建(构)筑物等。环境条件往往对工程质量产生特定的影响。加强环境管理、改进作业条件、把握好技术环境、辅以必要的措施,是控制环境对质量影响的重要保证。

1.1.4　建筑工程质量的特点

建筑工程质量的特点是由建筑工程本身和建设生产的特点决定的。建筑工程及其生产的特点:一是产品的固定性,生产的流动性;二是产品的多样性,生产的单件性;三是产品形体庞大、高投入、生产周期长、具有风险性;四是产品的社会性,生产的外部约束性。正是由于上述建筑工程的特点才形成了工程质量本身的以下特点。

1.1.4.1　影响因素多

建筑工程质量受到多种因素的影响,如决策、设计、材料、机具设备、施工方法、施工工艺、技术措施、人员素质、工期、工程造价等,这些因素直接或间接地影响工程项目质量。

1.1.4.2　质量波动大

由于建筑生产的单件性、流动性,不像一般工业产品的生产那样,有固定的生产流水线、有规范化的生产工艺和完善的检测技术、有成套的生产设备和稳定的生产环境,所以工程质量容易产生波动且波动大。同时,由于影响工程质量的偶然性因素和系统性因素比较多,其中任一因素发生变动,都会使工程质量产生波动。例如,材料规格品种使用错误、施工方法不当、操作未按规程进行、机械设备过度磨损或出现故障、设计计算失误等,都会发生质量波动,产生系统因素的质量变异,造成工程质量事故。为此,要严防出现系统性因素的质量变异,要把质量波动控制在偶然性因素范围内。

1.1.4.3　质量隐蔽性

建筑工程在施工过程中,分项工程交接多、中间产品多、隐蔽工程多,因此质量存在隐蔽性。若在施工中不及时进行质量检查,事后只能从表面上检查,就很难发现内在的质量问题,这样就容易判断错误。

1.1.4.4　终检的局限性

工程项目建成后不可能像一般工业产品那样依靠终检来判断产品质量,或将产品拆卸、解体来检查其内在的质量,或对不合格零部件可以更换。而工程项目的终检(竣工验收)无法进行工程内在质量的检验、发现隐蔽的质量缺陷,因此工程项目的终检存在一定的局限性。这就要在工程质量控制的过程中以预防为主,防患于未然。

1.1.4.5　评价方法的特殊性

工程质量的检查评定及验收是按检验批、分项工程、分部工程、单位工程进行的。检验批的质量是分项工程乃至整个工程质量检验的基础,检验批质量合格与否主要取决于主控项目和一般项目经抽样检验的结果。隐蔽工程在隐蔽前要自检合格后方可验收,涉及结构安全的试块、试件以及有关材料,应按规定进行见证取样检测;涉及结构安全和使用功能的重要分部工程要进行抽样检测。工程质量是在施工单位按合格质量标准自行检查评定的基础上,由监理工程师(或建设单位项目负责人)组织有关单位、人员进行检验确认验收。这种评价方法体现了"验评分离、强化验收、完善手段、过程控制"的指导思想。

任务 1.2 建筑工程质量控制

1.2.1 工程质量控制的概念及分类

2008 版 GB/T 19000—ISO 9000 族标准中质量控制的定义是：质量管理的一部分，致力于满足质量要求。

上述定义可以从以下几方面去理解：

（1）质量控制是质量管理的组成部分，其目的是使产品、体系或过程的固有特性达到规定的要求，即满足顾客、法律、法规等方面提出的质量要求（如适用性、安全性等）。所以，质量控制是通过采取一系列的作业技术和活动对各个过程实施控制的。

（2）质量控制的工作内容包括作业技术和活动，也就是包括专业技术和管理技术两个方面。围绕产品全过程每一阶段的工作如何能保证做好，应对影响其质量的人、材料、机械、方法、环境（4M1E）因素进行控制，并对质量活动的成果进行分阶段验证，以便及时发现问题，查明原因，采取相应纠正措施，防止质量不合格现象的发生。因此，质量控制应贯彻预防为主与检验把关相结合的原则。

（3）质量控制应贯穿于产品形成体系运行的全过程。每一过程都有输入、转换和输出等三个环节，通过对每一个过程三个环节实施有效控制，对产品质量有影响的各个过程处于受控状态，持续提供符合规定要求的产品才能得到保障。

1.2.1.1 工程质量控制按其实施主体分类

工程质量控制按其实施主体不同分为自控主体和监控主体。前者是指直接从事质量职能的活动者，后者是指对他人质量能力和效果的监控者。

（1）政府的工程质量控制。政府属于监控主体，它主要是以法律、法规为依据，通过抓工程报建、施工图设计文件（简称施工图）审查、施工许可、材料和设备准用、工程质量监督、重大工程竣工验收备案等主要环节进行的。

（2）建设单位的质量控制。建设单位是质量控制贯穿建设全过程的组织者和管理者，对质量负责决策、监督、帮助、考核、验收责任。

（3）工程监理单位的质量控制。工程监理单位属于监控主体，它主要是受建设单位的委托代表建设单位对工程实施全过程进行的质量监督和控制，包括勘察设计阶段质量控制、施工阶段质量控制，以满足建设单位对工程质量的要求。

（4）勘察、设计单位的质量控制。勘察、设计单位属于自控主体，它是以法律、法规及合同为依据，对勘察、设计的整个过程进行控制，包括工作程序、工作进度、费用及成果文件所包含的功能和使用价值，以满足建设单位对勘察、设计质量的要求。对于施工质量来说，设计单位属于监控主体。

（5）施工单位的质量控制。施工单位属于自控主体，它是以工程合同、设计图纸和技术规范为依据，对施工准备阶段、施工阶段、竣工验收交付阶段等施工全过程的工作质量和工程质量进行的控制，以达到合同文件规定的质量要求。

1.2.1.2   工程质量控制按工程质量形成过程分类

工程质量控制按工程质量形成过程,可以分为以下三个阶段的质量控制。

(1)决策阶段的质量控制。主要是通过项目的可行性研究,选择最佳建设方案,使项目的质量要求符合业主的意图,并与投资目标相协调,与所在地区环境相协调。

(2)工程勘察设计阶段的质量控制。主要是要选择好勘察、设计单位,保证工程设计符合决策阶段确定的质量要求,保证设计符合有关技术规范和标准的规定,保证设计文件、图纸符合现场和施工的实际条件,其深度能满足施工的需要。

(3)工程施工阶段的质量控制。一是择优选择能保证工程质量的施工单位;二是严格监督承建方按设计图纸进行施工,并形成符合合同文件规定质量要求的最终建筑产品。

1.2.2   建筑工程质量控制的基本原理

建筑工程质量控制是指致力于满足工程质量的要求,也就是为了保证工程质量满足工程合同、规范标准所采取的一系列措施、方法和手段。

1.2.2.1   三阶段控制

施工阶段质量控制是工程项目全过程质量控制的关键环节。根据工程质量形成的时间,施工阶段的质量控制又可分为事前控制、事中控制和事后控制,其中事前控制为重点控制。

1.事前控制

分析可能导致质量目标偏离的各种影响因素,针对这些影响因素制定有效的预防措施,防患于未然。

(1)审查承包商及分包商的技术资质。

(2)协助承包商完善质量体系,包括完善计量及质量检测技术和手段等,同时对承包商的试验室资质进行考核。

(3)督促承包商完善现场质量管理制度,包括现场会议制度、现场质量检验制度、质量统计报表制度和质量事故报告及处理制度等。

(4)与当地质量监督站联系,争取其配合、支持和帮助。

(5)组织设计交底和图纸会审,对有的工程部位应下达质量要求标准。

(6)审查承包商提交的施工组织设计,保证工程质量具有可靠的技术措施。审核工程中采用的新材料、新结构、新工艺、新技术的技术鉴定书;对工程质量有重大影响的施工机械、设备,应审核其技术性能报告。

(7)对工程所需要原材料、构配件的质量进行检查与控制。

(8)对永久性生产设备或装置,应按审批同意的设计图纸组织采购或订货,到场后进行检查验收。

(9)对施工场地进行检查验收。检查施工场地的测量标桩、建筑物的定位放线以及高程水准点,重要工程还应复核,落实现场障碍物的清理、拆除等。

(10)把好开工关。对现场各项准备工作检查合格后,方可下达开工令。停工的工程,未下达复工令者不得复工。

2. 事中控制

事中控制的关键是坚持质量标准，控制的重点是工序质量，以及工作质量、质量控制点的控制。

（1）督促承包商完善工序控制。工程质量是在工序中生产的，工序控制对工程质量起着决定性的作用。应把影响工序质量的因素都纳入控制状态中建立质量管理点，及时检查和审核承包商提交的质量统计分析资料和质量控制图表。

（2）严格工序交接检查。主要工作包括隐蔽作业，需按有关验收规定经检查验收后，方可进行下一工序的施工。

（3）重要的工程部位或专业工程（如混凝土工程）要做试验或技术复核。

（4）审查质量事故处理方案，并对处理效果进行检查。

（5）对完成的分部、分项工程，按相应的质量评定标准和办法进行检查验收。

（6）审核设计变更和图纸修改。

（7）按合同行使质量监督权和质量否决权。

（8）组织定期或不定期的质量现场会议，及时分析、通报工程质量状况。

3. 事后控制

事后控制的重点是发现施工质量方面的缺陷，并通过分析，提出施工质量改进的措施，保证质量处于受控状态。

（1）审核承包商提供的质量检验报告及有关技术性文件。

（2）审核承包商提供的竣工图。

（3）组织联动试车。

（4）按规定的质量评定标准和办法进行检查验收。

（5）组织项目竣工总验收。

（6）整理有关工程项目质量的技术文件，并编目、建档。

1.2.2.2 三全控制

1. 三全控制的内容

1）全面的质量标准

按照全面质量管理的观点，产品质量包括使用价值、经济性、交货期和技术服务质量等。

用户要求的质量标准并不是凝固的，而是不断变化和提高的。所以，既要保证按现有标准要求的产品质量，又要不断提高产品质量。

上述质量标准的综合性和动态性，就是全面的质量标准含义。全过程的质量管理就是为达到上述全面质量要求所进行的管理。

2）全过程的质量管理

质量不仅取决于施工阶段的质量，还涉及勘察、设计、材料和施工设备的质量，以及使用阶段技术服务的质量。因此，作为施工单位，不仅要加强施工全过程的质量控制，还应做好对设计质量的审核，做好对进场材料和设备的检验。

对影响产品质量的上述全部过程实施管理，叫作全过程的质量管理，这种全过程的管理突出了预防性，即事前的质量控制。

3）全员参与的管理

在实施全过程的质量管理时,从项目经理至每位员工,他们的工作都直接或间接与产品质量的形成有关。所以,质量管理需要全体员工的参与,而不是只由少数专业管理人员去做。

2. 三全控制的基本原则

1）贯彻"质量第一"的方针

质量是企业信誉的基础,也是市场竞争的需要,质量问题应引起全体员工足够的重视。

2）贯彻"预防为主"的方针

好的质量不是检验出来的,而是生产出来的。质量控制并不是仅靠对成品的严格检验,更重要的是在产品形成过程中进行严格控制,对产品质量形成全过程的每个环节采取预防措施来保证产品的质量。

3）用数据说话

在质量管理中要尽可能地运用质量检验和试验数据来判别质量的优劣,采用数理统计的方法对质量进行控制,使质量管理科学化。

4）要有广泛的群众基础

质量是由项目管理的工作质量来保证的,没有项目管理的工作质量,也就没有产品的质量。而项目管理的工作质量涉及形成产品质量的所有环节、所有过程,涉及项目管理的各个部门和每位职工。所以说,质量是广大职工共同创造出来的,而不是靠少数人检验出来的。

5）要有严密的组织保证

要搞好全面质量管理,需要有严密的组织保证。为此,就要设立相应的机构,配备一定的人员,并明确划分其职责和权限。

1.2.2.3　PDCA 循环

PDCA 循环是人们在管理实践中形成的基本理论与方法。它也适用于工程项目质量控制。PDCA 循环包括四个环节,即计划、实施、检查和处置。PDCA 过程示意如图 1-1 所示。

1. P（计划,plan）

计划是指明确目标并制订实现目标的实施方案。在分析和找出存在的质量问题的基础上,分析产生这些质量问题的原因和主要影响因素,针对主要影响因素制

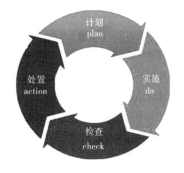

图 1-1　PDCA 过程示意

订措施,提出行动计划。计划阶段是要求项目的各参与方根据任务目标和责任范围,确定质量控制的组织制度、工作程序、技术方法、业务流程、资源配置、检验试验要求、质量记录方式、不合格处理、管理措施等具体内容和做法的文件。同时,对其实现预期目标的可行性、有效性、经济合理性进行分析论证,按照规定的程序与权限审批执行。

计划环节包括以下具体步骤和内容:

（1）分析质量现状,找出存在的质量问题。分析现状,找出存在的质量问题,要有重

点。首先,是项目施工中的质量通病;其次,是在工程中技术复杂、难度大、质量要求高的工序,如采用新工艺、新技术、新结构、新材料等工序,分析质量现状,找出存在的质量问题要依据大量的数据和情报资料,让数据说话,用数据统计的方法来反映问题。

(2)分析产生质量问题的原因和影响因素。这一步也要依据大量的数据,应用数理统计的方法,召开有关人员和有关问题的分析会议,最后绘制因素分析图。

(3)找出影响质量的主要因素。找出影响质量的主要因素可采用以下两种方法:一是利用数理统计的方法和图表;二是当数据不容易取得或者受时间限制来不及取得时,可根据有关问题分析会议的意见来确定。

(4)制订改善质量的措施,提出行动计划,并预计效果。在进行这一步时要反复考虑并明确回答以下问题:第一,为什么要采取这些措施? 为什么要这样改进? 即要回答采取措施的原因。第二,改进后能达到什么目的? 有什么效果? 第三,改进措施在何处(哪道工序、哪道环节、哪个过程)执行? 第四,什么时间执行? 什么时间完成? 第五,由谁负责执行? 第六,用什么方法完成? 用哪种方法比较好? 上述六个问题,归纳起来就是原因、目的、地点、时间、执行人和方法。

2. D(实施,do)

实施是指组织对质量计划或措施的执行。首先,对计划的实施方案进行交底,使各参与者明确计划的意图和要求,掌握标准,规范行为;然后,按计划规定的方法与要求开展作业技术活动。具体地说,就是要依靠思想工作体系,做好教育工作;依靠组织体系,完善组织机构、责任制、规章制度等工作;依靠产品形成过程的质量控制体系,做好质量控制工作,以保证质量计划的执行。

3. C(检查,check)

检查是指调查和统计所采取措施的效果,即对计划实施过程进行的各种检查,包括检查是否严格执行了计划的行动方案,实际条件是否发生了变化,不执行计划的原因以及检查产品的质量是否达到标准的要求,对此进行确认和评价。也就是检查作业是否按计划要求去做了,哪些做对了、哪些还没有达到要求,哪些有效果、哪些还没有效果。

4. A(处置,action)

处置是指对质量检查中所发现的质量问题或质量不合格状态及时进行原因分析,采取应急措施,解决当前的质量问题,保持质量形成的受控状态。同时,通过总结经验,制定相应的标准或制度,并且提出尚未解决的质量问题,将质量信息反馈到管理部门,反思问题症结或计划时的不周,为今后类似问题的质量预防提供借鉴。这一环节实际上包含两个具体内容:

(1)总结经验,巩固成绩。经过上一步检查以后,把确有效果的措施、在实施中取得的好经验,通过修订相应的工艺文件、工艺规程、作业标准的各种质量管理的规章制度加以总结,把成绩巩固下来。

(2)提出尚未解决的问题。通过检查,把效果还不显著或还不符合要求的那些措施,作为遗留问题反映到下一个循环中去。

PDCA 的四个阶段周而复始,循环一次,质量改善一次,质量水平提高一步,呈螺旋式上升。通过 PDCA 循环,把项目的各参与方、各项工作有机地联系起来,彼此协同,相互促

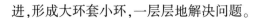

进,形成大环套小环,一层层地解决问题。

1.2.3　建筑工程质量控制的基本原则

监理工程师在工程质量控制过程中,应遵循以下几条原则:

(1)坚持质量第一的原则。

建筑工程质量不仅关系工程的适用性和建设项目投资效果,而且关系人民群众生命财产的安全。所以,监理工程师在进行投资、进度、质量三大目标控制,处理三者关系时,应坚持"百年大计,质量第一",在工程建设中自始至终把"质量第一"作为对工程质量控制的基本原则。

(2)坚持以人为核心的原则。

人是工程建设的决策者、组织者、管理者和操作者。工程建设中各单位、各部门、各岗位人员的工作质量水平和完善程度,都直接和间接地影响工程质量。所以,在工程质量控制中,要以人为核心,重点控制人的素质和人的行为,充分发挥人的积极性和创造性,以人的工作质量保证工程质量。

(3)坚持以预防为主的原则。

工程质量控制应该是积极主动的,应事先对影响质量的各种因素加以控制,而不能是消极被动的;若等出现质量问题再进行处理,则会造成不必要的损失。所以,要重点做好质量的事先控制和事中控制,以预防为主,加强过程和中间产品的质量检查和控制。

(4)坚持质量标准原则。

质量标准是评价产品质量的尺度,工程质量应符合合同规定的质量标准要求,应通过质量检验并与质量标准对照,符合质量标准要求的才是合格的,不符合质量标准要求的就是不合格的,必须返工处理。

(5)坚持科学、公正、守法的职业道德规范。

在工程质量控制中,监理人员必须坚持科学、公正、守法的职业道德规范,要尊重科学,尊重事实,以数据资料为依据,客观、公正地处理质量问题。要坚持原则,遵纪守法,秉公监理。

任务 1.3　建筑工程质量控制体系

1.3.1　建筑工程质量控制责任体系

在工程项目建设中,参与工程建设的各方应根据国家颁布的《建设工程质量管理条例》以及合同、协议与有关文件的规定承担相应的质量责任。

1.3.1.1　建设单位的质量责任

(1)建设单位要根据工程特点和技术要求,按有关规定选择相应资质等级的勘察、设计单位和施工单位,在合同中必须有质量条款,明确质量责任,并真实、准确、齐全地提供与建设工程有关的原始资料。凡建设工程项目的勘察、设计、施工、监理以及与工程建设有关重要设备、材料的采购,均实行招标,依法确定程序和方法,择优选定中标者。不得将应由一个承包单位完成的建设工程项目肢解成若干部分发包给几个承包单位;不得迫使承包方以低于成本的价格竞标;不得任意压缩合理工期;不得明示或暗示设计单位或施工单位违反建设强制性标准,降低建设工程质量。建设单位对其自行选择的设计、施工单位发生的质量问题承担相应责任。

(2)建设单位应根据工程特点,配备相应的质量管理人员。对国家规定强制实行监理的工程项目,必须委托有相应资质等级的工程监理单位进行监理。建设单位应与监理单位签订监理合同,明确双方的责任和义务。

(3)建设单位在工程开工前,负责办理有关施工图设计文件审查、工程施工许可证和工程质量监督手续,组织设计和施工单位认真进行检查,涉及建筑主体和承重结构变动的装修工程,建设单位应在施工前委托原设计单位或者相应资质等级的设计单位提出设计方案,经原审查机构审批后方可施工。工程项目竣工后,应及时组织设计、施工、工程监理等有关单位进行施工验收,未经验收备案或验收备案不合格的,不得交付使用。

(4)建设单位按合同约定负责采购供应的建筑材料、建筑构配件和设备,应符合设计文件和合同要求,对发生的质量问题应承担相应的责任。

1.3.1.2 勘察、设计单位的质量责任

(1)勘察、设计单位必须在资质等级许可的范围内承揽相应的勘察、设计任务,不允许承揽超越其资质等级许可范围以外的任务,不得将承揽工程转包或违法分包,也不得以任何形式用其他单位的名义承揽业务或允许其他单位或个人以本单位的名义承揽业务。

(2)勘察、设计单位必须按照国家现行的有关规定、工程建设强制性技术标准和合同要求进行勘察、设计工作,并对所编制的勘察、设计文件的质量负责。勘察单位提供的地质、测量、水文等勘察成果文件必须准确。设计单位提供的设计文件应当符合国家规定的设计深度要求,注明工程合理使用年限。设计文件中选用的材料、构配件和设备,应当注明规格、型号、性能等技术生产线,不得指定生产厂家、供应商。设计单位应就审查合格的施工图文件向施工单位做出详细说明,解决施工中对设计提出的问题,负责设计变更。参与工程质量事故分析,并对设计造成的质量事故提出相应的处理方案。

1.3.1.3 施工单位的质量责任

(1)施工单位必须在其资质等级许可的范围内承揽相应的施工任务,不允许承揽超越其资质等级业务范围以外的任务,不得将承接的工程转包或违法分包,也不得以任何形式用其他施工单位的名义承揽工程或允许其他单位、个人以本单位的名义承揽工程。

施工单位对所承包的工程项目的质量负责。应当建立健全质量管理体系,落实质量责任制,确定工程项目的项目经理。技术、施工、设备采购的一项或多项实行总承包的,总承包单位应对其承包的建设工程或采购的设备的质量负责;实行总分包的工程,分包应按照分包合同约定其分包工程的质量向总承包单位负责,总承包单位与分包单位对分包工程的质量承担连带责任。

(2)施工单位必须按照工程设计图纸和施工技术规范标准组织施工。未经设计单位同意,不得擅自修改工程设计。在施工中,必须按照工程设计要求、施工技术规范标准和合同约定,对建筑材料、构配件、设备和商品混凝土进行检验,不得偷工减料,不使用不符合设计和强制性技术标准要求的产品,不使用未经检验和试验或检验与试验不合格的

产品。

1.3.1.4　工程监理单位的质量责任

（1）工程监理单位应按其资质等级许可的范围承揽工程监理业务，不允许超越本单位资质等级许可的范围或以其他工程监理单位的名义承揽工程监理业务，不得转让工程监理业务，不允许其他单位或个人以本单位的名义承揽工程监理业务。

（2）工程监理单位应依照法律、法规以及有关技术标准、设计文件和建设工程承包合同，与建设单位签订监理合同，代表建设单位对工程质量实施监理，并对工程质量承担监理责任。监理责任主要有违法责任和违约责任两个方面。若工程监理单位故意弄虚作假，降低工程质量标准，造成质量事故，要承担法律责任。若工程监理单位与承包单位串通，谋取非法利益，给建设单位造成损失的，应当与承包单位承担连带赔偿责任。如果监理单位在责任期内，不按照监理合同约定履行监理职责，给建设单位或其他单位造成损失的，属违约责任，应当向建设单位赔偿。

1.3.1.5　建筑材料、构配件及设备生产或供应单位的质量责任

建筑材料、构配件及设备生产或供应单位对其生产或供应的产品质量负责。生产商或供应商必须具备相应的生产条件、技术装备和质量管理体系，所生产或供应的建筑材料、构配件及设备的质量应符合国家和行业现行技术规定的合格标准与设计要求，并与说明书和包装上的质量标准相符，且应有相应的产品检验合格证，设备应有详细的使用说明等。

1.3.2　建筑工程质量政府监督管理体制和职能

1.3.2.1　监督管理体制

国务院建设行政主管部门对全国的建设工程质量实施统一监督管理。国务院铁路、交通、水利等有关部门按国务院规定的职责分工，负责对全国的有关专业建设工程质量的监督管理。县级以上地方人民政府建设行政主管部门对本行政区域内的建设工程质量实施监督管理。县级以上地方人民政府交通、水利等有关部门在各自职责范围内，负责本行政区域内的专业建设工程质量的监督管理。

国务院发展计划部门按照国务院规定的职责，组织稽查特派员，对国家出资的重大建设项目实施监督检查；国务院经济贸易主管部门按国务院规定的职责，对国家重大技术改造项目实施监督检查。国务院建设行政主管部门和国务院铁路、交通、水利等有关专业部门及县级以上地方人民政府建设行政主管部门和其他有关部门，对有关建设工程质量的法律、法规和强制性标准执行情况加强监督检查。

县级以上地方人民政府建设行政主管部门和其他有关部门履行检查职责时，有权要求被检查的单位提供有关工程质量的文件和资料，有权进入被检查单位的施工现场进行检查，在检查中发现工程质量存在问题时，有权责令改正。

政府的工程质量监督管理具有权威性、强制性、综合性的特点。

1.3.2.2　监督管理职能

1.建立和完善工程质量管理法规

工程质量管理法规包括行政性法规和工程技术规范标准，前者如《中华人民共和国

建筑法》《建设工程质量管理条例》等，后者如工程设计规范、建筑工程施工质量验收统一标准、工程施工质量验收规范等。

2. 建立和落实工程质量责任制

工程质量责任制包括工程质量行政领导的责任、项目法定代表人的责任、参建单位法定代表人的责任和质量终生负责制等。

3. 建设活动主体资格的管理

国家对从事建设活动的单位实行严格的从业许可制度，对从事建设活动的专业技术人员实行严格的执业资格制度。建设行政主管部门及有关专业部门按各自分工，负责对各类资质标准的审查、从业单位的资质等级的最后认定、专业技术人员资格等级和从业范围等实施动态管理。

4. 工程承发包管理

工程承发包管理包括规定工程招标承发包的范围、类型、条件，对招标承发包活动的依法监督和工程合同管理。

5. 控制工程建设程序

工程建设程序包括工程报建、施工图设计文件的审查、工程施工许可、工程材料和设备准用、工程质量监督、施工验收备案等管理。

1.3.3 建筑工程质量控制制度

近年来，我国建设行政主管部门先后颁发了多项建设工程质量管理制度，主要如下。

1.3.3.1 施工图设计文件审查制度

施工图设计文件审查是政府主管部门对工程勘察、设计质量监督管理的重要环节。施工图审查是指国务院建设行政主管部门和省、自治区、直辖市人民政府建设行政主管部门委托依法认定的设计审查机构，根据国家法律、法规、技术标准与规范，对施工图进行结构安全强制性标准、规范执行情况等进行的独立审查。

1. 施工图审查的范围

建筑工程设计等级分级标准中的各类新建、改建、扩建的建筑工程项目均属审查范围。省、自治区、直辖市人民政府建设行政主管部门可结合本地的实际确定具体的审查范围。

2. 施工图审查的主要内容

(1) 建筑物的稳定性、安全性审查，包括地基基础和主体结构是否安全、可靠。

(2) 是否符合消防、节能、环保、抗震、卫生、人防等有关强制性标准、规范。

(3) 施工图是否达到规定的深度要求。

(4) 是否损害公众利益。

3. 施工图审查有关各方的职责

国务院建设行政主管部门负责全国施工图审查管理工作。省、自治区、直辖市人民政府建设行政主管部门负责组织行政区域内的施工图审查工作的具体实施和监督管理工作。

建设行政主管部门在施工图审查工作中主要负责制定审查程序、审查范围、审查内容、审查标准并颁发审查批准书;负责制定审查机构和审查人员条件,批准审查机构,认定审查人员;对审查机构和审查工作进行监督并对违规行为进行查处;对施工图设计审查负依法监督管理的行政责任。

勘察、设计单位必须按照工程建设强制性标准进行勘察、设计,并对勘察、设计质量负责。审查机构按照有关规定对勘察成果、施工图设计文件进行审查,但并不改变勘察、设计单位的质量责任。

审查机构接受建设行政主管部门的委托对施工图设计文件涉及安全和强制性标准执行情况进行技术审查。建设工程经施工图设计文件审查后因勘察、设计原因发生工程质量问题,审查机构承担审查失职的责任。

4. 施工图审查程序

施工图审查的各个环节可按以下步骤办理:

(1)建设单位向建设行政主管部门报送施工图纸,并做书面记录。

(2)建设行政主管部门委托审查机构进行审查,同时发出委托审查通知书。

(3)审查机构完成审查,向建设行政主管部门提交技术性审查报告。

(4)审查结束,建设行政主管部门向建设单位发出施工图审查批准书。

(5)报审施工图设计文件和有关资料应存档备查。

5. 施工图审查管理

审查机构应当在收到审查材料后 20 个工作日内完成审查工作,并提交审查报告;特级和一级项目应当在 30 个工作日内完成审查工作,并提交审查报告,其中重大及技术复杂项目的审查时间可适当延长。审查合格的项目,审查机构向建设行政主管部门提交项目施工图审查报告,由建设行政主管部门向建设单位通报审查结果,并颁发施工图审查批准书。对审查不合格的项目,提出书面意见后,由审查机构将施工图退回建设单位,并由原设计单位修改,重新送审。

施工图一经审查批准,不得擅自进行修改。如遇特殊情况需要进行涉及审查主要内容的修改,必须重新报请原审批部门,由原审批部门机构审查后再批准实施。

建设单位或者设计单位对审查机构做出的审查报告如有重大分歧,可由建设单位或者设计单位向所在地省、自治区、直辖市人民政府建设行政主管部门提出复查申请,由后者组织专家论证并做出复查结果。

施工图审查工作所需经费,由施工图审查机构按有关收费标准向建设单位收取。建设工程竣工验收时,有关部门应按照审查批准的施工图进行验收。建设单位要对报送的审查材料的真实性负责;勘察、设计单位对提交的勘察报告及设计文件的真实性负责,并积极配合审查工作。

1.3.3.2　工程质量监督制度

国家实行建设工程质量监督管理制度。工程质量监督管理的主体是各级政府建设行政主管部门和其他有关部门。但由于工程建设周期长、环节多、点多面广,工程质量监督工作是一项专业技术性强且很繁杂的工作,政府部门不可能亲自进行日常检查工作。因此,工程质量监督管理由建设行政主管部门或其他有关部门委托的工程质量监督机构具体实施。

工程质量监督机构是经省级以上建设行政主管部门或有关专业部门考核认证,具有独立法人资格的单位,它是受县级以上地方人民政府建设行政主管部门或有关专业部门的委托,依法对工程质量进行强制性监督,并对委托部门负责。

工程质量监督机构的主要任务如下:

(1)根据政府主管部门的委托,受理建设工程项目的质量监督。

(2)制订质量监督工作方案。确定负责该工程的质量监督工程师和助理质量监督师。根据有关法律、法规及工程建设强制性标准,针对工程特点,明确监督的具体内容、监督方式。在方案中对地基基础、主体结构和其他涉及结构安全的重要部位和关键过程,做出实施监督的详细计划安排,并将质量监督工作方案通知建设、勘察、设计、施工、监理单位。

(3)检查施工现场工程建设各方主体的质量行为,检查施工现场工程建设各方主体及有关人员的资质或资格;检查勘察、设计、施工、监理单位的质量管理体系和质量责任制落实情况;检查有关质量文件、技术资料是否齐全并符合规定。

(4)检查建设工程实体质量。按照质量监督工作方案,对建设工程地基基础、主体结构和其他涉及安全的关键部位进行现场实地抽查,对用于工程主要建筑材料、构配件的质量进行抽查。对地基基础分部工程、主体结构分部工程和其他涉及安全的分部工程的质量验收进行监督。

(5)监督工程质量验收。监督建设单位组织的工程竣工验收的组织形式、验收程序以及在验收过程中提供的有关资料和形成的质量评定文件是否符合有关规定,实体质量是否存在严重缺陷,工程质量验收是否符合国家标准。

(6)向委托部门报送工程质量监督报告。报告的内容应包括对地基基础和主体结构质量检查的结论,工程施工验收的程序、内容和质量检验评定是否符合有关规定,以及历次抽查该工程的质量问题和处理情况等。

(7)对预制建筑构件和商品混凝土的质量进行监督。

(8)受委托部门委托按规定收取工程质量监督费。

(9)政府主管部门委托的工程质量监督管理的其他工作。

1.3.3.3 工程质量检测制度

工程质量检测工作是对工程质量进行监督管理的重要手段之一。工程质量检测机构是对建设工程和建筑构件、制品及现场所用的有关建筑材料、设备质量进行检测的法定单位。在建设行政主管部门领导和标准化管理部门指导下开展监测工作,其出具的检测报告具有法定效力。法定的国家级检测机构出具的检测报告在国内为最终裁定,在国内外具有代表国家的性质。

1.国家级检测机构的主要任务

(1)受国务院建设行政主管部门和专业部门委托,对指定的国家重点工程进行检测复核,提出检测复核报告和建议。

(2)受国家建设行政主管部门和国家标准部门委托,对建筑构件、制品及有关材料、设备及产品进行抽样检验。

2.各省、市(地区)、县级检测机构的主要任务

(1)对本地区正在施工的建设工程所用的材料、混凝土、砂浆和建筑构件等进行随机抽样检测,向本地建设工程质量主管部门和质量监督部门提出抽样报告和建议。

(2)受同级建设行政主管部门委托,对本省、市、县的建筑构件及制品进行抽样检测。

对违反技术标准、失去质量控制的产品,检测单位有权提供主管部门停止其生产的证明,不合格产品不准出厂,已出厂的不合格产品不得使用。

1.3.3.4 工程质量保修制度

建设工程质量保修制度是指建设工程在办理交工验收手续后,在规定的保修期限内,因勘察、设计、施工、材料等造成的质量问题,要由施工单位负责维修、更换,由责任单位负责赔偿损失。质量问题是指工程不符合国家工程建设强制性标准、设计文件以及合同中对质量的要求。

建设工程质量承包单位在向建设单位提交工程竣工验收报告时,应向建设单位出具工程质量保修书,质量保修书中应明确建设工程保修范围、保修期限和保修责任等。

建设工程在保修范围和保修期限内发生质量问题的,施工单位应履行保修义务。保修义务的承担和经济责任的承担应按下列原则处理:

(1)施工单位未按国家有关标准、规范和设计要求施工造成的质量问题,由施工单位负责返工保修并承担责任。

(2)由设计单位造成的质量问题,先由施工单位负责维修,其经济责任按有关规定通过建设单位向设计单位索赔。

(3)因建筑材料、构配件和设备质量不合格引起的质量问题,先由施工单位负责维修,其经济责任属于施工单位采购的,由施工单位承担经济责任;属于建设单位采购的,由建设单位承担经济责任。

(4)因建设单位或监理单位错误管理造成的质量问题,先由施工单位负责维修,其经济责任由建设单位承担,如属监理单位的责任,则由建设单位向监理单位索赔。

(5)因使用单位使用不当造成的损坏,先由施工单位负责维修,其经济责任由使用单位自行负责。

(6)因地震、洪水、台风等不可抗拒因素造成的损坏,先由施工单位负责维修,建设参与各方根据国家具体政策分担经济责任。

复习思考题

一、单选题

1.建筑工程质量是指工程满足业主需要的,符合国家法律、法规、技术规范标准、( )的特性综合。

    A.必须履行   B.设计文件及合同规定

    C.通常隐含   D.满足明示

2.建设工程开工前,( )办理工程质量监督手续。

    A.施工单位负责   B.建设单位负责

C.监理单位负责 　　　　　　　　D.监理单位协助建设单位

3.从影响质量波动的原因看,施工过程中应着重控制(　　　)。

　　A.偶然性原因　　　B.4M1E原因　　　C.系统性原因　　　D.物的原因

4.(　　　)的质量是分项工程乃至整个工程质量检验的基础。

　　A.检验批　　　B.分项工程　　　C.分部工程　　　D.单位工程

二、判断题

1.建筑工程质量特性彼此之间是相互依存的,适用、耐久、安全、可靠、经济、与环境的协调,都是必须达到的基本要求,缺一不可。 　　　　　　　　　　　　　　　(　　)

2.监控主体是指直接从事质量职能的活动者。 　　　　　　　　　　　　　(　　)

3.勘察、设计单位必须在资质等级许可的范围内承揽相应的勘察、设计任务,不允许承揽超越其资质等级许可范围以外的任务,可以将承揽工程转包或违法分包。 　　(　　)

4.屋面防水工程、有防水要求的卫生间、房屋和外墙的防渗漏,最低保修期限为8年。

(　　)

三、多选题

1.建筑工程质量的特性除安全性、可靠性外,还表现为(　　　)。

　　A.适用性　　　　　　　B.耐久性　　　　　　　　C.经济性

　　D.与环境协调性　　　　E.有效性

2.监理工程师对环境因素的控制中,(　　　)均属于工程作业环境因素。

　　A.天气　　　　　　　　B.劳动组合　　　　　　　C.工作面

　　D.劳动工具　　　　　　E.地质条件

3.监理工程师在工程质量控制中应遵循的原则包括(　　　)。

　　A.质量第一,坚持标准　　　　　B.以人为核心,预防为主

　　C.旁站监督,平行检测　　　　　D.科学、公正、守法的职业道德

　　E.审核文件、报告、报表

4.在建筑工程质量控制中,(　　　)质量控制为监控主体。

　　A.监理单位　　　　　　B.施工单位　　　　　　　C.政府

　　D.勘察、设计单位　　　E.建设单位

四、简答题

1.什么是质量?其含义有哪些方面?

2.什么是建筑工程质量?

3.建筑工程质量的特性有哪些?其内涵是什么?

4.试述工程建设各阶段对质量形成的影响。

5.试述影响工程质量的因素。

6.试述工程质量的特点。

7.什么是质量控制?其含义是什么?

学习项目 2　建筑工程施工阶段质量控制

【知识目标】

　　1.掌握施工质量控制的程序、施工质量控制的方法与手段；

　　2.掌握建筑工程施工准备阶段的质量控制、建筑工程施工过程的质量控制；

　　3.熟悉施工质量控制的依据；

　　4.了解建筑工程质量控制的阶段与主体。

【能力目标】

　　1.了解建筑工程质量控制的阶段与主体；

　　2.明确建筑工程质量控制的程序、依据,掌握质量控制的方法与手段；

　　3.掌握施工准备阶段的质量控制、施工过程的质量控制。

任务 2.1　建筑工程质量控制阶段

　　建筑工程质量是工程项目的灵魂,因此只有提高工程质量,才能杜绝各种安全隐患,确保工程顺利进行。由于施工阶段是使工程设计意图最终实现而形成工程实体的阶段,也是最终形成工程实体质量的系统过程,所以施工阶段的质量控制是一个对投入资源和条件的质量控制,进而对生产过程及各环节质量进行控制,直到对所完成的工程产出品的质量检验与控制的全过程的系统控制过程。这个系统过程可以按施工阶段工程实体质量形成时间的阶段来划分,也可以根据施工阶段工程实体形成过程中物质形态的转化来划分。

2.1.1　按工程实体质量形成过程的时间阶段划分

2.1.1.1　施工准备阶段的质量控制

　　施工准备阶段的质量控制是指对工程项目开工前的全面施工准备和施工过程中各分部、分项工程施工作业前的施工准备进行的质量控制。控制重点是做好施工准备工作,施工准备阶段的工作要贯穿于施工全过程。施工准备是项目实施的前奏,准备工作的好坏不仅对项目的安全、质量、工期产生直接影响,而且对项目施工质量起到一定的预防、预控作用。

2.1.1.2　施工过程阶段的质量控制

　　施工过程阶段的质量控制是指在施工过程中对实际投入的生产要素质量及作业技术活动的实施状态和产出结果所进行的控制,包括作业者发挥技术能力过程的自控行为和来自有关管理者的监控行为。例如,作业技术交底、工序控制与交接检查、隐蔽工程与中间产品的检查与验收、设计变更的审查控制等。

2.1.1.3 竣工验收阶段的质量控制

竣工验收阶段的质量控制是指对于通过施工过程所完成的具有独立功能和使用价值的最终产品(如单位工程、整个项目)及有关方面(如质量文档)的质量进行认可的控制。

上述三个环节的质量控制系统过程及其所涉及的主要方面如图2-1所示。

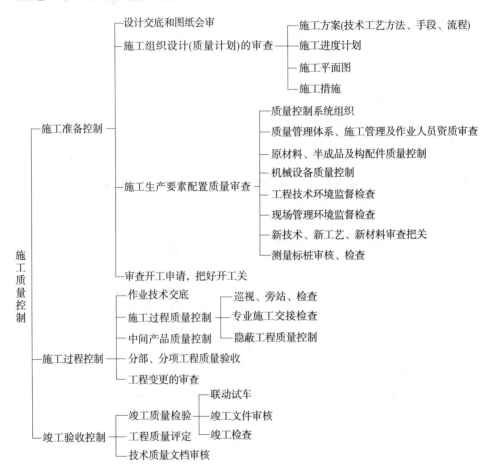

图2-1 施工阶段质量控制系统过程及其所涉及的主要方面

2.1.2 按工程实体形成过程中物质形态转化的阶段划分

由于工程对象的施工是一项物质生产活动,所以施工阶段的质量控制系统过程也是一个经由以下三个阶段的系统控制过程。

(1)对投入的物质资源质量的控制。

(2)施工过程质量的控制。在使投入的物质资源转化为工程产品的过程中,对影响产品质量的各因素、各环节及中间产品的质量进行控制。

(3)对完成的工程产出品质量的控制与验收。

在上述三个阶段的系统过程中,前两个阶段对最终产品质量的形成具有决定性的作用,而所投入的物质资源的质量控制对最终产品质量又具有举足轻重的影响。所以,质量控制的系统过程中,无论是对投入物质资源的控制,还是对施工及安装生产过程的控制,都应当对影响工程实体质量的 5 个重要因素方面,即对施工有关人员因素、材料(包括半成品、构配件)因素、机械设备因素(生产设备及施工设备)、施工方法(施工方案、方法及工艺)因素以及环境因素等进行全面的控制。

2.1.3　按工程项目施工层次划分的系统控制过程

通常任何一个大中型工程建设项目可以划分为若干层次。例如,对于建筑工程项目按照国家标准可以划分为单位工程、分部工程、分项工程、检验批等层次;对于诸如水利水电、港口交通等工程项目则可划分为单项工程、单位工程、分部工程、分项工程等几个层次。各组成部分之间的关系具有一定的施工先后顺序的逻辑关系。显然,施工作业过程的质量控制是最基本的质量控制,它决定了有关检验批的质量;而检验批的质量又决定了分项工程的质量。按工程项目施工层次划分的系统控制过程如图 2-2 所示。

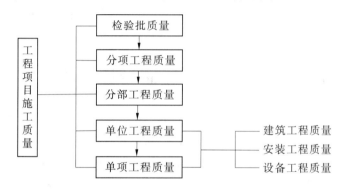

图 2-2　按工程项目施工层次划分的系统控制过程

任务 2.2　建筑工程质量控制主体

建筑工程质量控制主体主要有政府监管部门,建设单位,工程监理单位,勘察、设计单位,工程施工单位。

2.2.1　政府监管部门的质量控制

政府监管部门属于监控主体,它主要以法律、法规为依据,通过工程报建、施工图设计文件审查、施工许可、材料和设备准用、工程质量监督、重大工程竣工验收备案等主要环节进行监控。

2.2.2　建设单位的质量控制

建设单位属于监控主体,它是质量控制贯穿建设全过程的组织者和管理者,对质量负决策、监督、考核、验收责任。

2.2.3　工程监理单位的质量控制

工程监理单位属于监控主体,它主要受建设单位委托,代表建设单位对工程实施全过程进行质量监督和控制。其监控权限仅限于委托合同中建设单位授予的权限。

2.2.4　勘察、设计单位的质量控制

勘察、设计单位属于自控主体,它以法律、法规及合同为依据,对勘察、设计的整个过程进行控制,包括工作程序、工作进度、费用及成果文件所包含的功能和使用价值。但是,对于工程施工质量来说,设计单位属于监控主体。

2.2.5　工程施工单位的质量控制

工程施工单位属于自控主体,它以工程合同、设计图样和技术规范为依据,对施工准备阶段、施工阶段、竣工验收交付阶段等施工全过程的工作质量和工程质量进行的控制,以达到合同文件规定的质量要求。

任务2.3　施工阶段质量控制的程序

工程项目施工阶段,是工程实体形成的过程,也是工程质量目标具体实现的过程,为了保证工程施工质量,对于承建方而言,工程项目部应对工程建设对象的施工生产进行全过程、全面的质量监督和检查与控制,即包括事前的各项施工准备工作质量控制,施工过程中的控制,以及各单项工程及整个工程项目完成后对建筑施工及安装产品质量的事后控制。同时,施工的各工种班组也应实行班组"自检、互检、交接检"制度,加强班组间和各分部质量管理,严格遵循质量控制的各道程序。

作为建设单位委托监管该项目的工程建设监理单位,应对施工的全过程进行监控,对每道工序、分项工程、分部工程和单位工程进行监督、检查和验收,使工程质量的形成处于受控状态。

工程项目开工时,承包单位在全面完成开工前准备工作的基础上,提出工程项目的开工申请,填报"工程开工/复工报审表"(见表2-1),并提交施工准备的有关资料,其中包括人员、材料、机械进场情况,主要原材料的质量证明书、试验报告及现场复验报告等。项目监理机构应对承包单位提交的开工申请进行审查,并对其完成的施工准备情况进行全面的检查。审查通过后,项目监理机构方可签发开工令并报建设单位。

工程项目开工后,项目监理机构应对施工过程进行巡视和检查。对隐蔽工程的隐蔽过程、下道工序施工完成后难以检查的重点部位,项目监理机构应安排监理员进行旁站监督。承包单位自检合格后,填报"＿＿＿＿＿＿工程报验申请表"(见表2-2)。专业监理工程师应对承包单位报送的"隐蔽工程报验申请表"和自检结果进行现场检查,符合要求予以签认。未经项目监理人员验收或验收不合格的工序,项目监理人员应拒绝签认,并严禁承包单位进行下一道工序的施工。

表 2-1   工程开工/复工报审表

工程名称：　　　　　　　　　　　　　　　　　　　　　　　　　　编号：

致：（监理单位）
我方承担的_____工程,已完成了以下各项工作,具备了开工/复工条件,特此申请施工,请核查并签发开工/复工指令。 　　附:1.开工报告 　　　2.(证明文件)   　　　　　　　　　　　　　　　　　　　　承包单位(章)_____ 　　　　　　　　　　　　　　　　　　　　　　项目经理_____ 　　　　　　　　　　　　　　　　　　　　　　　　日期_____
审查意见: 　　　　　　　　　　　　　　　　　　　　项目监理机构_____ 　　　　　　　　　　　　　　　　　　　　总监理工程师_____ 　　　　　　　　　　　　　　　　　　　　　　　日期_____

表 2-2   _____工程报验申请表

工程名称：　　　　　　　　　　　　　　　　　　　　　　　　　　编号：

致：（监理单位）
我单位已完成了_____工作,现上报该工程报验申请表,请予以审查和验收。 　　附: 　　　　　　　　　　　　　　　　　　　　承包单位(章)_____ 　　　　　　　　　　　　　　　　　　　　　　项目经理_____ 　　　　　　　　　　　　　　　　　　　　　　　　日期_____
审查意见: 　　　　　　　　　　　　　　　　　　　　项目监理机构_____ 　　　　　　　　　　　　　　　　　　　总/专业监理工程师_____ 　　　　　　　　　　　　　　　　　　　　　　　日期_____

对施工过程中出现的质量缺陷,专业监理工程师应及时下达监理通知,要求承包单位整改,并检查整改结果。项目监理人员发现施工存在重大质量隐患可能造成质量事故或已经造成质量事故的,应通过项目监理机构及时下达暂停令,要求承包单位停工整改。整改完毕经项目监理人员复查,符合规定要求后,项目监理机构应及时签署"工程复工报审表"予以复工。项目监理机构下达工程暂停令和签署"工程复工报审表",宜事先向建设单位报告。对需要返工处理或加固补强的质量事故,项目监理机构应责令承包单位报送质量事故报告和经设计等相关单位认可的处理方案;项目监理机构应对质量事故的处理过程和处理结果进行跟踪检查和验收。项目监理机构应及时向建设单位及监理公司提交有关质量事故的书面报告,并应将完整的质量事故处理记录整理归档。

分项工程或检验批工程完成后,承包单位在质量自检合格的基础上,填报分项工程报检单,通知项目监理机构验收。项目监理机构在接到承包单位的验收通知单后由专业监理工程师组织相关人员进行现场质量检查,并对承包单位提交的该分项工程的有关资料(检验批质量验收记录等)进行审查,合格后准予验收并签认。分部(子分部)工程完工后,承包单位在质量自检合格的基础上,填报分部工程验收单。项目监理机构应组织项目监理人员对承包单位报送的质量验评资料进行审核和现场实物检查,符合要求后予以签认。单位(子单位)工程或分项工程完工后,承包单位应组织内部预验,在预验合格的基础上,向项目监理机构提出验收申请,并提交该单位工程的质量保证(质量、安全、功能控制)资料。项目监理机构在接到承包单位提交的验收申请后,应组织项目监理人员进行现场检查和内业资料审查的竣工预验收。如发现问题,应通知承包单位返工整改。若检查通过或整改合格,承包单位应编写单位工程质量报告,项目监理机构应编写单位工程质量评估报告、监理工作总结,并报建设单位。在建设单位同意并向政府监督部门备案后,参加建设单位组织的备案制验收。

任务 2.4　施工阶段质量控制的依据

施工阶段质量控制的依据必须是科学合理的,能反映施工全过程各环节质量控制的要求。施工阶段质量控制的依据,根据其适用范围及性质,可分为共同性依据和专门技术法规性依据两大类。

2.4.1　质量管理与控制的共同性依据

质量管理与控制的共同性依据是指适用于工程项目施工阶段与质量控制有关的、通用的、具有普遍指导意义和必须共同遵守的基本文件。质量管理与控制的共同性依据主要包括以下几个方面。

2.4.1.1　工程承包合同文件

工程承包合同是发包方和承包方为完成特定的建筑安装工程施工,明确双方权利和义务的协议。在签订工程承包合同时,是按照合法性、严肃性、严密性、协作性和等价有偿性等原则进行的。由于合同中分别规定了参与建设的各方在质量控制方面的职责,因此有关方必须履行在合同中的承诺。

2.4.1.2　工程项目设计文件

经过集体会审的设计图纸和设计文件,是指导施工的直接依据。按图施工是施工阶段质量控制的一项重要原则。因此,经过批准的设计图纸和设计说明书等设计文件是非常重要的施工阶段质量控制的依据。

2.4.1.3　国家及政府有关部门颁布的法律、法规

建筑工程的质量究竟如何,除按工程承包合同中的规定执行外,最重要的评价标准是国家及政府有关部门颁布的有关质量方面的法律、法规性文件,如《中华人民共和国建筑法》《建筑工程质量管理条例》《建筑业企业资质管理规定》等。这些文件涉及质量管理方面的各种规定,主要包括:质量管理机构与职责;质量监督工作的要求、程序与内容;工程建设参与各方的质量责任与任务;质量问题的处理;设计、施工单位质量体系建立的要求、标准及其资质等级的标准和认证;质量检测机构的性质、权限及其管理等方面的内容。

由于在建设实施的过程中,各地和各建设行业具有其特殊性,必须根据国家的基本法规文件的精神,结合本地区和本行业的特点,制定和颁布相应的法规性文件。因此,国家的基本法规文件和本地区、本行业的法规性文件可分别适用于全国和本地区、本行业的工程建设质量管理和质量控制,这些都是进行工程质量控制的重要依据。

2.4.2　有关质量检验与控制的专门技术法规性依据

这类文件依据一般是针对不同行业、不同质量控制对象而制定的技术法规性文件,包括各种有关的标准、规范、规程或规定。

技术标准有国际标准(如 ISO 系列)、国家标准、行业标准和企业标准之分。它是建立和维护正常的生产和工作秩序应遵守的准则,也是衡量工程、设备和材料质量的尺度。

所谓技术规程或规范,一般是执行技术标准、保证施工有秩序地进行,而为有关人员制定的行动准则,通常与质量的形成有密切关系,应严格遵守,如施工技术规程、操作规程等。

各种有关质量方面的规定,一般是有关主管部门根据需要而发布的带有方针目标性的文件,它对保证标准、规程、规范的实施和改善实际存在的问题具有指令性及及时性的特点。

此外,对于大型工程,特别是对外承包工程,可能还会涉及国际标准、国外标准或规范。概括地说,属于这类专门的技术法规性的依据主要有以下几类:

(1)工程项目施工质量验收标准。这类标准主要是由国家或部委统一制定的,用以作为检验和验收工程项目质量水平所依据的技术法规性文件。例如,评定建筑工程质量验收的《建筑工程施工质量验收统一标准》(GB 50300—2013)、《混凝土结构工程施工质量验收规范》(GB 50204—2015)、《建筑装饰装修工程质量验收标准》(GB 50210—2018)等。对于其他行业如水利、电力、交通等工程项目的质量验收,也有与之类似的相应的质量验收标准。

(2)有关工程材料、半成品和构配件质量控制方面的专门技术法规性依据。

①有关材料及其制品质量的技术标准。例如,水泥、木材及其制品;钢材、砖瓦、砌块、石材、石灰、砂、玻璃、陶瓷及其制品;涂料、保温及吸声材料、防水材料、塑料制品;建筑五

金、电缆电线、绝缘材料以及其他材料或制品的质量标准。

②有关材料或半成品等的取样、试验等方面的技术标准或规程。例如，木材的物理力学试验方法总则，钢材的机械及工艺试验取样法，水泥安定性检验方法等。

③有关材料验收、包装、标志方面的技术标准和规定。例如，型钢的验收、包装、标志及质量证明书的一般规定；钢管验收、包装、标志及质量证明书的一般规定等。

（3）控制施工作业活动质量的技术规程。例如，电焊操作规程、砌砖操作规程、混凝土施工操作规程等。它们是为了保证施工作业活动质量在作业过程中应遵照执行的技术规程。

（4）确定判断与控制质量的依据。凡采用新工艺、新技术、新材料的工程，事先均应进行试验，并应有权威性技术部门的技术鉴定书及有关的质量数据、指标，在此基础上制定有关的质量标准和施工工艺规程，以此作为判断与控制质量的依据。

任务 2.5 施工质量控制的方法与手段

2.5.1 施工质量控制的方法

施工质量控制的方法主要包括审核有关技术文件、报告和直接进行检查或必要的试验等。

2.5.1.1 审核有关技术文件、报告或报表

对技术文件、报告、报表的审核，是项目经理对工程质量进行全面控制的重要手段，具体内容有：

（1）审核分包单位的有关技术资质证明文件，控制分包单位的质量。

（2）审核开工报告，并经现场核实。

（3）审核施工方案、质量计划、施工组织设计或施工计划，控制工程施工质量有可靠的技术措施保障。

（4）审核有关材料、半成品和构配件质量证明文件（如出场合格证、质量检验或试验报告等），确保工程质量有可靠的物质基础。

（5）审核反映工序质量动态的统计资料或控制图表。

（6）审核设计变更、修改图纸和技术核定书等，确保设计及施工图纸的质量。

（7）审核有关质量事故或质量问题的处理报告，确保质量事故或问题处理的质量。

（8）审核有关新材料、新工艺、新技术、新结构的技术鉴定书，确保新技术应用的质量。

（9）审核有关工序交接检查、分部分项工程质量检查报告等文件，以确保和控制施工过程中的质量。

（10）审核并签署现场有关技术签证、文件等。

2.5.1.2 现场质量检查

1. 现场质量检查的内容

（1）开工前检查。目的是检查是否具备开工条件，开工后能否连续正常施工，能否保

证工程质量。

（2）工序交接检查。对于重要的工序或对质量有重大影响的工序，在自检、互检的基础上，还要组织专职人员进行工序交接检查。

（3）隐蔽工程检查。凡是隐蔽工程均应检查认证后方能掩盖。

（4）停工后复工前的检查。因处理质量问题或某种原因停工后需复工时，经检查认可后方能复工。

（5）分项、分部工程完工后，经检查认可，签署验收记录后方可进行下一工程项目施工。

（6）成品保护检查。检查成品有无保护措施，或保护措施是否可靠。

此外，还应经常深入现场，对施工操作质量进行巡检，必要时还应进行跟班或追踪检查。

2. 现场进行质量检查的方法

现场进行质量检查的方法有目测法、实测法和试验法三种。

1）目测法

目测法的手段可归纳为看、摸、敲、照四个字。

（1）看，是根据质量标准进行外观目测。例如，清水墙面是否洁净，喷涂是否密实，颜色是否均匀，内墙抹灰大面积及口角是否平直，地面是否光洁平整，油漆浆活表面观感等。

（2）摸，是手感检查。主要用于装饰工程的某些检查项目。例如，水刷石、干粘石黏结牢固程度，油漆的光滑度，浆活是否掉粉等。

（3）敲，是运用工具进行音感检查。例如，对地面工程、装饰工程中的水磨石、面砖、大理石贴面等均应进行敲击检查，通过声音的虚实判断有无空鼓，还可根据声音的清脆和沉闷判定属于面层空鼓还是底层空鼓。

（4）照，指对于难以看到或光线较暗的部位，可采用镜子反射或灯光照射的方法进行检查。

2）实测法

实测法指通过实测数据与施工规范及质量标准所规定的允许偏差对照，来判断质量是否合格。实测法检查的手段可归纳为靠、吊、量、套四个字。

（1）靠，是用直尺、塞尺检查墙面、地面、屋面的平整度。

（2）吊，是用托线板以线锤吊线检查垂直度。

（3）量，是用测量工具和计量仪表等检查断面尺寸、轴线、标高、适度、温度等的偏差。这种方法用的最多，主要是检查允许偏差项目。例如，外墙砌砖上下窗口偏移用经纬仪或吊线检查等。

（4）套，是以方尺套方，辅以塞尺检查。例如，对阴阳角的方正、踢脚线的垂直度、预制构件的方正等项目的检查。

3）试验法

试验法指必须通过试验手段才能对质量进行判断的检查方法。例如，对钢筋对焊接头进行拉力试验，检验焊接的质量等。

（1）理化试验。常用的理化试验包括物理力学性能方面的检验和化学成分及含量的测定等。

物理性能有密度、含水量、凝结时间、安定性、抗渗性能等。力学性能的检验有抗拉强度、抗压强度、抗弯强度、抗折强度、冲击韧性、硬度、承载力等。

（2）无损测试或检验。借助专门的仪器、仪表等探测结构或材料、设备内部组织结构或损伤状态。这类仪器有回弹仪、超声波探测仪、渗透探测仪等。

2.5.2　施工项目质量控制的手段

2.5.2.1　审核技术文件、报告和报表

这是对工程质量进行全面监督、检查与控制的重要手段。审核的具体内容包括以下几方面。

（1）审查进入施工现场的分包单位的资质证明文件,控制分包单位的质量。

（2）审批施工承包单位的开工申请书,检查、核实与控制其施工准备工作质量。

（3）审批承包单位提交的施工方案、质量计划、施工组织设计或施工计划,控制工程施工质量有可靠的技术措施保障。

（4）审批施工承包单位提交的有关材料、半成品和构配件质量证明文件(出厂合格证、质量检验或实验报告等),确保工程质量有可靠的物质基础。

（5）审核承包单位提交的反映工序施工质量的动态统计资料或管理图表。

（6）审核承包单位提交的有关工序产品质量的证明文件(检验记录及实验报告)、工序交接检查(含自检)、隐蔽工程检查、分部分项工程质量检查报告等文件、资料,以确保和控制施工过程的质量。

（7）审批有关工程变更、修改设计图纸等申请,确保设计及施工图纸的质量。

（8）审核有关应用新技术、新工艺、新材料、新结构等的技术鉴定书,审批其应用申请报告,确保新技术应用的质量。

（9）审核有关工程质量事故或质量问题的处理报告,确保质量事故或质量问题处理的质量。

（10）审核与签署现场有关质量技术签证、文件等。

2.5.2.2　指令文件与一般管理文书

指令文件是监理工程师运用指令控制权的具体形式。所谓指令文件是表达监理工程师对施工承包单位提出指示或命令的书面文件,属要求强制性执行的文件。一般情况下是监理工程师从全局利益和目标出发,在对某项施工作业或管理问题,经过充分调研、沟通和决策之后,要求承包人必须严格按监理工程师的意图和主张实施工作。对此承包人负有全面正确执行指令的责任,监理工程师负有监督质量实施效果的责任,因此它是一种需要慎用而且非常严肃的管理手段。监理工程师的各项指令都应是书面的或有文件记载的方为有效,并作为技术文件资料存档。如因时间紧迫,来不及做出正式的书面指令,也可以用口头指令的方式下达给承包单位,但随即应按合同规定及时补充书面文件对口头指令予以确认。

指令文件一般均以监理工程师通知的方式下达,在监理指令中,开工指令、工程暂停指令及工程恢复施工指令也属指令文件,但由于其地位的特殊,在施工过程的质量控制相

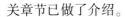

关章节已做了介绍。

一般管理文书,如监理日志、备忘录、会议纪要、发布有关信息、通报等,主要是对承包商工作状态和行为提出建议、希望和劝阻等,不属于强制性要求执行的,仅供承包商自主决策参考。

2.5.2.3　现场监督和检查

1.现场监督检查的内容

(1)开工前的检查。主要是检查开工前准备工作的质量,能否保证正常施工及工程施工质量。

(2)工序施工中的跟踪监督、检查与控制。主要是监督、检查在工序施工过程中,人员施工机械设备、材料、施工方法及工艺或操作以及施工环境条件等是否均处于良好的状态,是否符合保证工程质量的要求,若发现有问题及时纠偏和加以控制。

(3)对于重要的和对工程质量有重大影响的工序和工程部位,还应在现场进行施工过程的旁站监督与控制,确保使用材料及工艺过程的质量。

2.现场监督检查的方式

(1)旁站与巡视。

旁站是指在关键部位或关键工序施工过程中,由监理人员在现场进行的监督活动。在施工阶段,很多工程的质量问题是由于现场施工操作不当或不符合规程、标准所致。有些施工操作不符合工程质量的要求,虽然在表面上似乎影响不大,或外表看不出来,但却有着潜在的质量隐患与危险。例如,浇筑混凝土时振捣时间不够或漏振,都会影响混凝土的密实度和强度,而只凭抽样并不一定能完全反映出实际情况。此外,抽样方法和取样操作如果不符合规程及标准的要求,其检验结果也同样不能反映实际情况。上述这类不符合规程或标准要求的违章施工或违章操作,只有通过监理人员的现场旁站监督与检查,才能发现问题并得到控制。旁站的部位或工序需要根据工程特点,也需根据承包单位内部质量管理水平及技术操作水平决定。一般而言,混凝土灌注、预应力张拉过程及压浆、基础工程中的软基处理、复合地基施工(如搅拌桩、悬喷桩、粉土桩)、路面工程的沥青拌合料摊铺、沉井过程、桩机的打桩过程、防水施工、隧道衬砌施工中超挖部分的回填、边坡喷锚等要实施旁站。

巡视是监理人员对正在施工的部位或工序现场进行的定期或不定期的监督活动。巡视是一种"面"上的活动,它不限于某一部位或过程,而旁站则是"点"上的活动,它是针对某一部位或工序。因此,在施工过程中,监理人员必须加强对现场的巡视、旁站监督与检查,发现违章操作和不按设计要求施工的要及时进行纠正和控制。

(2)平行检验。

平行检验市监理工程师利用一定的检查或检测手段在承包单位自检的基础上,按照一定的比例独自进行检查或检测的活动。它是监理工程师质量控制的种重要手段,在技术复核检查及复验工作中采用,是监理工程师对施工质量进行验收,做出自己独立判断的重要依据之一。

2.5.2.4　规定质量监控工作程序

规定双方必须遵守的质量监控工作程序,按规定的程序进行工作,这也是进行质量监控的必要手段。例如,未提交开工申请单并得到监理工程师的审查、批准,不得开工;未经监理工程师签署质量验收并予以质量确认,不得进行下道程序;工程材料未经监理工程师批准,不得在工程上使用等。

此外,还应具体规定交接复验工作程序,设备、半成品、构配件材料进场检验工作程序,隐蔽工程验收、工序交接验收工作程序,检验批、分项、分部工程质量验收工作程序等。通过程序化管理,使监理工程师的质量控制工作进一步落实,做到科学、规范的管理和控制。

2.5.2.5 利用支付手段

这是国际上比较通用的一种重要的控制手段,也是建设单位或合同中赋予监理工程师的支付控制权。从根本上讲,国际上对合同条件的管理主要是采用经济手段和法律手段。因此,质量监理是以计量支付控制权为保障手段的。所谓支付控制权就是对施工承包单位支付的任何工程款项均需由总监理工程师审核签认支付证明书,没有总监理工程师签署的支付证明书,建设单位不得向承包单位支付工程款。工程款支付的条件之一就是工程质量要达到规定的要求和标准。如果承包单位的工程质量达不到要求的标准,监理工程师有权采取拒绝签署支付证明书的手段,停止对承包单位支付某项或全部工程款,由此造成的损失由承包单位负责。显然,这是十分有效的控制和约束手段。

任务 2.6 建筑工程施工准备阶段的质量控制

施工准备阶段的质量控制是指项目正式施工活动开始前,对各项准备工作及影响质量的各因素和有关方面进行的质量控制。施工准备是为保证施工生产正常进行而必须事先做好的工作。施工准备工作不仅是在工程开工前要做好,而且贯穿于整个施工过程。施工准备的基本任务就是为施工项目建立一切必要的施工条件,确保施工生产顺利进行,确保工程质量符合要求。施工准备阶段质量控制工作的基本任务是:掌握施工项目工程的特点;了解施工总进度的要求;摸清施工条件;编制施工组织设计;全面规划和安排施工力量,制订合理的施工方案;组织物资供应,做好现场"三通一平"和平面布置;兴建施工临时设施,为现场施工做好准备工作。

2.6.1 技术资料、文件准备的质量控制

2.6.1.1 施工项目所在地的自然条件及技术经济条件调查资料

对施工项目所在地的自然条件和技术经济条件的调查,是为选择施工技术与组织方案收集基础资料,并以此作为施工准备工作的依据。具体收集的资料包括:地形与环境条件、地质条件、地震级别、工程水文地质情况、气象条件,以及当地水、电、能源供应条件,交通运输条件,材料供应条件等。

2.6.1.2 施工组织设计

施工组织设计是指导施工准备和组织施工的全面性技术经济文件。对施工组织设计要进行两方面的控制:一是选定施工方案后,制订施工进度时,必须考虑施工顺序、施工流向,主要分部分项工程的施工方法,特殊项目的施工方法和技术措施能否保证工程质量;二是制订施工方案时,必须进行技术经济比较,使工程项目满足符合性、有效性和可靠性

要求,取得施工工期短、成本低、生产安全、效益好的经济质量。

2.6.1.3　法律、法规性文件及质量验收标准

国家及政府有关部门颁布的有关质量管理方面的法律、法规,质量管理体系建立的要求、标准,质量问题处理的要求、质量验收标准等,这些是进行质量控制的重要依据。

2.6.1.4　工程测量控制资料

施工现场的原始基准点、基准线、参考标高及施工控制网等数据资料,是施工之前进行质量控制的一项基础工作。这些数据资料是进行工程测量控制的重要内容。

2.6.2　设计交底和图纸审核的质量控制

设计图纸是进行质量控制的重要依据。为使施工单位熟悉有关的设计图纸,充分了解拟建项目的特点、设计意图和工艺与质量要求,减少图纸的差错,消灭图纸中的质量隐患,要做好设计交底和图纸审核工作。

2.6.2.1　设计交底

工程施工前,由设计单位向施工单位有关人员进行设计交底,其主要内容包括:

(1)地形、地貌、水文气象、工程地质及水文地质等自然条件。

(2)施工图设计依据:初步设计文件,规划、环境等要求,设计规范。

(3)设计意图:设计思想、设计方案比较、基础处理方案、结构设计意图、设备安装和调试要求、施工进度安排等。

(4)施工注意事项:对基础处理的要求,对建筑材料的要求,采用新结构、新工艺的要求,施工组织和技术保证措施等。

交底后,由施工单位提出图纸中的问题和疑点,以及要解决的技术难题,经协商研究,拟订出解决办法。

2.6.2.2　图纸审核

图纸审核是设计单位和施工单位进行质量控制的重要手段,也是使施工单位通过审查熟悉设计图纸,了解设计意图和关键部位的工程质量要求,发现和减少设计差错,保证工程质量的重要方法。图纸审核的主要内容包括:

(1)对设计者的资质进行认定。

(2)设计是否满足抗震、防火、环境、卫生等要求。

(3)图纸与说明是否齐全。

(4)图纸中有无遗漏、差错或相互矛盾之处,图纸表示方法是否清楚并符合标准要求。

(5)工程地质及水文地质等资料是否充分、可靠。

(6)所需材料来源有无保证,能否替代。

(7)施工工艺、方法是否合理,是否切合实际,是否便于施工,能否保证质量要求。

(8)施工图及说明书中涉及的各种标准、图册、规范、规程等,施工单位是否具备。

对于存在的问题,要求承包单位以书面形式提出,在设计单位以书面形式进行解释或确认后才能进行施工。

2.6.3　采购质量控制

采购质量控制主要包括对采购产品及其供方的控制,制订采购要求和验证采购产品。

建设项目中的工程分包也应符合规定的采购要求。

2.6.3.1　物资采购

采购物资应符合设计文件、标准、规范、相关法规及承包合同的要求，如果项目部另有附加的质量要求，也应予以满足。

对于重要物资、大批量物资、新型材料以及对工程最终质量有重要影响的物资，可由企业主管部门对可供选用的供方进行逐个评价，并确定合格供方名单。

2.6.3.2　分包服务

对各种分包服务选用的控制应根据其规模、对它控制的复杂程度区别对待。一般通过分包合同对分包服务进行动态控制。评价及选择分包方应考虑的原则如下：

(1)有合法的资质，外地单位应经本地主管部门核准。

(2)与本组织或其他组织合作的业绩、信誉。

(3)分包方质量管理体系对按要求如期提供稳定质量产品的保证能力。

(4)对采购物资的样品、说明书或检验与试验结果进行评定。

2.6.3.3　采购要求

采购要求是采购产品控制的重要内容。采购要求的形式可以是合同、订单、技术协议、询价单及采购计划等。采购要求包括：

(1)有关产品的质量要求或外包服务要求。

(2)有关产品提供的程序性要求，如供方提交产品的程序，供方生产或服务提供的过程要求，供方设备方面的要求。

(3)对供方人员资格的要求。

(4)对供方质量管理体系的要求。

2.6.3.4　采购产品验证

(1)对采购产品的验证有多种方式，如在供方现场检验、进货检验、查验供方提供的合格证据等。组织应根据不同产品或服务的验证要求规定验证的主管部门及验证方式，并严格执行。

(2)当组织或其顾客拟在供方现场实施验证时，组织应在采购要求中事先做出规定。

2.6.4　质量教育培训

通过质量教育培训和其他措施提高员工的能力，增强质量和顾客意识，使员工能满足所从事的质量工作对能力的要求。

项目领导班子应着重以下几方面的培训：

(1)质量意识教育。

(2)充分理解和掌握质量方针及目标。

(3)质量管理体系有关方面的内容。

(4)质量保持和持续改进意识。

可以通过面试、笔试、实际操作等方式检查培训的有效性，还应保留员工的教育、培训及技能认可的记录。

任务 2.7　建筑工程施工过程的质量控制

施工过程控制是指对施工过程中实际投入的生产要素质量及作业技术活动的实施状态和结果所进行的控制。施工过程控制主要包括施工作业技术交底、施工过程的质量控制、中间产品质量控制及分部分项工程质量验收。在施工过程控制中，主要选择好质量控制点，事先分析可能造成质量问题的成因，再针对原因制订对策和措施进行预控。选择质量控制的重点部位、重点工序和重点质量因素作为质量控制点，进行重点控制和预控，这是进行质量控制行之有效的办法。真正要搞好建设工程质量，不仅仅局限于以上几个方面，还应在工程施工的全过程中实施。施工过程质量控制的策略是全面控制施工过程，重点控制工序质量。其具体措施是：工序交接有检查；质量预控有对策；施工项目有方案，技术措施有交底；图纸会审有记录；配制材料有试验；隐蔽工程有验收；计量器具校正有复核；设计变更有手续；钢筋代换有制度；质量处理有复查；成品保护有措施；质量文件有档案。

2.7.1　作业技术准备状态的控制

作业技术准备状态是各项施工准备工作（如配置的人员、材料、机具、环境、通风、照明、安全设施等）在正式开展作业技术活动前，按预先计划的安排是否落实到位的情况。作业技术准备状态的检查有助于落实实际的施工条件，避免计划与实际偏离。

作业技术准备状态的控制应控制好以下环节。

2.7.1.1　质量控制点的设置

质量控制点的设置主要针对关键技术、薄弱环节、控制难度大、重要部位、经验欠缺的施工内容及新工艺、新材料、新技术、新设备等。质量控制人员对项目的特点进行分析，进而列出质量控制点明细表，表中详细列出各质量控制点的名称或控制内容、检验标准及方法等，分析其影响质量的原因，提出控制措施，提交监理工程师审查批准后，进行质量控制重点预控。

1.选择质量控制点的原则

质量控制点的选择对象很广，不论是技术要求高、施工难度大的结构部位，还是影响质量的关键工序、操作或某一环节等均可作为质量控制点来控制。常见的控制点如下：

（1）施工过程中的关键工序或环节以及隐蔽工程，如预应力结构的张拉工序，钢筋混凝土结构中的钢筋架立等。

（2）对后续工程施工或对后续工序质量及安全有重大影响的工序、部位与对象，如预应力结构中的预应力钢筋质量、模板的支撑与固定等。

（3）施工中的薄弱环节，质量不稳定的工序、部位或对象，如地下防水层施工。

（4）质量通病及质量标准或质量精度要求高的工序或部位。

（5）施工上无足够把握的、施工条件困难的或技术难度大的工序或环节，如复杂曲线模板的放样等。

（6）使用新技术、新工艺、新材料、新设备的部位或环节。

是否设置质量控制点,主要针对其对质量要求影响的大小、危害程度以及其质量保证的难度大小而定。表2-3为建筑工程质量控制点设置的一般位置示例。

表2-3　建筑工程质量控制点设置的一般位置示例

工程测量定位	标准轴线桩、水平桩、龙门板、定位轴线、标高
地基、基础 （含设备基础）	基坑(槽)尺寸、标高,土质,地基承载力,基础垫层标高,基础位置、尺寸、标高,预留预埋件的位置、规格、数量,基础标高,杯底弹线
砌体	砌体轴线,皮数杆,砂浆配合比,预留洞孔和预埋件位置、数量,砌块排列
模板	位置、尺寸、标高,预埋件位置,预留洞孔尺中位置,模板强度及稳定性,模板内部清理及湿润情况
钢筋混凝土	水泥品种、强度等级,砂石质量,混凝土配合比,外加剂比例,混凝土浇捣,钢筋品种、规格、尺寸、搭接长度,钢筋焊接,预留洞孔及预埋件的规格、数量、尺寸、位置,预制构件吊装或出场强度,吊装位置、标高、支承长度、焊缝长度
吊装	吊装设置起重能力、吊具、索具、地锚
钢结构	翻样图、放大样
焊接	焊接条件、焊接工艺
装修	视具体情况而定

2. 质量控制点重点控制的对象

(1)人的行为。对某些作业或操作,应以人为重点进行控制,如高空、高温、水下、危险作业等,对人的身体素质或心理应有相应的要求;技术难度大或精度要求高的作业,如复杂模板放样,精密、复杂的设备安装以及重型构件吊装等对人的技术水平均有相应的较高要求。

(2)物的质量与性能。施工设备和材料是直接影响工程质量和安全的主要因素,对某些工程尤为重要,常作为控制的重点。例如,基础的防渗灌浆,灌浆材料细度及可灌性,作业设备的质量、计量仪器的质量都是直接影响灌浆质量和效果的主要因素。

(3)关键的操作。例如,预应力钢筋的张拉工艺操作过程及张拉力的控制,是可靠地建立预应力值和保证预应力构件质量的关键过程。

(4)施工技术参数。例如,对填方路堤进行压实时,对填土含水量等参数的控制是保证填方质量的关键;对于岩基水泥灌浆,灌浆压力、吃浆率、冬季施工混凝土受冻临界强度等技术参数是质量控制的重要指标。

(5)施工顺序。对于某些工作,必须严格作业之间的顺序。例如,对于冷拉制筋应当先对焊、后冷拉;对于屋架固定一般应采取对角同时施焊,以免焊接应力使已校正的屋架发生变位等。

(6)技术间歇。有些作业之间需要有必要的技术间歇时间。例如,砖墙砌筑后与抹灰工序之间,以及抹灰与粉刷或喷涂之间,均应保证有足够的间歇时间;混凝土浇筑后至拆模之间也应保持一定的间歇时间;混凝土大坝坝体分块浇筑时,相邻浇筑块之间也必须保持足够的间歇时间等。

（7）新工艺、新技术、新材料的应用。由于缺乏经验，施工时可作为重点进行严格控制。

（8）产品质量不稳定、不合格率较高及易发生质量通病的工序应列为重点，仔细分析、严格控制。例如，防水层的铺设，供水管道接头的渗漏等。

（9）易对工程质量产生重大影响的施工方法。例如，液压滑模施工中的支承杆失稳问题、升板法施工中提升差的控制等，都是一旦施工不当或控制不严，既可能引起重大质量事故问题，也应作为质量控制的重点。

（10）特殊地基或特种结构。例如，湿陷性黄土、膨胀土等特殊土地基的处理，大跨度和超高结构等难度大的施工环节和重要部位等都应予特别重视。

根据质量特性的要求，准确、有效地进行质量控制点的选择，选择质量控制的重点因素、重点部位和重点工序作为质量控制点，继而进行重点控制和预控，这是质量控制的最有效的方法。

3. 质量预控对策的检查

工程质量预控，就是针对所设置的质量控制点或分部、分项工程，事先分析施工中可能发生的质量问题和隐患，分析可能产生的原因，并提出相应的对策，采取有效的措施进行预先控制，以防在施工中发生质量问题。

质量预控及对策的表达方式主要有：①文字表达；②表格形式表达；③解析图形式表达。下面举例说明。

1）钢筋电焊焊接质量的预控——文字表达

列出可能产生的质量问题，以及拟订的质量预控措施。

（1）可能产生的质量问题。焊接接头偏心弯折；焊条型号或规格不符合要求；焊缝的长度、宽度、厚度不符合要求；凹陷、焊瘤、裂纹、烧伤、咬边、气孔、夹渣等缺陷。

（2）质量预控措施。根据对电焊钢筋质量上可能产生的质量问题的估计，分析产生上述电焊质量问题的重要原因：一是施焊人员技术不良；二是焊条质量不符合要求。所以，可以有针对性地提出质量预控的措施：检查焊接人员有无上岗合格证明，禁止无证上岗；焊工正式施焊前，必须按规定进行焊接工艺试验；每批钢筋焊完后，承包单位自检并按规定对焊接接头见证取样进行力学性能试验；在检查焊接质量时，应同时抽检焊条的型号。

2）混凝土灌注桩质量预控——表格形式表达

用简表形式分析其在施工中可能发生的主要质量问题和隐患，并针对各种可能发生的质量问题提出相应的预控措施，见表2-4。

3）混凝土工程质量预控及质量对策——解析图形式表达

用解析图的形式表示质量预控及措施对策用以下两个图来表达。

（1）工程质量预控图。在该图中间按该分部工程的施工各阶段划分，即从准备工作至完工后质量验收与中间检查以及最后的资料整理；右侧列出各阶段所需进行的与质量控制有关的技术工作，用框图的方式分别与工作阶段相连接；左侧列出各阶段所需进行的质量控制有关管理工作的要求。

表 2-4 混凝土灌注桩质量预控表

可能发生的质量问题	质量预控措施
孔斜	督促承包单位在钻孔前对钻机认真整平
混凝土强度达不到要求	随时抽查原料质量;混凝土配合比经监理工程师审批确认;评定混凝土强度;按月向监理报送评定结果
缩径、堵管	督促承包单位每桩测定混凝土坍落度 2 次,每 30～50 cm 测定一次混凝土浇筑高度,随时处理
断桩	准备足够数量的混凝土供应机械,保证连续不断地灌注
钢筋笼上浮	掌握泥浆比重和灌注速度,灌注前做好钢筋笼固定

(2)质量控制对策图。该图分为两部分:一部分是列出某一分部、分项工程中各种影响质量的因素,另一部分是列出对应于各种质量问题影响因素所采取的对策或措施。

2.7.1.2 作业技术交底的控制

作业技术交底是对技术实施方案的进一步明确,是对施工组织设计的进一步具体化,是工序施工具体的指导文件。技术交底的内容主要有施工过程中需注意的问题,施工方法、质量要求、验收标准和应急方案及措施。要紧紧围绕操作者,机械设备,使用的材料、方法,施工环境,具体管理措施等方面进行技术交底,明确要做的工作由谁来做、如何完成、作业标准及要求、进度上的要求等。

2.7.1.3 进场原材料、半成品、构配件质量控制

1. 进场材料的质量控制

凡运到施工现场的原材料、半成品或构配件,进场前应向项目监理机构提交"工程材料/配件/设备报审表",同时附有产品出厂合格证及技术说明书,并且附有由施工承包单位按规定要求进行检验的检验报告或试验报告,经监理工程师审查并确认其质量合格后方准进场。凡是没有产品出厂合格证明及检验不合格者,不得进场。当监理工程师认为承包单位提交的有关产品合格证明的文件以及施工承包单位提交的检验和试验报告,仍不足以说明到场产品的质量符合要求时,监理工程师可以再行组织复检或见证取样试验,确认其质量合格后方可允许进场。

2. 材料存放条件的控制

质量合格的材料、构配件进场后,到其使用或安装时通常都要经过一定的时间间隔。在此时间内,如果对材料等的存放、保管不良,可能导致质量状况的恶化,如损伤、变质、损坏,甚至不能使用。因此,监理工程师对承包单位在材料、半成品、构配件的存放、保管条件及时间方面也应实行监控。

对于材料、半成品、构配件等,应当根据它们的特点、特性以及对防潮、防晒、防锈、防腐蚀、通风、隔热、温度、湿度等方面的不同要求,安排适宜的存放条件,以保证其存放质量。例如,对水泥的存放应当防止受潮,存放时间一般不宜超过 3 个月,以免受潮结块;硝铵炸药的湿度达 3%以上时即易结块、拒爆,存放时应妥善防潮;胶质炸药(硝化甘油)冰点温度高(13 ℃以下),冻结后极为敏感易爆,存放温度应予以控制;某些化学原材料应当

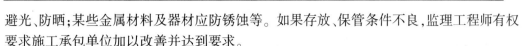

避光、防晒;某些金属材料及器材应防锈蚀等。如果存放、保管条件不良,监理工程师有权要求施工承包单位加以改善并达到要求。

对于按要求存放的材料,监理工程师在存入后每隔一定时间(如一个月)可检查一次,随时掌握它们的存放质量情况。此外,在材料、器材等使用前,也应经监理工程师对其质量再次检查确认后,方可允许使用;经检查质量不符合要求者(如水泥存放时间超过规定期限或受潮结块、强度等级降低),则不准使用,或降低等级使用。

3. 材料试配

对于现场配置的及一些当地的材料,施工单位一般事先进行试配,满足标准要求的方可实施。这些制品或材料应达到规定的力学强度,还要注意分析化学成分,考虑施工现场条件与设计(试验)条件不同而导致质量差异。

2.7.1.4　施工方案(方法)、工艺的控制

对施工组织设计的审核,应从以下几个方面重点控制:组织体系尤其是质量管理体系是否健全,主要技术措施是否有针对性、有效性,施工现场总体布置是否合理,工程地质特征及厂区环境状况是否认真审查等。

施工方案主要审查以下几个方面:

(1)施工顺序安排是否合理,是否符合"先地下、后地上,先土建、后设备,先主体、后围护,先结构、后装修"的基本原则。

(2)施工机械设备的技术性能、工作效率、工作质量是否可靠及维修是否方便,机械操作是否安全、灵活,机械数量配置是否满足施工质量的要求,选择的施工机械设备是否和施工组织方式相适应。

(3)施工方法技术上是否可行,经济上是否合理,是否符合施工现场及施工工艺要求,是否符合国家相关施工规范和质量检验评定标准等。

2.7.1.5　进场机械设备的质量控制

施工现场作业机械设备的技术性能及工作状态对施工质量有重要的影响,只有状态良好、性能满足施工需要的机械设备方可进入现场。

1. 施工机械设备的进场检查

施工单位在机械设备进场前,应列出进场机械设备的型号、数量、规格、技术性能、设备状况、进场时间等清单,根据清单核对现场机械设备是否符合施工组织设计所列的要求。

2. 机械设备工作状态检查

为保证投入作业的机械设备状态良好,须审查作业机械设备的使用、保养记录,检查其工作状况;重要的工程机械,如大马力推土机、大型凿岩设备、路基碾压设备等,应在现场实际复验(如开动、行走等),以保证投入作业的机械设备状态良好。应经常了解施工作业中机械设备的工作状况,防止带"病"运行。发现问题,承包单位应及时修理,以保持良好的作业状态。

3. 特殊设备运行的审核

进入施工现场使用的塔吊及有特殊安全要求的设备,在使用前,须经当地劳动安全部门鉴定,符合要求并办理好相关手续后方可投入施工。

4.大型临时设备的检查

在跨越大江大河的桥梁施工中,经常会涉及承包单位在现场组装的大型临时设备,如轨道式龙门吊机、悬灌施工中的挂篮、架梁吊机、吊索塔架、缆索吊机等。这些设备使用前,承包单位必须取得本单位上级安全主管部门的审查批准,办好相关手续后方可投入使用。

2.7.1.6 环境状态的控制

1.施工作业环境的控制

作业环境条件(如水、电或动力供应,施工照明,安全防护设备,施工场地空间条件和通道以及交通运输和道路等)是否良好,直接影响到施工能否顺利进行以及施工质量。例如,施工照明不良,会给要求精密度高的施工操作造成困难,施工质量不易保证;交通运输道路不畅,干扰、延误多,可能造成运输时间加长,运送的混凝土拌和料质量发生变化(如水灰比、坍落度变化);路面条件差,可能加重所运混凝土拌和料的离析、水泥浆流失等。此外,当同一个施工现场有多个承包单位或多个工种同时施工或平行立体交叉作业时,更应注意避免它们在空间上的相互干扰,影响效率及质量、安全。所以,应事先检查承包单位对施工作业环境条件方面的有关准备工作是否已做好安排和准备妥当;当确认其准备可靠、有效后,方可进行施工。

2.施工质量管理环境的控制

施工质量管理环境主要是指施工承包单位的质量管理体系和质量控制自检系统是否处于良好的状态;系统的组织结构、管理制度、检测制度、检测标准、人员配备等方面是否完善和明确;质量责任制是否落实。要做好承包单位施工质量管理环境的检查,并督促其落实,是保证作业效果的重要前提。

3.现场自然环境条件的控制

应检查施工承包单位,对于未来的施工期间,自然环境条件可能出现对施工作业质量的不利影响,是否事先已有充分的认识并已做好充足的准备和采取了有效措施与对策以保证工程质量。例如,对严寒季节的防冻,夏季的防高温,高地下水位情况下基坑施工的排水或细砂地基防止流砂,施工场地的防洪与排水,风浪对水上打桩或沉箱施工质量影响的防范等。又如,深基础施工中主体建筑物完成后是否可能出现不正常的沉降,影响建筑的综合质量,以及现场因素对工程施工质量与安全的影响(如邻近有易爆、有毒气体等危险源;或邻近高层、超高层建筑,深基础施工质量及安全保证难度大等),有无应对方案及有针对性的保证质量及安全的措施等。

2.7.1.7 施工现场劳动组织及作业人员上岗资格的控制

1.现场劳动组织的控制

劳动组织涉及从事作业活动的操作者及管理者,以及相应的各种制度。

(1)操作人员。从事作业活动的操作者数量必须满足作业活动的需要,相应工种配置能保证作业有序地持续进行,不能因人员数量及工种配置不合理而造成停顿。

(2)管理人员到位。作业活动的直接负责人(包括技术负责人),专职质检人员,安全员,与作业活动有关的测量人员、材料员、试验员必须在岗。

(3)相关制度要健全。例如,管理层及作业层各类人员的岗位职责;作业活动现场的安全、消防规定作业活动中的环保规定,试验室及现场试验检测的有关规定;紧急情况的应急处理规定等。同时要有相应措施及手段以保证制度、规定的落实和执行。

2. 作业人员上岗资格

从事特殊作业的人员(如电焊工、电工、起重工、架子工、爆破工)必须持证上岗,要进行检查与核实。

2.7.2 作业技术活动运行过程的控制

工程质量不是在最后检验出来的,而是在施工过程中形成的。施工过程中控制的主要内容如下。

2.7.2.1 施工单位自检与专检监控

施工单位是施工质量的直接实施者和责任者。

施工单位的自检体系表现为:作业者在作业活动结束后必须自检;不同工序之间的交接、转换必须由相关人员进行交接检查;设置专职质检员进行专检。施工单位必须建立相应制度及工作程序,具有相应试验设备及检测仪器,配备满足需要的专职质检(试验检测)人员,自检体系方可有效运行。

2.7.2.2 技术复核工作监控

凡涉及施工作业技术活动基准和依据的技术工作,都应该严格进行专人负责的复核性检查,以避免基准失误给整个工程质量带来难以补救的或全局性的危害。例如,工程的定位、轴线、标高,预留洞孔的位置和尺寸,预埋件,管线的坡度,混凝土配合比,变电、配电位置,高低压进出口方向、送电方向等。技术复核是承包单位应履行的技术工作责任,其复核结果应报送监理工程师复验确认后才能进行后续相关的施工。

2.7.2.3 见证取样工作监控

住房和城乡建设部规定,在市政工程及房屋建筑工程项目中,对工程材料、承重结构的混凝土试块、承重墙体的砂浆试块、结构工程的受力钢筋等实行见证取样,取样的工作程序必须符合有关见证取样的规程。

2.7.2.4 质量记录资料监控

质量记录资料不仅在施工期间对工程质量控制起重要作用,而且在工程竣工、投入运行时,对了解工程质量情况以及工程使用和维修方面也能提供有价值的资料。

监控质量记录资料主要包括三方面:

(1)施工现场质量检查记录资料。主要有:专业工种上岗证书,地质勘查、施工图审核资料,施工组织设计(施工方案)审批记录,施工技术标准,施工单位现场质量责任制、质量检验制度等管理制度,现场材料、设备存放与管理,分包单位资质等。

(2)材料质量记录。包括进场材料、半成品、构配件、设备的质量证明资料及各种试验(检验)报告,设备进场维修(运行)检验记录等。

(3)作业活动质量记录资料。包括质量自检资料,验收资料,各工序原始施工记录,不合格项目的通知、报告及处理、检查验收资料等。作业活动质量记录资料应真实、完整、齐全,各方人员的签字应齐全、清晰、结论明确,与施工过程的进度同步。若缺少资料和资料不全,在对作业活动效果的验收中不能通过验收。

2.7.2.5 暂停(恢复)施工监控

在作业活动过程中出现下列情况时,应暂停施工:

(1)隐蔽作业未经查验确认合格而擅自封闭。

(2)未经审查确认擅自修改图纸或进行变更设计施工。

(3)不合格人员或未经技术资质审查的人员进入现场施工。

(4)使用不合格或未经检查确认的原材料、构配件或未经审查认可擅自采用代用的材料。

(5)未经项目监理机构审查认可擅自允许分包单位进入现场施工。

(6)工程质量出现异常情况,经提出后,施工单位未采取有效措施,或措施不力未能扭转这种情况者。

(7)已发生质量事故仍未按要求进行处理,或是已发生质量问题(事故),如不停工则质量问题(事故)将继续扩展。

施工单位经整改具备恢复施工条件时,须报送复工申请及有关材料,证明已经消除造成停工的原因。经现场复查确认符合继续施工的条件时,经总监理工程师批准,施工单位才可继续施工。

2.7.2.6 工程变更的监控

施工过程中,由于前期勘察、设计的原因,或由于外界自然条件的变化,未探明的地下障碍物、管线、文物、地质条件不符合设计要求,以及施工工艺方面的限制、建设单位要求的改变等,均会涉及工程变更。做好工程变更的控制工作,也是作业过程质量控制的一项重要内容。

工程变更的要求可能来自建设单位、设计单位或施工承包单位。为确保工程质量,不同情况下,工程变更的实施及设计图纸的澄清、修改具有不同的工作程序。

2.7.2.7 级配管理质量监控

建筑工程中,均会涉及材料的级配,不同材料的混合拌制。例如,混凝土工程中,砂、石骨料本身的组分级配,混凝土拌制的配合比;交通工程中路基填料的级配、配合及拌制;路面工程中沥青摊铺料的级配配比等。由于不同原材料的级配、配合及拌制后的产品对最终工程质量有重要的影响,因此要做好相关的质量控制工作。

2.7.2.8 计量工作质量监控

计量是施工作业过程的基础工作之一,计量作业效果对施工质量有重大影响。计量工作质量监控包括以下内容:

(1)施工过程中使用的计量仪器、检测设备、称重衡器的质量控制。

(2)从事计量作业人员技术水平资格的审核,尤其是现场从事施工测量的测量工,从事试验、检测的试验工。

(3)现场计量操作的质量控制。作业者的实际作业质量直接影响到作业效果,计量作业现场的质量控制主要是检查其操作方法是否得当。例如,对仪器的使用、数据的判读、数据的处理及整理方法,以及对原始数据的检查。又如,检查测量手簿、检查试验的原始数据、检查现场检测的原始记录等。在抽样检测中,现场检测取点、检测仪器的布置是否正确合理,检测部位是否有代表性,能否反映真实的质量状况,也是审核的内容。

2.7.2.9　工地例会的管理

工地例会是施工过程中参加建设项目各方沟通情况、解决分歧、达成共识、做出决定的主要渠道,也是监理工程师进行现场质量控制的重要场所。

通过工地例会,各方检查分析施工过程的质量状况,指出存在的问题,承包单位提出整改措施,并做出相应的保证。

由于参加工地例会的人员较多,层次也较高,会上容易就问题的解决达成共识。

除例行的工地例会外,针对某些专门质量问题,监理工程师还应组织专题会议,集中解决较重大或普遍存在的问题。实践表明,采用这样的方式比较容易解决问题,使质量状况得到改善。

为开好工地例会及质量专题会议,监理工程师要充分了解情况,判断要准确,决策要正确。此外,要讲究方法,协调处理各种矛盾,不断提高会议质量,使工地例会真正起到解决质量问题的作用。

2.7.3　作业技术活动结果控制

作业技术活动结果(如工序的产品、已完分部分项工程及已完单位工程等)控制是对施工过程中间产品以及最终产品的质量控制,只有作业活动中间产品的质量都符合要求,才能保证最终单位工程的质量达到竣工要求。

作业技术活动结果控制的主要内容如下。

2.7.3.1　基坑(槽)验收

基坑(槽)进行质量验收时,由于基坑(槽)开挖的质量状况对后续工程质量影响较大,故作为一个关键工序或一个重要的检验批进行验收。基坑(槽)开挖质量验收主要涉及检查确认地基的承载力、检查确认地质的条件和开挖边坡是否稳定及检查确认支护的状况等。

2.7.3.2　隐蔽工程验收

隐蔽工程验收由于会被其后续工程施工所隐蔽、覆盖,因此在隐蔽前必须进行检查验收。隐蔽工程是质量控制的一个关键工程,由于检查对象要被其他工程所覆盖,对以后的检查造成困难,所以隐蔽工程验收是已完分部分项工程质量的最后一道检查。

1. 验收程序

施工单位完成隐蔽工程施工后,按有关技术规程、规范、图纸自检合格后,填写"报验申请表",附相应的工程检查证明(隐蔽工程检查记录)及有关证明材料、试验(复试)报告等资料。经现场检查,若检查不合格,签发"不合格项目通知",指令施工单位整改,经整改自检合格后再重新审核;若符合质量要求,则签字确认,准予施工单位隐蔽、覆盖,进入下一道工序施工。

2. 隐蔽工程设置的质量控制点

进行隐蔽工程检查时必须重点控制以下工程部位的质量:对地基质量(尤其地基承载力)的检查;基坑回填前检查基础的质量;混凝土浇筑前检查钢筋、模板的质量;混凝土墙体施工前,检查敷设的电线等隐蔽管线的质量;防水层施工前检查基层的质量;幕墙施工挂板前检查龙骨系统;检查屋面板与屋架预埋件的焊接;检查避雷引下线及接地引下线的连接；覆盖前检查直埋于楼地面的电缆，封闭前检查敷设于暗井道、吊顶、楼板垫层内的设备管道的质量；检查易出现质量通病的部位。

2.7.3.3　工序交接验收

在施工作业活动中，工序交接是一种必要的技术停顿，是对作业方式的转换及作业活动效果的确认。工序交接验收要求上道工序必须满足下道工序的施工条件和要求，各相关专业工序交接同样如此。各工序之间和相关专业工序之间通过交接验收形成一个有机整体。

2.7.3.4　检验批、分部工程、分项工程验收

检验批、分部工程、分项工程施工完成以后，施工单位自行检查确认符合设计文件和相关验收规范的规定后，提交验收申请，监理工程师依据图纸及有关文件（规范、标准）等，检查审核其外观、几何尺寸、质量控制资料及内在质量等，确认其是否符合质量要求，若符合质量要求则予以检查验收。对涉及结构安全和使用功能的重要分部工程，应进行必要的抽样检测。

2.7.3.5　单位工程或整个工程项目的竣工验收

单位工程或整个工程项目完成后，施工单位应进行竣工自检，自检合格后，提交"工程竣工报验单"，进行竣工初验，其工作主要有：

（1）对各种质量控制资料、试验报告以及各种有关的技术文件等进行审查。所提交的验收文件资料若不全或有相互矛盾、不符之处，应及时补充、核实并改正。

（2）审核竣工图，对照已完工程有关的技术文件（如设计图纸、工程变更文件、施工记录及其他文件）进行核查。

（3）检查拟验收工程项目的现场，若发现质量问题，施工单位应及时进行处理。

（4）拟验收项目初验合格后，总监理工程师对承包单位的"工程竣工报验单"予以签认，并上报建设单位。

（5）参加由建设单位组织的正式竣工验收。

2.7.3.6　不合格的处理

上道工序不合格，不允许进入下道工序的施工；材料、构配件、半成品不合格不准进入施工现场且不允许使用，应及时标识、记录已进场的不合格品，指定专人看管，避免错用，并限期清除现场；工序不合格或工程产品不合格，不予验收与计价，直到整改符合要求后，重新进行验收。

2.7.3.7　成品保护

1. 成品保护的要求

（1）成品保护要求施工单位必须对已完工程部分采取妥善措施予以保护，避免造成成品损害或污染，进而影响工程质量。

（2）成品保护的一般措施。根据需要保护的建筑产品的特点，可以分别对成品采取防护、包裹、覆盖、封闭等保护措施，以及合理安排施工顺序来达到保护成品的目的。

①防护。就是针对被保护对象的特点采取各种防护措施。例如，对清水楼梯踏步，可以采用护棱角铁上下连接固定；对于进出口台阶可采用垫砖或方木搭脚手板供人通过的方法来保护台阶；对于门口易碰部位，可以钉上防护条或槽型盖铁保护；门扇安装后可加

楔固定等。

②包裹。就是将被保护物包裹起来,以防损伤或污染。例如,对镶面大理石柱可用立板包裹捆扎保护,铝合金门窗可用塑料布包扎保护等。

③覆盖。就是用表面覆盖的办法防止堵塞或损伤。例如,对地漏、落水口排水管等安装后可以覆盖,以防止异物落入而被堵塞;预制水磨石或大理石楼梯可用木板覆盖加以保护;地面可用锯末、苫布等覆盖以防止喷浆等污染;其他需要防晒、防冻、保温养护的项目等也应采取适当的防护措施。

④封闭。就是采取局部封闭的办法进行保护。例如,垃圾道完成后,可将其进口封闭起来,以防止建筑垃圾堵塞通道;房间水泥地面或地面砖完成后,可将该房间局部封闭,防止人们随意进入而损害地面;室内装修完成后,应加锁封闭,防止人们随意进入而受到损伤等。

⑤合理安排施工顺序。主要是通过合理安排不同工作间的施工先后顺序,以防止后道工序损坏或污染已完工的成品或生产设备。例如,采取房间内先喷浆或喷涂而后装灯具的施工顺序。

2.作业技术活动检验程序和方法

1)检验程序

施工单位的作业人员在作业活动结束后按规定进行自检,自检合格后与下一道工序的作业人员进行交检,确认满足质量要求后,再由施工单位专职质检员进行检查。施工单位在自检、交检、专检均符合质量要求的基础上提交"报验申请表",监理工程师接到通知后,在合同规定的时间内对其质量进行检查,确认其质量合格后予以签认验收。

2)质量检验的主要方法

(1)目测法。这类方法根据质量要求,凭借感官进行检查,采用看、照、敲、摸等手法进行检查。

(2)实测法。利用量测工具(计量仪表),将实际量测结果与规定的质量标准、规范的要求相对比,判断质量是否符合质量要求。实测的方法有靠、套、吊、量。

(3)试验法。通过现场(试验室)试验等理化试验手段取得数据,判断其质量情况,包括理化试验、无损测试(检验)。

3)质量检验计划

质量检验计划可以向相关人员表明什么是检验的对象,应该如何检验,检验的评价标准是什么及其他质量要求等。

质量检验计划内容一般包括:分部分项工程名称及检验部位,检验的程度和抽检方案,检验的项目,采用的检验方法和手段,检验的技术标准和评价标准,评定合格的标准,质量检验是否合格及处理,对签发检验报告及检验记录的要求,检验(检验项目)实施的程序等。

复习思考题

一、单选题

1.施工阶段的质量控制按施工阶段工程实体质量形成的时间划分为三个阶段,下列不属于该三个阶段的是(　　)。

　　A.设计阶段　　　B.施工准备阶段　　C.施工过程阶段　　D.竣工验收阶段

2.对阴阳角的方正、踢脚线的垂直度应用质量检查方法(　　)进行检查。

　　A.看　　　　　　B.靠　　　　　　C.套　　　　　　D.量

3.建设项目施工过程质量控制是最基本的控制途径。因此,必须抓好与作业工序质量形成相关的配套技术与管理工作,下列不属于施工质量的事中控制的途径是(　　)。

　　A.施工计量管理　　　　　　　　B.见证取样送检

　　C.隐蔽工程验收　　　　　　　　D.已完工程成品保护

4.在作业活动过程中出现某些情况时,应暂停施工,下列不属于此类情况的是(　　)。

　　A.隐蔽作业未经查验确认合格而擅自封闭

　　B.工程进度款未完全支付

　　C.未经审查确认擅自修改图纸或进行变更设计施工

　　D.不合格人员或未经技术资质审查的人员进入现场施工

5.下列不属于隐蔽工程检查时设置的质量控制点的是(　　)。

　　A.地基质量

　　B.混凝土浇筑前检查钢筋、模板的质量

　　C.混凝土墙体施工前,检查敷设的电线等隐蔽管线

　　D.隐蔽工程的资料

二、判断题

1.施工作业过程的质量控制是最基本的质量控制,它决定了有关检验批的质量。

(　　)

2.勘察、设计单位和建设单位属于监控主体。　　　　　　　　　　　　(　　)

3.有些隐蔽工程可以不经过检查认证就能掩盖。　　　　　　　　　　(　　)

4.对于工程的施工质量可以从事前、事中、事后三个阶段加以控制。　(　　)

5.凡运到施工现场的原材料、半成品或构配件,进场前应向项目监理机构提交"工程材料/配件/设备报审表",同时附有产品出厂合格证及技术说明书,并且附有由施工承包单位按规定要求进行检验的检验报告或试验报告,经监理工程师审查并确认其质量合格后方准进场。　　　　　　　　　　　　　　　　　　　　　　　　　　　　　(　　)

6.成品保护要求建设单位必须对已完工程部分采取妥善措施予以保护,避免造成成品损害或污染,进而影响工程质量。　　　　　　　　　　　　　　　　　　　(　　)

三、多选题

1.建筑工程质量控制主体主要有(　　)。

　　A.政府监管部门　　　　B.建设单位　　　　　C.工程监理单位

　　D.勘察、设计单位　　　E.工程施工单位

2.施工阶段的质量管理与控制的共同性依据主要包括(　　)。

　　A.工程承包合同文件

　　B.国家及政府有关部门颁布的法律、法规

　　C.工程项目设计文件

D. 国际标准(如 ISO 系列)

E. 国家标准、行业标准和企业标准

3. 现场进行质量检查的方法有目测法、实测法和试验法三种,下列属于目测法的是(　　)。

A. 看　　　B. 摸　　　C. 敲　　　D. 照　　　E. 量

4. 对于工程的施工质量可以从事前、事中、事后三个阶段加以控制。下列属于施工质量的事前预控途径的有(　　)。

A. 施工条件的调查和分析

B. 施工图纸会审和设计交底

C. 施工组织设计文件的编制与审查

D. 工程测量定位和标高基准点的控制

E. 施工总(分)包单位的选择和资质的审查

5. 为选择合适的施工技术与组织方案,需对施工项目所在地的自然条件和技术经济条件进行调查并收集相关数据,具体收集的资料有(　　)。

A. 地形与环境条件

B. 地震级别、工程水文地质情况

C. 气象条件以及当地水、电、能源供应条件

D. 交通运输条件

E. 材料供应条件等

四、简答题

1. 建筑工程质量控制的主体有哪些?

2. 现场进行质量检查的方法主要有哪些?

3. 设计交底和图纸审核的内容有哪些?

4. 简述质量控制点的选择原则。

5. 作业技术活动结果控制的主要内容有哪些?

6. 成品保护的一般措施有哪些?

7. 进场材料的质量如何控制?

学习项目 3 建筑工程施工质量控制要点

【学习目标】

1. 掌握地基基础工程、砌体工程、钢筋混凝土工程、防水工程、钢结构工程和装饰装修工程的质量控制要点；

2. 掌握地基基础工程、砌体工程、钢筋混凝土工程、防水工程、钢结构工程和装饰装修工程的质量验收标准；

3. 掌握地基基础工程、砌体工程、钢筋混凝土工程、防水工程、钢结构工程和装饰装修工程质量控制的方法。

【能力目标】

1. 掌握建筑工程施工各分部分项工程质量控制要点；

2. 掌握建筑工程各分部分项工程质量控制及检验标准。

任务 3.1 地基基础工程的质量控制

地基基础工程施工前，必须具备完备的地质勘查资料及工程附近管线、建筑物、构筑物和其他公共设施的构造情况，必要时应做施工勘察和调查以确保工程质量及邻近建筑的安全。

施工单位必须具备相应专业资质，并应建立完善的质量管理体系和质量检验制度。

从事地基基础工程检测及见证试验的单位，必须具备省级以上（含省、自治区、直辖市）建设行政主管部门颁发的资质证书和计量行政主管部门颁发的计量认证合格证书。

地基基础工程是分部工程，若有必要，根据国家现行标准《建筑工程施工质量验收统一标准》（GB 50300—2013）规定，可再划分若干个子分部工程。

施工过程中出现异常情况时，应停止施工，由监理或建设单位组织勘察、设计、施工等有关单位共同分析情况，解决问题，消除质量隐患，并应形成文件资料。

地基处理的方法很多，本书只介绍几种常见的地基处理方法的质量控制要点和验收标准。

3.1.1 土方开挖和回填

3.1.1.1 一般规定

（1）土方工程施工前应进行挖、填方的平衡计算，综合考虑土方运距最短、运程合理和各个工程项目的合理施工程序等，做好土方平衡调配，减少重复挖运。在平衡计算中，应综合考虑土的松散性、压缩性、沉陷量等影响土方量变化的各种因素。土方平衡调配应尽可能与当地市、镇规划和农田水利等结合，将余土一次性运到指定养土场，做到文明施工。

（2）当土方工程挖方较深时，施工单位应采取措施，防止基坑底部土的隆起并避免危害周边环境。基底土隆起往往伴随着对周边环境的影响，尤其当周边有地下管线、建（构）筑物、永久性道路时应密切注意。

（3）在挖方前，应做好地面排水和降低地下水位工作。土方施工应尽快完成，避免造成集水、坑底隆起及对环境影响增人。

（4）平整场地的表面坡度应符合设计要求，当设计无要求时，排水沟方向的坡度不应小于2‰。

（5）土方工程施工，应经常测量和校核其平面位置、水平标高及边坡坡度，平面控制桩和水准控制点采取可靠的保护措施，定期复测和检查。土方不应堆在基坑边坡上。

在土方工程施工测量中，除开工前的复测放线外，还应配合施工对平面位置（包括控制边界线、分界线、边坡的上口线和底口线等）、边坡坡度（包括放坡线、变坡等）和标高（包括各个地段的标高）等经常进行测量，校核是否符合设计要求。上述施工测量的基准平面控制桩和水准控制点也应定期进行复测和检查。

（6）对雨季和冬季施工还应遵守国家现行有关标准。

（7）采用机械施工时，只能挖至设计高程以上30 cm，以后用人工挖至设计高程。

（8）如挖方时超深，则超深部分的处理应由设计单位确定方案。

3.1.1.2　土方开挖

土方开挖前应检查定位放线、排水和降低地下水位系统，合理安排土方运输车的行走路线及弃土场。

施工过程中应检查平面位置、水平标高、边坡坡度、压实度、排水、降低地下水位系统，并随时观测周围的环境变化。

对回填土方还应检查回填土料、含水量、分层厚度、压实度，对分层挖方也应检查开挖深度等。

土方开挖工程质量检验标准见表3-1。

表3-1　土方开挖工程质量检验标准　　　　（单位：mm）

项目	序号	检查项目	允许偏差或允许值					检验方法
			柱基、基坑（槽）	挖方场地平整		管沟	地（路）面基层	
				人工	机械			
主控项目	1	标高	−50	±30	±50	−50	−50	水准仪
	2	长度、宽度（由设计中心线向两边量）	+200 −50	+300 −100	+500 −150	+100		经纬仪，用钢尺量
	3	边坡	设计要求					观察或用坡度尺检查
一般项目	1	表面平整度	20	20	50	20	20	用2 m靠尺和楔形塞尺检查
	2	基底土性	设计要求					观察或土样分析

注：地（路）面基层的偏差只适用于直接在挖、填方上做地（路）面的基层。

3.1.1.3　土方回填

（1）土方回填前应清除基底的垃圾、树根等杂物，抽除坑穴积水、淤泥，验收基底标高。若在耕植土或松土上填方，应在基底压实后再进行。

（2）对填方土料应按设计要求验收后方可填入。

（3）填方施工过程中应检查排水措施，每层填筑厚度、含水量控制、压实度、填筑厚度及压实遍数应根据土质、压实系数及所用机具确定。

（4）填方施工结束后，应检查标高、边坡坡度、压实度等，检验标准应符合规范规定。

3.1.1.4　基坑（槽）工程

在基坑（槽）或管沟工程等开挖施工中，若挖方较深、土质较差或有地下水渗流等，可能对邻近建（构）筑物、地下管线、永久性道路等产生危害，或造成边坡不稳定。在这种情况下，不宜进行大开挖施工，应对基坑（槽）管沟壁进行支护。

基坑（槽）、管沟开挖应做好以下质量控制工作：

（1）基坑（槽）、管沟开挖前，应根据支护结构形式、挖深、地质条件、施工方法、周围环境、工期、气候和地面载荷等资料制订施工方案、环境保护措施、监测方案，经审批后方可施工。

（2）土方工程施工前，应对降水、排水措施进行设计，系统应经检查和试运转，一切正常后方可开始施工。

（3）有关围护结构的施工质量必须经验收合格后方可进行土方开挖。

（4）土方开挖的顺序、方法必须与设计工况相一致，并遵循"开槽支撑，先撑后挖，分层开挖，严禁超挖"的原则。

（5）基坑（槽）、管沟的挖土应分层进行。在施工过程中基坑（槽）、管沟边堆置土方不应超过设计荷载，挖方时不应碰撞或损伤支护结构、降水设施。

（6）基坑（槽）、管沟土方施工中应对支护结构、周围环境进行观察和监测，若出现异常情况应及时处理，待恢复正常后方可继续施工。

（7）基坑（槽）、管沟开挖至设计标高后，应对坑底进行保护，经验槽合格后方可进行垫层施工。对特大型基坑，宜分区分块挖至设计标高，分区分块及时浇筑垫层，必要时，可加强垫层。

（8）基坑（槽）、管沟土方工程验收必须以确保支护结构安全和周围环境安全为前提。

3.1.2　灰土地基

由石灰和土的混合体构成的地基称为灰土地基。由于在土中掺入了一定比例的石灰，从而改良了土的力学性能，使得灰土垫层能够更好地把基础传来的荷载分担给地面。灰土地基可以是单层地基，也可以是多层地基，一般为浅层地基。

3.1.2.1　灰土地基施工过程质量控制要点

灰土土料、石灰或水泥（当水泥替代灰土中的石灰时）等材料及配合比应该符合设计要求，灰土应该搅拌均匀。

施工过程中应检查分层铺设的厚度、分段施工时上下两层的搭接长度、夯实时加水量、夯压遍数、压实系数。

施工结束后,应检验灰土地基的承载力。

3.1.2.2　灰土地基工程施工质量验收标准

灰土地基质量检验标准应符合表 3-2 的规定。

表 3-2　灰土地基质量检验标准

项目	序号	检查项目	允许偏差或允许值		检查方法
			单位	数值	
主控项目	1	地基承载力	设计要求		按规定方法
	2	配合比	设计要求		按拌和时的体积比
	3	压实系数	设计要求		现场实测
一般项目	1	石灰粒径	mm	≤5	筛分法
	2	土料有机质含量	%	≤5	试验室焙烧法
	3	土颗粒粒径	mm	≤15	筛分法
	4	含水量(与要求的最优含水量比较)	%	±2	烘干法
	5	分层厚度偏差(与设计要求比较)	mm	±50	水准仪

3.1.3　砂和砂石地基

采用坚硬的中砂、粗砂、碎石、砂砾等材料构成的地基称为砂和砂石地基。

3.1.3.1　砂和砂石地基的质量控制要点

砂、石等原材料质量及配合比应符合设计要求,砂、石应搅拌均匀。

所用的材料内不得含有草根、垃圾等有机杂质。

碎石或卵石的最大粒径不宜大于 50 mm。

施工过程中必须检查砂和砂石地基的分层厚度、分段施工时搭接部分的压实情况、加水量、压实遍数、压实系数。

施工结束后,应检验砂和砂石地基的承载力。

3.1.3.2　砂和砂石地基的质量检验标准

砂和砂石地基质量检验标准应符合表 3-3 的规定。

砂石的级配应根据设计要求或试验确定。人工制作的砂和砂石地基,待拌制均匀后再铺填捣实。

分段施工时,接头应该做成斜坡,每一层相错 0.5~1 m,充分捣实。若地基底面深度不一致,则在铺设砂和砂石时,应预先挖成阶梯状或斜坡状。

3.1.4　强夯地基

强夯地基是利用重锤自由下落时的冲击能来夯实浅层填土地基,使表面形成一层较为均匀的硬层来承受上部荷载。强夯的锤击与落距要远大于重锤夯实地基。

表3-3　砂和砂石地基质量检验标准

项目	序号	检查项目	允许偏差或允许值		检查方法
			单位	数值	
主控项目	1	地基承载力	设计要求		按规定方法
	2	配合比	设计要求		检查拌和时的体积比或重量比
	3	压实系数	设计要求		现场实测
一般项目	1	砂石料有机质含量	%	≤5	焙烧法
	2	砂石料含泥量	%	≤5	水洗法
	3	石料粒径	mm	≤100	筛分法
	4	含水量（与最优含水量比较）	%	±2	烘干法
	5	分层厚度（与设计要求比较）	mm	±50	水准仪

3.1.4.1　强夯地基的质量控制要点

施工前应检查夯锤重量、尺寸，落距控制手段，排水设施及被夯地基的土质。

施工中应检查落距、夯击遍数、夯点位置、夯击范围。

施工结束后，检查被夯地基的强度并进行承载力检验。

3.1.4.2　强夯地基的质量检验标准

强夯地基质量检验标准应符合表3-4的规定。

表3-4　强夯地基质量检验标准

项目	序号	检查项目	允许偏差或允许值		检查方法
			单位	数值	
主控项目	1	地基强度	设计要求		按规定方法
	2	地基承载力	设计要求		按规定方法
一般项目	1	夯锤落距	mm	±300	钢索设标志
	2	锤重	kg	±100	称重
	3	夯击遍数及顺序	设计要求		计数法
	4	夯点间距	mm	±500	用钢尺量
	5	夯击范围（超出基础范围距离）	设计要求		用钢尺量
	6	前后两遍间歇时间	设计要求		

3.1.5　振冲地基

振冲地基是指利用振冲器的强力振动和高压水冲加固土体的方法。该法是国内应用较普遍和有效的地基处理方法，适用于各类可液化土的加密和抗液化处理，以及碎石土、砂土、粉土、黏性土、人工填土、湿陷性土等地基的加固处理。采用振冲地基处理技术,可以达到提高地基承载力、减小建筑物地基沉降量、提高地基的稳定性、消除地基液化的目的。

3.1.5.1 振冲地基的质量控制要点

施工前应检查振冲器的性能,电流表、电压表的准确度及填料的性能。

施工中应检查密实电流、供水压力、供水量、填料量、孔底留振时间、振冲点位置、振冲器施工参数等(施工参数由振冲试验或设计确定)。

施工结束后,应在有代表性的地段做地基强度或地基承载力检验。

3.1.5.2 振冲地基的质量检验标准

振冲地基质量检验标准应符合表 3-5 的规定。

表 3-5 振冲地基质量检验标准

项目	序号	检查项目	允许偏差或允许值		检查方法
			单位	数值	
主控项目	1	填料粒径	设计要求		抽样检查
	2	密实电流(黏性土)	A	50~55	电流表读数
		密实电流(砂土或粉土)(以上为功率 30 kW 振冲器)	A	40~50	
		密实电流(其他类型振冲器)	A_0	1.5~2.0	电流表读数,A_0 为空振电流
	3	地基承载力	设计要求		按规定方法
一般项目	1	填料含泥量	%	<5	抽样检查
	2	振冲器喷水中心与孔径中心偏差	mm	≤50	用钢尺量
	3	成孔中心与设计孔位中心偏差	mm	≤100	用钢尺量
	4	桩体直径	mm	<50	用钢尺量
	5	孔深	mm	±200	测钻杆或重锤测

3.1.6 高压喷射注浆地基

高压喷射注浆地基是利用钻机把带有喷嘴的注浆管钻至土层的预定位置或先钻孔后将注浆管放至预定位置,以高压使浆液或水从喷嘴中射出,边旋转边喷射浆液,使土体与浆液搅拌混合形成一固结体。施工采用单独喷出水泥浆的工艺,称为单管法;施工采用同时喷出高压空气与水泥浆的工艺,称为二管法;施工采用同时喷出高压水、高压空气及水泥浆的工艺,称为三管法。

3.1.6.1 高压喷射注浆地基的质量控制要点

施工前应检查水泥、外掺剂等的质量,桩位,压力表、流量表的精度和灵敏度,高压喷射设备的性能等。

施工中应检查施工参数(压力、水泥浆量、提升速度、旋转速度等)及施工程序。

施工结束后,应检验桩体强度、平均直径、桩身中心位置、桩体质量及承载力等。桩体质量及承载力检验应在施工结束后28 d进行。

3.1.6.2　高压喷射注浆地基的质量检验标准

高压喷射注浆地基质量检验标准应符合表3-6的规定。

表3-6　高压喷射注浆地基质量检验标准

项目	序号	检查项目	允许偏差或允许值		检查方法
			单位	数值	
主控项目	1	水泥及外掺剂质量	符合出厂要求		查产品合格证书或抽样送检
	2	水泥用量	设计要求		查看流量表及水泥浆水灰比
	3	桩体强度或完整性检验	设计要求		按规定方法
	4	地基承载力	设计要求		按规定方法
一般项目	1	钻孔位置	mm	≤50	用钢尺量
	2	钻孔垂直度	%	≤1.5	用经纬仪测钻杆或实测
	3	孔深	mm	±200	用钢尺量
	4	注浆压力	按设定参数指标		查看压力表
	5	桩体搭接	mm	>200	用钢尺量
	6	桩体直径	mm	≤50	开挖后用钢尺量
	7	桩身中心		≤0.2D	开挖后桩顶下500 mm处用钢尺量,D为桩径

承载力检验,数量为总数的0.5%~1%,但不应少于3处。有单桩强度检验要求时,数量为总数的0.5%~1%,但不应少于3根。

3.1.7　水泥土搅拌桩地基

水泥土搅拌桩地基是利用水泥作为固化剂,通过搅拌机械将其与地基土强制搅拌,硬化后构成的地基。

3.1.7.1　水泥土搅拌桩地基的质量控制要点

施工前应检查水泥及外掺剂的质量、桩位、搅拌机工作性能及各种计量设备完好程度(主要是水泥浆流量计及其他计量装置)。

施工中应检查机头提升速度、水泥浆或水泥注入量、搅拌桩的长度及标高。

施工结束后,应检查桩体强度、桩体直径及地基承载力。

进行强度检验时,对承重水泥土搅拌桩应取90 d后的试件,对支护水泥土搅拌桩应取28 d后的试件。

3.1.7.2　水泥土搅拌桩地基的质量检验标准

水泥土搅拌桩地基质量检验标准应符合表3-7的规定。

承载力检验,数量为总数的 0.5% ~ 1%,但不应少于 3 处。有单桩强度检验要求时,数量为总数的 0.5% ~ 1%,但不应少于 3 根。

表 3-7　水泥土搅拌桩地基质量检验标准

项目	序号	检查项目	允许偏差或允许值		检查方法
			单位	数值	
主控项目	1	水泥及外掺剂质量	设计要求		查看产品合格证书或抽样送检
	2	水泥用量	参数指标		查看流量计
	3	桩体强度	设计要求		按规定方法
	4	地基承载力	设计要求		按规定方法
一般项目	1	机头提升速度	m/min	≤0.5	量机头上升距离及时间
	2	桩底标高	mm	±200	测机头深度
	3	桩顶标高	mm	+100,−50	水准仪(最上部 500 mm 不计入)
	4	桩位偏差	mm	<50	用钢尺量
	5	桩径		<0.04D	用钢尺量,D 为桩径
	6	垂直度	%	≤1.5	经纬仪
	7	搭接	mm	>200	用钢尺量

3.1.8　水泥粉煤灰、碎石桩地基

水泥粉煤灰、碎石桩地基是用长螺旋钻机钻孔或沉管桩机成孔,将水泥、粉煤灰及碎石混合搅拌后,泵压或经下料斗投入孔内,构成密实的桩体。

3.1.8.1　水泥粉煤灰、碎石桩地基的质量控制要点

水泥、粉煤灰、砂及碎石等原材料应符合设计要求。

施工中应检查桩身混合料的配合比、坍落度和提拔钻杆速度(提拔套管速度)、成孔深度、混合料灌入量等。

施工结束后,应对桩顶标高、桩位、桩体质量、地基承载力以及褥垫层的质量做检查。

3.1.8.2　水泥粉煤灰、碎石桩复合地基的质量检验标准

水泥粉煤灰、碎石桩复合地基质量检验标准应符合表 3-8 的规定。

表 3-8　水泥粉煤灰、碎石桩复合地基质量检验标准

项目	序号	检查项目	允许偏差或允许值		检查方法
			单位	数值	
主控项目	1	原材料	设计要求		查看产品合格证书或抽样送检
	2	桩径	mm	−20	用钢尺量或计算填料量
	3	桩身强度	设计要求		查 28 d 试块强度
	4	地基承载力	设计要求		按规定的办法

续表 3-8

项目	序号	检查项目	允许偏差或允许值		检查方法
			单位	数值	
一般项目	1	桩身完整性	按桩基检测技术规范		按桩基检测技术规范
	2	桩位偏差	满堂布桩≤0.40D 条基布桩≤0.25D		用钢尺量，D 为桩径
	3	桩垂直度	%	≤1.5	用经纬仪测桩管
	4	桩长	mm	+100	测桩管长度或用垂球测孔深
	5	褥垫层夯填度		≤0.9	用钢尺量

注：1. 夯填度指夯实后的褥垫层厚度与虚体厚度的比值。
　　2. 桩径允许偏差负值是指个别断面。

承载力检验，数量为总数的 0.5%～1%，但不应少于 3 处。有单桩强度检验要求时，数量为总数的 0.5%～1%，但不应少于 3 根。

任务 3.2　砌体工程的质量控制

砌体工程包括砖砌体工程、混凝土小型空心砌块工程、石砌体工程、配筋砌体工程、填充墙砌体工程等类型。在建筑结构中主要有三个作用，即承重作用、围护作用、分隔作用。为了更好地发挥砌体的作用和功能，要求砌体的质量必须达到《砌体结构工程施工质量验收规范》（GB 50203—2011）的规定。

3.2.1　砌筑砂浆的质量控制

3.2.1.1　原材料的质量控制

1. 水泥

水泥进场使用前，应分批对其强度、安定性进行复验。检验批应以同一生产厂家、同一编号为一批。

当在使用中对水泥质量有怀疑或水泥出厂超过三个月（快硬硅酸盐水泥超过一个月）时，应复查试验，并按其结果使用。

不同品种的水泥，不得混合使用。

2. 砂

砂浆用砂不得含有害杂物。砂浆用砂的含泥量应满足下列要求：

（1）砂浆和强度等级小于 M5 的水泥混合砂浆，不应超过 5%。

（2）强度等级小于 M5 的水泥混合砂浆，不应超过 10%。

（3）人工砂、山砂及特细砂，应经试配能满足砌筑砂浆技术条件要求。

3. 水

拌制砂浆用水，水质应符合国家现行标准《混凝土用水标准》（JGJ 63—2006）的规定。

4. 其他材料

（1）配制水泥石灰砂浆时，不得采用脱水硬化的石灰膏。

(2)消石灰粉不得直接用于砌筑砂浆中。

3.2.1.2　砂浆制备及使用时间的质量控制

1.砂浆配合比

砌筑砂浆应通过试配确定配合比。当砌筑砂浆的组成材料有变更时,其配合比应重新确定。

施工中当采用水泥砂浆代替水泥混合砂浆时,应重新确定砂浆强度等级。

砂浆现场拌制时,各组分材料应采用重量计量。

凡在砂浆中掺入有机塑化剂、早强剂、缓凝剂、防冻剂等,应经检验和试配符合要求后方可使用。有机塑化剂应有砌体强度的形式检验报告。

2.砂浆的制备

砌筑砂浆应采用机械搅拌,自投料完算起,搅拌时间应符合下列规定:

(1)水泥砂浆和水泥混合砂浆不得少于 2 min。

(2)水泥粉煤灰砂浆和掺用外加剂的砂浆不得少于 3 min。

(3)掺用有机塑化剂的砂浆,应为 3~5 min。

3.砂浆的使用时间

砂浆应随拌随用,水泥砂浆和水泥混合砂浆应分别在 3 h 和 4 h 内使用完毕。

当施工期间最高气温超过 30 ℃时,应分别在拌成后 2 h 和 3 h 内使用完毕。

对掺用缓凝剂的砂浆,其使用时间可根据具体情况延长。

3.2.1.3　砂浆质量检验

砌筑砂浆试块强度验收时,其强度合格标准必须符合以下规定:

(1)砂浆强度应以标准养护、龄期为 28 d 的试块抗压试验结果为准。砌筑砂浆的验收批,同一类型、强度等级的砂浆试块应不少于 3 组。当同一验收批只有一组试块时,该组试块抗压强度的平均值必须大于或等于设计强度等级所对应的立方体抗压强度。

(2)同一验收批砂浆试块抗压强度平均值必须大于或等于设计强度等级所对应的立方体抗压强度;同一验收批砂浆试块抗压强度的最小一组平均值必须大于或等于设计强度等级所对应的立方体抗压强度的 75%。

(3)抽检数量:每一检验批且体积不超过 250 m³ 砌体的各种类型及强度等级的砌筑砂浆,每台搅拌机应至少抽检一次。

(4)检验方法:在砂浆搅拌机出料口随机取样制作砂浆试块(同盘砂浆只应制作一组试块),最后检查试块强度试验报告单。

3.2.1.4　原位检测

原位检测就是采用标准的检验方法,在现场砌体中选样进行非破损或微破损检测,以判定砌筑砂浆和砌体实体强度的检测。

当施工中或验收时出现下列情况时,可采用现场检验方法对砂浆和砌体强度进行原位检测或取样检测,并判定其强度:

(1)砂浆试块缺乏代表性或试块数量不足。

(2)对砂浆试块的试验结果有怀疑或有争议时。

(3)砂浆试块的试验结果,不能满足设计要求。

3.2.2　砖砌体工程的质量控制

3.2.2.1　砖的质量控制要点

砌体工程中所用的砖有烧结普通砖、烧结多孔砖、蒸压灰砂砖、粉煤灰砖等,砌体工程所用的砖进场时砖的品种、强度等级必须符合设计要求,并应规格一致,同时要有质量证明书。砖材料进场后,应在见证抽取试样复验合格后方可使用。

用于清水墙、柱表面的砖,应边角整齐、色泽均匀。

砌筑砖砌体时,砖应提前 1~2 d 浇水湿润,烧结普通砖、多孔砖宜有 10%~15% 的含水量;灰砂砖、粉煤灰砖含水量宜为 8%~12%。

3.2.2.2　墙体砌筑质量控制要点

1. 皮数杆设置

在墙体的转角处、纵轴或横轴墙体每 15~20 m 应设皮数杆。皮数杆设置在距墙角或墙皮 50 mm 处。皮数杆应垂直、牢固、标高一致,对皮数杆或皮数线应进行复核并办理预检手续。皮数杆上应标明窗洞口、圈梁等结构的尺寸、标高。

2. 基础墙砌筑

基础的组砌方法采用一顺一丁排砖法。首先根据皮数杆最下面一层砖的底标高,拉线检查基础垫层表面标高是否合适,若一层砖的水平灰缝大于 20 mm,应采用细石混凝土找平。砌筑时,必须达到里外咬槎、上下层错缝。基础大放脚的盘底尺寸必须符合设计要求。若是一层一退,里外均应丁砖;若是两层一退,一层为条砖,二层为丁砖。盘砌墙角,每次盘角高度不得超过五层砖。变形缝的墙角应按直角要求砌筑。

3. 墙体砌筑

砌筑墙体前先盘砌墙体的四个大角,每次盘砌高度不得超过五皮砖。新盘的大角及时进行吊、靠检测,如有偏差应及时进行修整。

砌筑砖墙厚度超过一砖厚时应采用双面挂线,超过 10 m 的长墙,中间设支撑点,小线要拉紧,每皮砖都要穿线看平,使水平灰缝通顺平直,均匀一致。水平灰缝的厚度应控制在 8~12 mm,一般为 10 mm。

除构造柱外,砖砌体的转角处和交接处应同时砌筑。对不能同时砌筑而又必须留置的临时间断处应砌筑成斜槎,斜槎水平投影长度不小于高度的 2/3。

砌体接槎时,必须将接槎处的表面清理干净,浇水湿润,并应填实砂浆,保持灰缝平直。砖砌体应上下错缝,内外搭砌。实心砌体应该采用一顺一丁、梅花丁或三顺一丁的砌筑形式。砖柱不得采用包心砌法。240 mm 厚承重墙的每层墙的最上一皮砖,砖砌体的阶台水平面上及挑出层,在梁和垫块的下面以及砌砖挑出的挑檐、腰线等均为整砖丁砌层,砖柱和宽度小于 1 m 的窗间墙,亦先用整砖砌筑。

留置的施工洞口侧边离交接处不应小于 500 mm,洞口净宽度不应超过 1 m。施工洞口可留直槎且为阳槎,同时应设拉结筋,拉结筋长度从留槎处算起每边不应小于 1 000 mm,末端应有 90°弯钩。

在砌筑墙体时,门框、窗框处应预埋木砖或混凝土砖。洞口高度在 1.2 m 以内的,每边应放置两块预埋砖;高度为 1.2~2.0 m 的,每边放 3 块;高度为 2~3 m 的,每边放 4 块。预埋砖的放置位置一般在洞口上下边的四皮砖层处,中间均匀分布。

砌体中设有构造柱时,在砌砖前,先根据设计图纸弹出构造柱位置线,并把构造柱插筋处理顺直。砌筑砖墙时与构造柱连接处应砌成马牙槎,采用先退后进的砌筑方法,每一个马牙槎沿高度方向尺寸不得超过 300 mm。

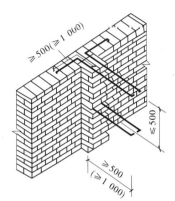

非抗震设防及抗震设防烈度为Ⅵ度、Ⅶ度地区的临时间断处不能留斜槎时,除转角外,可留直槎,但直槎要做成凸槎并加设拉结筋。拉结筋的数量为每 120 mm 墙厚设置一根直径 6 mm 的钢筋;间距沿墙高不得超过 500 mm,埋入长度从墙的留槎处算起,每边均不应小于 1 000 mm,末端有 90°弯钩(见图 3-1)。拉结筋不得穿过烟道和通气道,如遇烟道或通气道,拉结筋应分成两段沿孔道两侧平行设置。

图 3-1 直槎与拉结筋 (单位:mm)

隔墙与外墙或柱不能同时砌筑而又不能留成斜槎时,可从外墙或柱中引出凸槎。对于抗震设防区,灰缝中还应预埋拉结筋,构造应该符合上述规定,每道墙不得少于 2 根。

下列位置不得设置脚手眼:120 mm 厚的墙体和独立柱;过梁上与过梁成 60°角的三角形范围内及过梁净跨度 1/2 的高度范围内,宽度小于 1 m 的窗间墙;砌体门窗洞口两侧 200 mm 和转角处 450 mm 范围内;梁或梁垫及其左右 500 mm 范围内;设计上不允许设置脚手眼的部位。施工脚手眼补砌时,灰缝应填满砂浆,不得用干砖填塞。

对于烧结普通砖砌体水平灰缝的砂浆饱满度不得小于 80%;竖缝宜采用挤浆或加浆使砖缝灰浆饱满,不得出现透明缝。

3.2.2.3 砖砌体质量验收标准

1. 砌体的尺寸偏差允许值

砖砌体的一般尺寸允许偏差应符合表 3-9 的规定。

表 3-9 砖砌体的一般尺寸允许偏差

项次	项目		允许偏差 (mm)	检验方法	抽检数量
1	基础顶面和楼面标高		±15	用水平仪和尺检查	不应少于 5 处
2	表面 平整度	清水墙、柱	5	用 2 m 靠尺和楔形 塞尺检查	有代表性自然间 10%,但 不应少于 3 间,每间不应少于 2 处
		混水墙、柱	8		
3	门窗洞口高、 宽(后塞口)		±5	用尺检查	检验批洞口的 10%,且不应 少于 5 处
4	外墙上下窗口偏移		20	以底层窗口为准, 用经纬仪或吊线检查	检验批的 10%,且不应少于 5 处
5	水平灰缝 平直度	清水墙	7	拉 10 m 线和尺检 查	有代表性自然间 10%,但不 应少于 3 间,每间不应少于 2 处
		混水墙	10		
6	清水墙游丁走缝		20	吊线和尺检查,以 每层第一皮砖为准	有代表性自然间 10%,但不 少于 3 间,每间不应少于 2 处

2.砌体的垂直度

砌体的垂直位置及垂直度允许偏差应符合表3-10的规定。

检查数量：轴线查全部承重墙柱；外墙垂直度全高查阳角，不少于4处，每层每20 m查一处；内墙按有代表性的自然间抽10%，但不少于3间，每间不少于2处，柱不少于5根。

3.砖墙质量检验抽查数量及检查方法

砖墙质量检验抽查数量及检查方法见表3-11。

表3-10　砌体的垂直位置及垂直度允许偏差

项次	项目			允许偏差（mm）	检验方法
1	轴线位置偏移			10	用经纬仪和尺检查或用其他测量仪器检查
2	垂直度	每层		5	用2 m托线板检查
		全高	≤10 m	10	用经纬仪、吊线和尺检查，或用其他测量仪器检查
			>10 m	20	

表3-11　砖墙质量检验抽查数量及检查方法

项目	序号	检查项目	抽查数量	检查方法
主控项目	1	砖	烧结砖15万块、多孔砖5万块、灰砂砖及粉煤灰砖10万块各为一验收批，抽查一组	检查产品合格证书或抽样送检
	2	砂浆强度	每台搅拌机应至少抽检一次	检查试块强度试验报告单
	3	水平灰缝的砂浆饱满度	每检验批抽查不应少于5处	用百格网检查砖底面与砂浆的黏结痕迹面积，每处检测3块砖，取其平均值
	4	转角处和交接处	每检验批抽20%接槎，且不应少于5处	观察检查
	5	临时间断处留槎	每检验批抽20%接槎，且不应少于5处	观察和尺量检查
一般项目	1	组砌方法	外墙每20 m抽查一处，每处3~5 m，且不应少于3处；内墙按有代表性的自然间抽10%，且不应少于3间	观察检查
	2	灰缝厚度	每步脚手架施工的砌体，每20 m抽查1处	用尺量10皮砖砌体高度折算

3.2.3　混凝土小型空心砌块砌体工程质量控制

3.2.3.1　混凝土小型空心砌块材料的质量要求

混凝土小型空心砌块分为普通混凝土小型空心砌块和轻骨料混凝土小型空心砌块（简称小砌块）。

施工时所用的小砌块的产品龄期不应小于 28 d。

砌筑小砌块时，应清除表面污物和芯柱用小砌块孔洞底部的毛边，剔除外观质量不合格的小砌块。

3.2.3.2　混凝土小型空心砌块施工质量控制要点

施工时所用的砂浆宜选用专用的小砌块砌筑砂浆。

小砌块砌筑时，在天气干燥炎热的情况下，可提前洒水湿润小砌块；对轻骨料混凝土小型空心砌块，可提前浇水湿润。小砌块表面有浮水时，不得施工。

小砌块应底面朝上反砌于墙上。

需要移动砌体中的小砌块或小砌块被撞动时，应重新铺砌。

混凝土小型空心砌块砌体的质量控制标准见表 3-12。

表 3-12　混凝土小型空心砌块砌体的质量控制标准

项目	序号	检查项目	抽查数量	检查方法
主控项目	1	小砌块	每一生产厂家，每 1 万块小砌块至少应抽检一组	检查产品合格证书或抽样送检
	2	砂浆强度	每台搅拌机应至少抽检一次	检查试块强度试验报告单
	3	灰缝的砂浆饱满度	每检验批不应少于 3 处	用专用百格网检测小砌块与砂浆黏结痕迹，每处检测 3 块小砌块，取其平均值
	4	转角处和交接处	每检验批抽 20% 接槎，且不应少于 5 处	观察检查
	5	轴线偏移和垂直度偏差	同砖墙	同砖墙
一般项目	1	一般尺寸允许偏差	同砖墙	同砖墙
	2	灰缝厚度	每层楼的检测点不应少于 3 处	用尺量 5 皮小砌块的高度和 2 m 砌体长度折算

注：1. 砌体水平灰缝的砂浆饱满度，应按净面积计算，不得低于 90%；竖向灰缝饱满度不得小于 80%，竖缝凹槽部位应用砌筑砂浆填实；不得出现瞎缝、透明缝。

2. 墙体的水平灰缝厚度和竖向灰缝宽度宜为 10 mm，但不应大于 12 mm，也不应小于 8 mm。

3.2.4　石砌体工程的质量控制

3.2.4.1　材料质量要求

1. 石材的质量要求

石砌体所用石材应质地坚实,无风化剥落和裂纹。用于清水墙、柱表面的石材,应色泽均匀。毛石砌体中所用的毛石应呈块状,其中部厚度不小于 150 mm,各种砌筑用的料石宽度、厚度均不宜小于 200 mm,长度不宜大于厚度的 4 倍。

石材表面的泥垢、水锈等杂质,砌筑前应清除干净。

2. 水泥、砂、砂浆的质量要求

水泥、砂、砂浆的质量要求同砌砖工程。

3.2.4.2　石砌体工程施工质量控制要点

1. 料石砌体

砌筑毛石基础的第一皮石块应坐浆,并将大面向下;砌筑料石基础的第一皮石块应用丁砌层坐浆砌筑。

2. 毛石砌体

毛石砌体的第一皮及转角处、交接处和洞口处,应用较大的平毛石砌筑。每个楼层(包括基础)砌体的最上一皮,宜选用较大的毛石砌筑。

3. 挡土墙

(1)砌筑毛石挡土墙应符合下列规定:

每砌 3~4 皮为一个分层高度,每个分层高度应找平一次;外露面的灰缝厚度不得大于 40 mm,两个分层高度间分层处的错缝不得小于料石挡土墙,当中间部分用毛石砌筑时,丁砌料石伸入毛石部分的长度不应小于 200 mm。

(2)当设计对挡土墙的泄水孔无规定时,施工应符合下列规定:

泄水孔应均匀设置,在每米高度上间隔 2 m 左右设置一个泄水孔;泄水孔与土体间铺设长宽各为 300 mm、厚 200 mm 的卵石或碎石做疏水层。

4. 石砌体工程的质量控制标准

(1)石砌体的轴线位置及垂直度允许偏差应符合表 3-13 的规定。

表 3-13　石砌体的轴线位置及垂直度允许偏差

项次	项目		允许偏差(mm)						检验方法
			毛石砌体		料石砌体				
					毛石料		粗石料	细石料	
			基础	墙	基础	墙	基础	墙	墙、柱	
1	轴线位置		20	15	20	15	15	10	10	用经纬仪和尺量
2	墙面垂直度	每层		20		20		10	7	用经纬仪、吊线和尺量
		全高		30		30		25	20	

(2)石砌体一般尺寸允许偏差。

石砌体一般尺寸允许偏差应符合表 3-14 的规定。

表 3-14　石砌体一般尺寸允许偏差

项次	项目		允许偏差（mm）							检验方法
			毛石砌体		料石砌体					
			基础	墙	毛石料		粗石料		细石料	
					基础	墙	基础	墙	墙、柱	
1	基础和墙砌体顶面标高		±25	±15	±25	±15	±15	±15	±15	用水准仪和尺检查
2	砌体厚度		±30	+20 −10	+30	+30	+15	+10 −5	+10 −5	用尺检查
3	表面平整度	清水墙、柱	—	20	—	20	—	10	5	细料石用 2 m 靠尺和塞尺，其他用两直尺垂直于灰缝拉 2 m 线检查
		混水墙、柱	—	20	—	20	—	15		
4	清水墙水平灰缝平直度		—	—	—	—	—	10	5	拉 10 m 线检查和尺量

（3）石砌体工程的质量控制抽查数量及检查方法见表 3-15。

表 3-15　石砌体工程的质量控制抽查数量及检查方法

项目	序号	检查项目	抽查数量	检查方法
主控项目	1	小型砌块	同一产地的石材至少应抽检一组	料石检查产品质量证明书，石材检查试块试验报告
	2	砂浆强度	每台搅拌机应至少抽检一次	检查试块强度试验报告单
	3	灰缝的砂浆饱满度	每步架抽查不应少于 1 处	观察检查
	4	轴线偏移和垂直度偏差	按楼层（4 m 高以内）每 20 m 抽查 1 处，每处 3 延米，但不应少于 3 处；内墙，按有代表性的自然间抽查 10%，但不应少于 3 间，每间不应少于 2 处，柱子不应少于 5 根	见表 3-13
一般项目	1	一般尺寸允许偏差	外墙，按楼层（4 m 高以内）每 20 m 抽查 1 处，每处 3 延米，但不应少于 3 处；内墙，按有代表性的自然间抽查 10%，但不应少于 3 间，每间不应少于 2 处，柱子不应少于 5 根	见表 3-14
	2	组砌形式	外墙，按楼层（4 m 高以内）每 20 m 抽查 1 处，每处 3 延米，但不应少于 3 处；内墙，按有代表性的自然间抽查 10%，但不应少于 3 间	观察检查

注：砂浆饱满度不应小于 80%。

(4)石砌体的组砌形式应符合下列规定:内外搭砌,上下错缝,拉结石、丁砌石交错设置;毛石墙拉结石每0.7 m²墙面不应少于1块。

3.2.5　配筋砌体的质量控制

网状配筋砌体柱、水平配筋砌体墙、砖砌体和钢筋混凝土面层或钢筋砂浆面层组合砌体柱(墙)、砖砌体和钢筋混凝土构造柱组合墙以及配筋砌块砌体剪力墙统称为配筋砌体。

3.2.5.1　主控项目

(1)钢筋的品种、规格和数量应符合设计要求。

检验方法:检查钢筋的合格证书、钢筋性能试验报告、隐蔽工程记录。

(2)构造柱、芯柱、组合砌体构件、配筋砌体剪力墙构件的混凝土或砂浆的强度等级应符合设计要求。

抽检数量:各类构件每一检验批砌体至少应做一组试块。

检验方法:检查混凝土或砂浆试块试验报告。

(3)构造柱与墙体的连接处应砌成马牙槎,马牙槎应先退后进,预留的拉结筋位置应正确,施工中不得任意弯折。

抽检数量:每检验批抽20%构造柱,且不少于3处。

检验方法:观察检查。

合格标准:钢筋竖向移位不应超过100 mm,每一马牙槎沿高度方向尺寸不应超过300 mm。钢筋竖向位移和马牙槎尺寸偏差每一构造柱不应超过2处。

(4)构造柱位置及垂直度的允许偏差应符合表3-16的规定。

(5)对配筋混凝土小型空心砌块砌体,芯柱混凝土应在装配式楼盖处贯通,不得削弱芯柱截面尺寸。

表3-16　构造柱位置及垂直度的允许偏差

项次	项目		允许偏差(mm)	检验方法
1	柱中心位置		10	用经纬仪和尺或用其他测量仪器检查
2	柱层间错位		8	用经纬仪和尺或用其他测量仪器检查
3	垂直度	每层	10	用2 m托线板检查
		全高 ≤10 m	15	用经纬仪、吊线和尺检查,或用其他测量仪器检查
		>10 m	20	

抽检数量:每检验批抽10%,且不应少于5处。

检验方法:观察检查。

3.2.5.2　一般项目

(1)设置在砌体水平灰缝内的钢筋,应居中置于灰缝中。水平灰缝厚度应大于钢筋直径4 mm以上。砌体外露面砂浆保护层的厚度不应小于15 mm。

抽检数量:每检验批抽检 3 个构件,每个构件检查 3 处。

检验方法:观察检查,辅以钢尺检测。

(2)设置在砌体灰缝内的钢筋的防腐保护应符合规范规定。

抽检数量:每检验批抽检 10% 的钢筋。

检验方法:观察检查。

合格标准:防腐涂料无漏刷(喷浸),无起皮脱落现象。

(3)网状配筋砌体中,钢筋网及放置间距应符合设计规定。

抽检数量:每检验批抽 10%,且不应少于 5 处。

检验方法:钢筋规格检查钢筋网成品,钢筋网放置间距局部剔缝观察,或用探针刺入灰缝内检查,或用钢筋位置测定仪测定。

合格标准:钢筋网沿砌体高度位置超过设计规定,一皮砖厚不得多于 1 处。

(4)组合砖砌体构件,竖向受力钢筋保护层应符合设计要求,距砖砌体表面距离不应小于 5 mm;拉结筋两端应设弯钩,拉结筋及箍筋的位置应正确。

抽检数量:每检验批抽检 10%,且不应少于 5 处。

检验方法:支模前观察与尺量检查。

合格标准:钢筋保护层符合设计要求;拉结筋位置及弯钩设置 80% 及以上符合要求,箍筋间距超过规定者,每件不得多于 2 处,且每处不得超过一皮砖。

(5)配筋砌块砌体剪力墙中,采用搭接接头的受力钢筋搭接长度不应小于 35d,且不应少于 300 mm。

抽检数量:每检验批每类构件抽 20%(墙、柱、连梁),且不应少于 3 件。

检验方法:尺量检查。

3.2.6　填充墙砌体的质量控制

3.2.6.1　填充墙材料质量要求

(1)填充墙砌体所用的砖为:空心砖、蒸压加气混凝土砌块、轻骨料混凝土小型空心砌块等。

(2)蒸压加气混凝土砌块、轻骨料混凝土小型空心砌块砌筑时,其产品龄期应超过 28 d。

(3)空心砖、蒸压加气混凝土砌块、轻骨料混凝土小型空心砌块等的运输、装卸过程中,严禁抛掷和倾倒。进场后应按品种、规格分别堆放整齐,堆置高度不宜超过 2 m。加气混凝土砌块应防止雨淋。

(4)填充墙砌体砌筑前,块材应提前 2 d 浇水湿润。蒸压加气混凝土砌块砌筑时,应向砌筑面适量浇水。

(5)用轻骨料混凝土小型空心砌块或蒸压加气混凝土砌块砌筑墙体时,墙底部应砌烧结普通砖或多孔砖,或普通混凝土小型空心砌块,或现浇混凝土坎台等,其高度不宜小于 200 mm。

3.2.6.2　填充墙砌体的质量控制

(1)填充墙砌体的一般尺寸允许偏差见表 3-17。

表 3-17 填充墙砌体的一般尺寸允许偏差

项次	项目		允许偏差（mm）	检验方法	抽检数量
1	轴线位移		10	用尺检查	检验批的标准间中随机抽查10%，但不应少于3间；大面积房间和楼道按两个轴线或每10延米按一标准间计数。每间检验不应少于3处
	垂直度	小于或等于3 m	5	用2 m托线板或吊线、尺检查	
		大于3 m	10		
2	表面平整度		8	用2 m靠尺和楔形塞尺检查	
3	门窗洞口高、宽（后塞口）		±5	用尺检查	在检验批中抽检10%，且不应少于5处
4	外墙上、下窗口偏移		20	用经纬仪或吊线检查	

（2）填充墙砌体的质量控制抽查数量与检查方法见表 3-18。

表 3-18 填充墙砌体的质量控制抽查数量与检查方法

项目	序号	检查项目	抽查数量	检查方法
主控项目	1	砖、砌块		产品合格证书、产品性能检测报告
	2	砂浆强度	每台搅拌机应至少抽检一次	检查试块强度试验报告单
一般项目	1	一般尺寸允许偏差	见表 3-17	见表 3-17
	2	蒸压加气混凝土砌块砌体和轻骨料混凝土小型空心砌块砌体不应与其他块材混砌	在检验批中抽检20%，且不应少于5处	外观检查
	3	砂浆饱满度	每步架子不少于3处，且每处不应少于3块	采用百格网检查块材底面砂浆的黏结痕迹面积
	4	拉结筋位置	在检验批中抽检20%，且不应少于5处	观察和用尺量检查

注：砂浆饱满度：空心砖砌体的水平缝大于或等于80%，垂直缝填满砂浆，不得有透明缝、瞎缝、假缝；加气混凝土砌块和轻骨料混凝土小型空心砌块砌体灰缝都不应小于80%。

任务 3.3 钢筋混凝土工程的质量控制

钢筋混凝土工程的质量控制包括钢筋、模板和混凝土工程三部分内容。

3.3.1 钢筋工程的质量控制

钢筋工程是普通钢筋进场检验、钢筋加工、钢筋连接、钢筋安装等一系列技术工作和完成实体的总称。

3.3.1.1　原材料

1. 主控项目

钢筋进场时,应按国家现行标准《钢筋混凝土用钢　第 2 部分:热轧带肋钢筋》(GB/T 1499.2—2018)等的规定抽取试件做力学性能检验,其质量必须符合有关标准的规定。

检查数量:按进场的批次和产品的抽样检验方案确定。

检验方法:检查产品合格证、出厂检验报告和进场复验报告。

钢筋对混凝土结构构件的承载力至关重要,对其质量应从严要求。普通钢筋应符合国家现行标准《钢筋混凝土用钢　第 2 部分:热轧带肋钢筋》(GB /T 1499.2—2018)、《钢筋混凝土用钢　第 1 部分:热轧光圆钢筋》(GB/T 1499.1—2017)和《钢筋混凝土用余热处理钢筋》(GB 13014—2013)的要求。钢筋进场时,应检查产品合格证和出厂检验报告,并按规定进行抽样检验。

上述的检验方法中,产品合格证、出厂检验报告是对产品质量的证明资料,通常应列出产品的主要性能指标;当用户有特别要求时,还应列出某些专门检验数据。有时,产品合格证、出厂检验报告可以合并;进场复验报告是进场抽样检验的结果,并作为判断材料能否在工程中应用的依据。

对有抗震设防要求的框架结构,其纵向受力钢筋的强度应满足设计要求;当设计无具体要求时,对一、二级抗震等级,检验所得的强度实测值应符合下列规定:①钢筋的抗拉强度实测值与屈服强度实测值的比值不应小于 1.25;②钢筋的屈服强度实测值与强度标准值的比值不应大于 1.3。

检查数量:按进场的批次和产品抽样检验方案确定。

检验方法:检查进场复验报告。

根据国家现行标准《混凝土结构设计规范》(GB 50010—2010)的规定,按一、二级抗震等级设计的框架结构中的纵向受力钢筋,其强度实测值就满足本条的要求,其目的是保证在地震作用下,结构某些部位出现塑性铰以后,钢筋具有足够的变形能力。

当发现钢筋脆断、焊接性能不良或力学性能显著不正常等现象时,应立即停止使用,应对该批钢筋进行化学成分检验或其他专项检验。

检验方法:检查化学成分等专项检验报告。

2. 一般项目

钢筋应平直、无损伤,表面不得有裂纹、油污、颗粒状或片状老锈。

检验方法:观察。

为了加强对钢筋外观质量的控制,钢筋进场时和使用前均应对外观质量进行检查。弯折钢筋不得敲直后作为受力钢筋使用。钢筋表面不应有颗粒状或片状老锈,以免影响钢筋强度和锚固性能。本条也适用于加工以后较长时期未使用而可能造成外观质量达不到要求的钢筋。

3.3.1.2　钢筋加工

1. 主控项目

受力钢筋的弯钩和弯折应符合下列规定:

(1) HPB235 级钢筋末端应做 180°弯钩,其弯弧内直径不应小于钢筋直径的 2.5 倍,弯钩的弯后平直部分长度不应小于钢筋直径的 3 倍。

(2)当设计要求钢筋末端需做 135°弯钩时,HRB335 级、HRB400 级钢筋的弯弧内直径不应小于钢筋直径的 4 倍,弯钩的弯后平直部分长度应符合设计要求。

(3)钢筋做不大于 90°的弯折时,弯折处的弯弧内直径不应小于钢筋直径的 5 倍。

检查数量:按每工作班同一类型钢筋、同一加工设备抽查不应少于 3 件。

检验方法:钢尺检查。

除焊接封闭式箍筋外,箍筋的末端均应做弯钩,弯钩形式应符合设计要求;当设计无具体要求时,应符合下列规定:

箍筋弯钩的弯弧内直径除应满足上述规定外,尚应不小于受力钢筋直径。箍筋弯钩的弯折角度:对一般结构,不应小于 90°;对有抗震等要求的结构,应为 135°。

箍筋弯后平直部分长度:对一般结构,不宜小于箍筋直径的 5 倍;对有抗震等要求的结构,不应小于箍筋直径的 10 倍。

检查数量:按每工作班同一类型钢筋、同一加工设备抽查不应少于 3 件。

检验方法:钢尺检查。

根据构件受力性能的不同要求,合理配置箍筋有利于保证混凝土构件的承载力,特别对配筋率较高的柱、受扭的梁和有抗震设防要求的结构构件更为重要。

2. 一般项目

钢筋调直宜采用机械方法,也可采用冷拉方法。当采用冷拉方法调直钢筋时,HPB235 级钢筋的冷拉率不宜大于 4%,HRB335 级、HRB400 级和 RRB400 级钢筋的冷拉率不宜大于 1%。

检查数量:按每工作班同类型钢筋、同一加工设备抽查不应少于 3 件。

检验方法:观察、钢尺检查。

盘条供应的钢筋使用前需要调直。调直宜优先采用机械方法,以有效控制调直钢筋的质量;也可采用冷拉方法,但应控制冷拉伸长率,以免影响钢筋的力学性能。

钢筋加工的形状、尺寸应符合设计要求,其偏差应符合表 3-19 的规定。

检查数量:按每工作班同一类型钢筋、同一加工设备抽查不少于 3 件。

检验方法:钢尺检查。

表 3-19　钢筋加工的允许偏差

项目	允许偏差(mm)
受力钢筋顺长度方向全长的净尺寸	±10
弯起钢筋的弯折位置	±20
箍筋内净尺寸	±5

3.3.1.3　钢筋连接

1. 主控项目

纵向受力钢筋的连接方式应符合设计要求。

检查数量:全数检查。

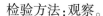

检验方法:观察。

在施工现场,应按国家现行标准《钢筋机械连接技术规程》(JGJ 107—2016)、《钢筋焊接及验收规程》(JGJ 18—2012)的规定抽取钢筋机械连接接头和焊接接头试件做力学性能检验,其质量应符合有关规程的规定。

检查数量:按有关规程确定。

检验方法:检查产品合格证、接头力学性能试验报告。

对钢筋机械连接和焊接,除应按相应规定进行形式、工艺检验外,还应从结构中抽取试件进行力学性能检验。

2. 一般项目

钢筋的接头宜设置在受力较小处。同一纵向受力钢筋不宜设置两个或两个以上接头。接头末端至钢筋弯起点的距离不应小于钢筋直径的 10 倍。

检查数量:全数检查。

检验方法:观察,钢尺检查。

受力钢筋的连接接头宜设置在受力较小处,同一钢筋在同一受力区段内不宜多次连接,以保证钢筋的承载、传力性能。

当受力钢筋采用机械连接接头或焊接接头时,设置在同一构件内的接头宜相互错开。纵向受力钢筋机械连接接头及焊接接头连接区段的长度为 35d(d 为纵向受力钢筋的较大直径)且不小于 500 mm,凡接头中点位于该连接区段长度内的接头均属于同一连接区段。同一连接区段内,纵向受力钢筋机械连接及焊接的接头面积百分率为该区段内有接头的纵向受力钢筋截面面积与全部纵向受力钢筋截面面积的比值。

同一连接区段内,纵向受力钢筋的接头面积百分率应符合设计要求;当设计无具体要求时,应符合下列规定:①在受拉区不宜大于 50%;②接头不宜设置在有抗震设防要求的框架梁端、柱端的箍筋加密区,当无法避开时,对等强度高质量机械连接接头,不应大于 50%;③直接承受动力荷载的结构构件中,不宜采用焊接接头,当采用机械连接接头时,不应大于 50%。

检查数量:在同一检验批内,对梁、柱和独立基础,应抽查构件数量的 10%,且不少于 3 件;对墙和板,应按有代表性的自然间抽查 10%,且不少于 3 间;对大空间结构,墙可按相邻轴线间高度 5 m 左右划分检查面,板可按纵横轴线划分检查面,抽查 10%,且均不少于 3 面。

检验方法:观察,钢尺检查。

同一构件中相邻纵向受力钢筋的绑扎搭接接头宜相互错开。绑扎搭接接头中钢筋的横向净距不应小于钢筋直径,且不应小于 25 mm。

钢筋绑扎搭接接头连接区段的长度为 $1.3l_1$(l_1 为搭接长度),凡搭接接头中点位于该连接区段长度内的搭接接头均属于同一连接区段。同一连接区段内,纵向钢筋搭接接头面积百分率为该区段内有搭接接头的纵向受力钢筋截面面积与全部纵向受力钢筋截面面积的比值。

当各钢筋直径相同时,接头面积百分率为 50%。同一连接区段内,纵向受拉钢筋搭接接头面积百分率应符合设计要求;当设计无具体要求时,应符合下列规定:①对梁类、板类及墙类构件,不宜大于 25%;②对柱类构件,不宜大于 50%;③当工程中确有必要增大接头面积百分率时,对梁类构件,不应大于50%,对其他构件,可根据实际情况放宽。

纵向受力钢筋绑扎搭接接头的最小搭接长度应符合表3-20的规定。

表3-20　纵向受力钢筋绑扎搭接接头的最小搭接长度

钢筋类型		混凝土强度等级			
光圆钢筋	HPB235	C15	C20～C25	C30～C35	≥C40
带肋钢筋	HRB335	45d	35d	30d	25d
	HRB400	55d	45d	35d	30d
	RRB400	—	55d	40d	35d

3.3.1.4　钢筋安装

钢筋安装时,受力钢筋的品种、级别、规格和数量必须符合设计要求。

检查数量:全数检查。

检验方法:观察,钢尺检查。

钢筋安装位置的允许偏差和检验方法应符合表3-21的规定。

表3-21　钢筋安装位置的允许偏差和检验方法

项目			允许偏差（mm）	检验方法
绑扎 钢筋网	长、宽		±10	钢尺检查
	网眼尺寸		±20	钢尺量连续三挡,取最大值
绑扎钢 筋骨架	长		±10	钢尺量一端及中部,取较大值
	宽、高		±5	钢尺检查
受力钢筋	间距		±10	钢尺检查
	排距		±5	钢尺量两端及中部各一点,取较大值
	保护层厚度	基础	±10	钢尺检查
		柱、梁	±5	钢尺检查
		板、墙、壳	±3	钢尺检查
绑扎钢筋、横向钢筋间跨			±20	钢尺量连续三挡,取最大值
钢筋弯起点位置			20	钢尺检查
预埋件	中心线位置		5	钢尺检查,沿纵、横两个方向量测,取较大值
	水平高差		+3,0	钢尺及塞尺检查

注:1. 检查预埋件中心线位置时,应沿纵、横两个方向量测,并取其中的较大值。

2. 表中梁类、板类构件上部纵向受力钢筋保护层厚度的合格点率应达到90%及以上,且不得有超过表中数值1.5倍的尺寸偏差。

检查数量:在同一检验批内,对梁、柱和独立基础,应抽查构件数量的10%,且不少于3件;对墙和板,应按有代表性的自然间抽查10%,且不少于3间;对大空间结构,墙可按相邻轴线间高度5 m左右划分检查面,板可按纵、横轴线划分检查面,抽查10%,且均不少于 3 面。

基础钢筋四周两根钢筋交叉点每点扎牢,中间部分交叉点每隔一根呈梅花形绑牢,双向受力主筋的钢筋网应将全部钢筋相交点扎牢,相邻绑扎点的绑扣要呈八字形,以免网片歪斜变形。现浇柱、墙与基础连接用的插筋下端,用 90°弯钩与基础钢筋进行绑扎,插筋位置应用钢筋架成井字形固定牢固,以免造成柱子钢筋位移。基础配有双层钢筋网时,应在上层钢筋网下面设置钢筋撑脚(螺纹 φ14@1 000 mm,双向),以保证上下层钢筋间距和位置的正确。

剪力墙、柱(剪力墙边缘构件)钢筋的安装,平面位置和垂直度均在绑扎前进行校正。剪力墙及柱(剪力墙边缘构件)钢筋接头位置按设计规定错开,剪力墙钢筋连接采用绑扎搭接,柱(剪力墙边缘构件)纵向受力钢筋接头采用电渣压力焊连接,根据规范及图集要求,二者钢筋接头百分率均按不大于 50%控制。箍筋加密区按规定布置,梁、柱节点内的加密箍筋事先按顺序布好。箍筋弯钩重叠处,应交错布置在四角纵向钢筋上;箍筋转角与纵向钢筋交叉点均应扎牢,绑扎箍筋时绑扣相互之间呈八字形。柱(剪力墙边缘构件)箍筋端头弯成 135°,平直长度不小于 10d。柱钢筋控制保护层采用塑料定位卡卡在柱主筋外皮上,间距为 1 000 mm,以确保主筋保护层的厚度。

梁钢筋安装流程:主筋穿好箍筋,按划好的间距逐个分开→固定主筋→穿次梁钢筋并套好箍筋→放主梁架立筋、次梁架立筋→隔一定间距将梁底主筋与箍筋绑住→绑架立筋→再绑主筋。主次梁同时配合进行,主梁与次梁上部纵向钢筋相遇处,次梁钢筋置于主梁钢筋之上。纵向受力钢筋采用双层排列时,两排钢筋之间垫以直径为 25 mm 的短钢筋,短钢筋的设置间距≤1 000 mm。悬臂梁端部边梁的上部钢筋,布在悬臂梁筋的上部。梁箍筋的接头(弯钩重叠处),应交错布置在两根架立筋上。四角主筋用骑马式绑扣,使主筋与梁箍圆弧部分相吻合。距墙或柱边 50 mm 为第一道箍筋位置。梁钢筋接头采用闪光对焊连接,接头百分率控制在不超过 50%的范围内。钢筋接头位置:上皮钢筋接头留在跨中 1/3 范围内,下皮钢筋接头留在支座内,且满足锚固长度要求。

板钢筋绑扎前应修整模板,将模板上垃圾杂物清扫干净,根据设计间距用粉笔在模板上分好主筋、分布筋的安装位置。按划好的间距先排放受力主筋,后放分布筋,预埋件、电线管、预留孔洞等同时配合安装并固定。板下部钢筋不留接头,钢筋端部按设计要求锚固长度直接埋入支座。双向板的底部钢筋,短跨钢筋在下排、长跨钢筋在上排。板上洞口尺寸≤300 mm,一般将钢筋从洞边绕过,当洞口尺寸>300 mm 时按设计要求设加强筋。双层网筋之间为保证上层筋的有效高度,采用设置"几"字形支撑筋,一般纵横向间距为 600 mm,撑脚长度不小于 200 mm。板筋四周两行钢筋交叉点每点扎牢,中间部分交叉点可间隔交错扎牢,但必须保证钢筋位置正确,双向受力主筋的钢筋网应将全部钢筋相交点扎牢,相邻绑扎点的绑扣要呈八字形,以免网片歪斜变形。板、次梁与主梁交叉处,板筋在上、次梁钢筋居中、主梁钢筋在下。梁、板钢筋绑扎时应防止水电管线将钢筋抬起或压下。

楼梯钢筋绑扎在楼梯支好的模板上,弹上主筋和分布筋的位置线。按设计图纸中主筋和分布筋的排列,先绑扎主筋,后绑扎分布筋,每个交点均应绑扎。有楼梯梁,先绑扎梁,后绑扎板钢筋,板钢筋要锚固到梁内。

3.3.2　模板工程的质量控制

模板安装和浇筑混凝土时,应对模板及其支架进行观察和维护。发生异常情况时,应按施工技术方案及时进行处理。

3.3.2.1　模板安装的质量控制

1.模板安装的主控项目

安装现浇结构的上层模板及其支架时,下层楼板应具有承受上层荷载的承载能力,或加设支架;上、下层支架的立柱应对准,并铺设垫板,以利于混凝土重力及施工荷载的传递,这是保证施工安全和质量的有效措施。

检查数量:全数检查。

检验方法:对照模板设计文件和施工技术方案观察。

在涂刷模板隔离剂时,不得沾污钢筋和混凝土接槎处。若隔离剂沾污钢筋和混凝土接槎处,则可能对混凝土结构受力性能造成明显的不利影响,故应避免。

检查数量:全数检查。

检验方法:观察。

2.模板安装的一般项目

模板安装应满足下列要求。

模板的接缝不应漏浆;在浇筑混凝土前,木模板应浇水湿润,但模板内不应有积水。模板与混凝土的接触面应清理干净并涂刷隔离剂,但不得采用影响结构性能或妨碍装饰工程施工的隔离剂。

浇筑混凝土前,模板内的杂物应清理干净。

对清水混凝土工程及装饰混凝土工程,应使用能达到设计效果的模板。

检查数量:全数检查。

检验方法:观察。

无论采用何种材料制作的模板,其接缝都应保证不漏浆。木模板浇水湿润有利于接缝闭合而不致漏浆,但因浇水湿润后产生膨胀,木模板安装时的接缝不宜过于严密。模板内部及与混凝土的接触面应清理干净,以避免夹渣等缺陷。

用作模板的地坪、胎模等应平整光洁,不得产生影响构件质量的下沉、裂缝、起砂或起鼓。

检查数量:全数检查。

检验方法:观察。

对跨度不小于4 m的现浇钢筋混凝土梁、板,其模板应按设计要求起拱;当设计无具体要求时,起拱高度宜为跨度的1‰~3‰,对钢模板可取偏小值,对木模板可取偏大值。

检查数量:在同检验批内,对梁,应抽查构件数量的10%,且不少于3件;对板,应按有代表性的自然间抽查10%,且不少于3间;对大空间结构,板可按纵、横轴线划分检查面,抽查10%,且不少于3面。

凡规定抽样检查的项目,应在全数观察的基础上,对重要部位和观察难以判定的部位进行抽样检查。抽样检查的数量通常采用"双控"方法,即在按比例抽样的同时,还限定了检查的最小数量。

检验方法:水准仪或接线、钢尺检查。

固定在模板上的预埋件、预留孔和预留洞均不得遗漏,且应安装牢固,其偏差应符合表 3-22 的规定。

检验方法:钢尺检查。

表 3-22 预埋件、预留孔、预留洞的允许偏差及检查数量

项目		允许偏差(mm)	检查数量
预埋钢板中心线位置		3	在同一检验批内,对梁、柱和独立基础,应抽查构件数量的10%,且不少于3件;对墙和板,应按有代表性的自然间抽查10%,且不少于3间;对大空间结构,墙可按相邻轴线间高度5 m 左右划分检查面,板可按纵、横轴线划分检查面,抽查10%,且均不少于3面
预埋管、预留孔中心线位置		3	
插筋	中心线位置	5	
	外露长度	+10,0	
预埋螺栓	中心线位置	2	
	外露长度	+10,0	
预留洞	中心线位置	10	
	外露长度	+10,0	

现浇结构模板安装的允许偏差、检验方法及检查数量应符合表 3-23 的规定。

表 3-23 现浇结构模板安装的允许偏差、检验方法及检查数量

项目		允许偏差(mm)	检查方法	检查数量
轴线位置		5	钢尺检查	在同一检验批内,对梁、柱和独立基础,应抽查构件数量的10%,且不少于3件;对墙和板,应按有代表性的自然间抽查10%,且不少于3间;对大空间结构,墙可按相邻轴线间高度5 m 左右划分检查面,板可按纵、横轴线划分检查面,抽查10%,且均不少于3面
底模上表面标高		±5	水准仪或拉线、钢尺检查	
截面内部尺寸	基础	±10	钢尺检查	
	柱、墙、梁	+4,-5	钢尺检查	
层高垂直度	不大于5 m	6	经纬仪或吊线、钢尺检查	
	大于5 m	8	经纬仪或吊线、钢尺检查	
相邻两板表面高低差		2	钢尺检查	
表面平整度		5	2 m 靠尺和塞尺检查	

3.3.2.2 模板拆除的质量控制

底模及其支架拆除时的混凝土强度应符合设计要求;当设计无具体要求时,混凝土强度应符合表 3-24 的规定。侧模拆除时的混凝土强度应能保证其表面及棱角不受损伤。

对后张法预应力混凝土结构构件,侧模宜在预应力张拉前拆除;底模支架的拆除应按施工技术方案执行,当无具体要求时,不应在结构构件建立预应力前拆除。

模板拆除时,不应对楼层形成冲击荷载。拆除的模板和支架宜分散堆放并及时清运。

表3-24　底模拆除时的混凝土强度要求

构件类型	构件跨度(m)	达到设计的混凝土立方体抗压强度标准值的百分率(%)
板	≤2	≥50
	>2,≤8	≥75
	>8	≥100
梁、拱、壳	≤8	≥75
	>8	≥100
悬臂结构	—	≥100

3.3.3　混凝土工程的质量控制

混凝土工程是指由胶凝材料将各种分散性材料，经科学地配制，浇筑成符合建筑结构设计和构件尺寸要求的形状，并能承受各种环境条件中作用力的复合性整体。由于混凝土的质量对结构安全、外部尺寸及承载力影响较大，所以在质量控制中应对混凝土的浇筑质量进行严密的检验和把关。

3.3.3.1　原材料质量控制

水泥进场必须有出厂合格证，质量检查员还应按批量进行取样复检，水泥的性能指标必须符合相应的水泥品种的标准规定。当在使用中对水泥质量有怀疑或水泥出厂超过3个月（快硬硅酸盐水泥超过1个月）时，应进行复验，并按复验结果使用。钢筋混凝土结构、预应力混凝土结构中，严禁使用含氯化物的水泥。按同一生产厂家、同一等级、同一品种、同一批号且连续进场的水泥，袋装不超过200 t为一批，散装不超过500 t为一批，每批抽样不少于一次。

混凝土用的粗骨料、细骨料应符合标准要求，所用骨料的最大颗粒粒径不得超过结构截面最小尺寸的1/4，且不得超过钢筋间最小净距的3/4。对于混凝土实心板，骨料的最大粒径不宜超过板厚的1/2，且不得超过40 mm。

骨料进场后，应按品种、规格分别堆放，不得混杂，骨料中严禁混入烧过的白云石或石灰石。

混凝土中掺用的外加剂，质量应该符合国家现行标准要求。外加剂的品种及掺量必须依据混凝土的性能要求、施工及气候条件、混凝土所采用的原材料及配合比等因素经试验确定。在蒸汽养护的混凝土和预应力混凝土中，不宜掺入引气剂或引气减水剂。

在钢筋混凝土中掺用氯盐类防冻剂时，氯盐掺量按无水状态计算不得超过水泥用量的1%；当采用素混凝土时，氯盐掺量不得大于水泥用量的3%。

如果使用商品混凝土，混凝土商家应该提供混凝土各类技术指标，即强度等级、配合比、外加剂品种、混凝土的坍落度等，按批量出具出厂合格证。

拌制混凝土宜采用饮用水；当采用其他水源时，水质应符合国家现行标准，同一水源检查不应少于一次水质试验报告。

3.3.3.2 混凝土质量控制要点

1. 混凝土的配合比

对混凝土的配合比控制,一方面查看配合比通知单,另一方面按照该通知单各材料用量的质量进行抽查。每盘混凝土的各种材料用量必须过磅秤称量,组成材料每盘称量的允许偏差应符合表 3-25 的规定。对混凝土组成材料计量结果的检查,每一工作班进行抽检二次,并有检查记录;对带有配料装置和自动控制装置的搅拌站上的自动配料秤或电子传感装置,按有关规定执行。

表 3-25 组成材料每盘称量的允许偏差

材料名称	允许偏差(mm)
水泥、掺和料	±2
粗、细骨料	±3
水、外加剂	±2

泵送混凝土的配合比,骨料最大粒径与输送管内径之比,碎石不宜大于 1:3,卵石不宜大于 1:2.5,通过 0.315 mm 筛孔的砂不应小于 15%;砂率应控制在 40%~50%;最小水泥用量不得小于 300 kg/m³;混凝土的坍落度为 80~180 mm。

2. 混凝土的拌制

混凝土拌制前,应测定砂、石含水量并根据测试结果调整材料用量,提出施工配合比。拌制混凝土所用的搅拌机类型应与所拌混凝土品种相适应。

向搅拌机内投料的顺序应根据搅拌机的类型来确定,但为了保证混凝土的拌制质量和拌和料的质量,在搅拌第一盘混凝土时,均应采用加半砂或减半石子的方法进行。

混凝土搅拌时间的长短,对拌制的混凝土拌和物的质量和均匀性有较大影响。搅拌时间短,拌和物不均匀,水泥不能均匀地包裹在沙子里面;搅拌时间过长,混凝土的强度反而会下降,并且易产生材料离析现象。所以,应随时检查混凝土的最短搅拌时间。混凝土搅拌的最短时间应根据搅拌机型和混凝土坍落度的要求,按表 3-26 的规定执行,并且应做好检查记录。

表 3-26 混凝土搅拌最短时间 (单位:s)

混凝土坍落度	搅拌机型	搅拌机出料量(L)		
		<250	250~500	>500
≤30 mm	自落式	90	120	150
	强制式	60	90	120
>30 mm	自落式	90	90	120
	强制式	60	60	90

3. 混凝土强度控制

结构混凝土的强度等级必须符合设计要求。用于检查结构构件混凝土强度的试件,应在混凝土的浇筑地点随机抽取,每拌制 100 盘且不超过 100 m³ 的同配合比的混凝土,取样不得少于一次；每工作班拌制的同一配合比的混凝土不足 100 盘时，取样不得少于一次；当一次连续浇筑超过 1 000 m³ 时，同一配合比的混凝土每 200 m³ 取样不得少于一次；每一楼层、同一配合比的混凝土，取样不得少于一次；每次取样应至少留置一组标准养护试件，同条件养护试件的留置组数应根据实际需要确定。

对有抗渗要求的混凝土结构，其混凝土试件应在浇筑地点随机取样。同一工程、同一配合比的混凝土，取样不应少于一次，留置组数可根据实际需要确定。

4. 混凝土的浇筑

混凝土浇筑前应检查模板、支架、钢筋保护层厚度、配筋的数量、箍筋的间距、预埋件、吊环等规格。浇筑时，自高处倾落的自由高度不应超过 2 m，若超过，应用溜管或溜槽等辅助设备。在浇筑竖向结构混凝土前，应先在底部填以 50~100 mm 厚与混凝土内砂浆成分相同的水泥砂浆。混凝土浇筑层厚度应符合表 3-27 的规定。

表 3-27　混凝土浇筑层厚度　　　　　　　　（单位：mm）

捣实混凝土的方法		浇筑层厚度
表面振动		200
插入式振动		振动器作用部分长度的 1.25 倍
人工振捣	在基础、无配筋混凝土或配筋稀疏的结构中	250
	在梁、墙板、柱结构中	200
	在配筋密列的结构中	150
轻骨料混凝土	插入式振动	300
	表面振动	200

5. 混凝土的捣实

振捣是使混凝土密实的主要工艺，应采用快插慢拔振捣器，当采用插入式振捣器时，每一振点的振捣延续时间，应使混凝土表面不再沉落和出现浮浆；捣实普通混凝土的移动间距，不宜大于振捣器作用半径的 1.5 倍；振捣轻骨料混凝土的移动间距，不应大于其作用半径；振捣器与模板的距离，不应大于其作用半径的 50%，并不准碰振钢筋、模板、芯管、吊环等；振捣器插入下层混凝土内的深度不应大于 50 mm。

当采用表面振捣器时，其移动间距应保证振捣器的底板能覆盖已振实部位的边缘。当采用附着式振捣器时，其间距应通过试验确定，并应与模板紧密连接。当采用振动台振实干硬性混凝土和轻骨料混凝土时，应采用加压振动的方法，所加压力为 1~3 kN/m²。

6. 混凝土的养护

混凝土浇筑完毕后，应按施工技术方案及时采取有效的养护措施，并应符合下列规定：

（1）应在浇筑完毕后的 12 h 以内对混凝土加以覆盖并保湿养护；当日平均气温低于 5 ℃时，不得浇水；当采用其他品种水泥时，混凝土的养护时间应根据所采用水泥的技术性能确定。

（2）混凝土浇水养护的时间：对采用硅酸盐水泥、普通硅酸盐水泥或矿渣硅酸盐水泥

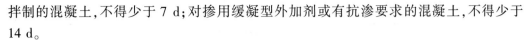
拌制的混凝土,不得少于 7 d;对掺用缓凝型外加剂或有抗渗要求的混凝土,不得少于 14 d。

（3）浇水次数应能保持混凝土处于湿润状态,混凝土养护用水应与拌制用水相同。

（4）采用塑料布覆盖养护的混凝土,其敞露的全部表面应覆盖严密,并应保持塑料布内有凝结水。

（5）混凝土强度达到 1.2 N/mm² 前,不得在其上踩踏或安装模板及支架。

（6）混凝土表面不便浇水或使用塑料布时,宜涂刷养护剂。

（7）对大体积混凝土的养护,应根据气候条件按施工技术方案采取控温措施。

7. 施工缝的留置

施工缝的位置应留置在结构受剪力较小且便于施工的位置。

柱的施工缝应留置在基础的顶面、梁或吊车梁牛腿的下面、吊车梁的上面、无梁楼板柱帽的下面;与板连成整体的大截面梁的施工缝,应留置在板底以下 20～30 mm 处,当板下有梁托时,应留置在梁托下部;单向板的施工缝,应留置在与板平行的短边的任何位置;有主次梁的楼板应顺着次梁方向浇筑,施工缝应留置在次梁跨度的中间 1/3 范围内;墙的施工缝,应留置在门洞口过梁跨中 1/3 范围内,也可留在纵横墙的交接处;对于双向受力楼板、大体积混凝土结构、多层钢架、拱、薄壳等其他结构复杂的工程,施工缝的位置应按设计要求留置。

3.3.3.3 现浇结构外观质量控制

现浇结构工程以模板、钢筋、预应力、混凝土 4 个分项工程为依托,是拆除模板后的混凝土结构实物外观质量、几何尺寸检验等一系列技术工作的总称。现浇结构工程可按楼层、结构缝或施工段划分检验批。

现浇结构的外观质量缺陷,应由监理(建设)单位、施工单位等各方根据其对结构性能和使用功能影响的严重程度,按表 3-28 的规定确定。

表 3-28 现浇结构外观质量缺陷

名称	现象	严重缺陷	一般缺陷
露筋	构件内钢筋未被混凝土包裹而外露	纵向受力钢筋有露筋	其他钢筋有少量露筋
蜂窝	混凝土表面缺少水泥砂浆而形成石子外露	构件主要受力部位有蜂窝	其他部位有少量蜂窝
孔洞	混凝土中孔穴深度和长度均超过保护层厚度	构件主要受力部位有孔洞	其他部位有少量孔洞
夹渣	混凝土中夹有杂物且深度超过保护层厚度	构件主要受力部位有	其他部位有少量夹渣
疏松	混凝土中局部不密实	构件主要受力部位有疏松	其他部位有少量疏松

续表 3-28

名称	现象	严重缺陷	一般缺陷
裂缝	缝隙从混凝土表面延伸至混凝土内部	构件主要受力部位有影响结构性能或使用功能的裂缝	其他部位有少量不影响结构性能或使用功能的裂缝
连接部位缺陷	构件连接处混凝土缺陷及连接钢筋或连接件松动	连接部位有影响结构传力性能的缺陷	连接部位有基本不影响结构传力性能的缺陷
外形缺陷	缺棱掉角、棱角不直、翘曲不平、飞边凸肋等	清水混凝土构件有影响使用功能或装饰效果的外形缺陷	其他混凝土构件有不影响使用功能的外形缺陷
外表缺陷	构件表面麻面、掉皮、起砂、沾污等	具有重要装饰效果的清水混凝土构件有外表缺陷	其他混凝土构件有不影响使用功能的外表缺陷

对现浇结构外观质量的验收，采用检查缺陷，并对缺陷的性质和数量加以限制的方法进行。各种缺陷的限制数量可由各地根据实际情况做出具体规定。当外观质量缺陷的严重程度超过本条规定的一般缺陷时，可按严重缺陷处理。在具体实施中，外观质量缺陷对结构性能和使用功能等的影响程度，应由监理（建设）单位、施工单位等各方共同确定。对于具有重要装饰效果的清水混凝土，考虑到其装饰效果属于主要使用功能，故将其表面外形缺陷、外表缺陷确定为严重缺陷。

现浇结构拆模后，应由监理（建设）单位、施工单位对外观质量和尺寸偏差进行检查并做出记录，应及时按施工技术方案对缺陷进行处理。

现浇结构拆模后，施工单位应及时会同监理（建设）单位对混凝土外观质量和尺寸偏差进行检查，并做出记录。不论何种缺陷都应及时进行处理，并重新检查验收。

任务 3.4　防水工程的质量控制

建筑物的防水一般分为三部分，即屋面防水、地下防水和卫生间防水。其中，屋面防水工程分为卷材防水和刚性防水等；地下防水工程分为混凝土、水泥砂浆、卷材和涂料防水等；卫生间防水工程分为聚氨酯防水涂料防水、聚合物水泥防水涂料防水等。

3.4.1　卷材防水层

3.4.1.1　原材料要求

卷材防水层适用于防水等级为Ⅰ～Ⅳ级的屋面防水。

卷材防水层应采用高聚物改性沥青防水卷材、合成高分子防水卷材或沥青防水卷材。所选用的基层处理剂、接缝胶黏剂、密封材料等配套材料应与铺贴的卷材材性相容。

卷材防水层所用卷材及其配套材料，必须符合设计要求，应检查出厂合格证、质量检验报告和现场抽样复验报告。

卷材厚度选用应符合表 3-29 的规定。

表 3-29　卷材厚度选用

屋面防水等级	设防道数	合成高分子防水卷材	高聚物改性沥青防水卷材	沥青防水卷材
Ⅰ	三道或三道以上	不应小于 1.5 mm	不应小于 3 mm	—
Ⅱ	二道设防	不应小于 1.2 mm	不应小于 3 mm	—
Ⅲ	一道设防	不应小于 1.2 mm	不应小于 4 mm	三毡四油
Ⅳ	一道设防	—	—	二毡三油

3.4.1.2　卷材防水施工质量控制要点

在坡度大于 25% 的屋面上采用卷材做防水层时,应采取固定措施,固定点应密封严密。

铺设屋面防水层前,基层必须干净、干燥。干燥基层的简易方法,是将 1 m² 卷材平坦地干铺在找平层上,静止 3~4 h 后掀开检查,找平层覆盖部位与卷材上未见水印即可铺设。

卷材铺贴方向应符合表 3-30 的规定,且上下层卷材不得相互垂直铺贴。

表 3-30　卷材铺贴方向

序号	坡度	铺贴方向
1	屋面坡度小于 3% 时	卷材宜平行屋脊铺贴
2	屋面坡度在 3%~15% 时	卷材可平行或垂直屋脊铺贴
3	屋面坡度大于 15% 或屋面受振动时	沥青防水卷材应垂直屋脊铺贴,高聚物改性沥青防水卷材和合成高分子防水卷材可平行或垂直屋脊铺贴

铺贴卷材采用搭接法时,上下层及相邻两幅卷材的搭接缝应错开。各种卷材搭接宽度应符合表 3-31 的要求。

表 3-31　各种卷材搭接宽度　　　　　　　　　　　　　　（单位:mm）

卷材种类		短边搭接		长边搭接	
		满粘法	空铺法、点粘法、条粘法	满粘法	空铺法、点粘法、条粘法
沥青防水卷材		100	150	70	100
高聚物改性沥青防水卷材		80	100	80	100
合成高分子防水卷材	胶黏剂	80	100	80	100
	胶黏带	50	60	50	60
	单焊缝	60,有效焊缝宽度不小于 25			
	双焊缝	80,有效焊缝宽度 10×2+空腔宽			

卷材的铺贴方向应正确,卷材搭接宽度的允许偏差为 -10 mm。

冷粘法铺贴卷材应做到：胶黏剂涂刷应均匀，不露底，不堆积。根据胶黏剂的性能，应控制胶黏剂涂刷与卷材铺贴的间隔时间。铺贴的卷材下面的空气应排尽，并辊压黏结牢固。铺贴卷材应平整顺直，搭接尺寸准确，不得扭曲、皱褶。接缝口应用密封材料封严，宽度不应小于10 mm。

热熔法铺贴卷材应做到：火焰加热器加热卷材应均匀，不得过分加热或烧穿卷材；厚度小于3 mm的高聚物改性沥青防水卷材严禁采用热熔法施工。卷材表面热熔后应立即滚铺卷材，卷材下面的空气应排尽，并辊压黏结牢固，不得空鼓。卷材接缝部位必须溢出热熔的改性沥青胶。铺贴的卷材应平整顺直，搭接尺寸准确，不得扭曲、皱褶。

自粘法铺贴卷材应做到：铺贴卷材前基层表面应均匀涂刷基层处理剂，干燥后应及时铺贴卷材。铺贴卷材时，应将自粘胶底面的隔离纸全部撕净。卷材下面的空气应排尽，并辊压黏结牢固。铺贴的卷材应平整顺直，搭接尺寸准确，不得扭曲、皱褶。搭接部位宜采用热风加热，随即粘贴牢固。接缝口应用密封材料封严，宽度不应小于10 mm。

卷材热风焊接施工应做到：焊接前卷材的铺设应平整顺直，搭接尺寸准确，不得有扭曲、褶皱。卷材的焊接面应清扫干净，无水滴、油污及附着物。焊接时应先焊长边搭接缝，后焊短边搭接缝。控制热风加热温度和时间，焊接处不得有漏焊、跳焊、焊焦或焊接不牢现象。焊接时不得损害非焊接部位的卷材。

天沟、檐沟、檐口、泛水和立面卷材收头的端部应裁齐，塞入预留凹槽内，用金属压条钉压固定，最大钉距不应大于900 mm，并用密封材料嵌填封严。

卷材防水层的搭接缝应黏（焊）结牢固，密封严密，不得有褶皱、翘边和鼓泡等缺陷；防水层的收头应与基层黏结并固定牢固，缝口封严，不得翘边。

3.4.1.3　卷材防水层的保护与检验

卷材防水层完工并经验收合格后，应做好成品保护。保护层的施工应符合下列规定：

（1）绿豆砂应清洁、预热、铺撒均匀，并使其与沥青玛琋脂黏结牢固，不得残留未黏结的绿豆砂。

（2）云母或蛭石保护层不得有粉料，撒铺应均匀，不得露底，多余的云母或蛭石应清除。

（3）水泥砂浆保护层的表面应抹平压光，并设表面分格缝，分格面积宜为1 m²。

（4）块体材料保护层应留设分格缝，分格面积不宜大于100 m²，分格缝宽度不宜小于20 mm。

（5）细石混凝土保护层，混凝土应密实，表面抹平压光，并留设分格缝，分格面积不大于36 m²。

（6）浅色涂料保护层应与卷材黏结牢固，厚薄均匀，不得漏涂。

（7）水泥砂浆、块材或细石混凝土保护层与防水层之间应设置隔离层。

（8）刚性保护层与女儿墙、山墙之间应预留宽度为30 mm的缝隙，并用密封材料嵌填严密。

采用雨水或淋水、蓄水检验卷材防水层，防水层不得有渗漏或积水现象。

3.4.2　刚性防水屋面

防水层在受到拉伸外力大于防水材料的抗拉强度时（包括沉降变形、温差变形等），防水层发生脆性开裂而造成渗漏水,称为刚性防水。一般特指屋面细石混凝土防水层(新屋面规范已取消细石混凝土刚性防水层)、防水砂浆类防水层、薄层无机刚性防水层(如"水不漏"防水层)等。下面只介绍细石混凝土防水层的质量控制。

3.4.2.1　原材料要求

刚性防水适用于防水等级为Ⅰ~Ⅲ级的屋面防水,不适用于设有松散材料保温层的屋面及受较大振动或冲击的和坡度大于 15% 的建筑屋面。

细石混凝土不得使用火山灰质硅酸盐水泥;当采用矿渣硅酸盐水泥时,应采取减少泌水性的措施。粗骨料含泥量不应大于 1%,细骨料含泥量不应大于 2%。

细石混凝土的原材料及配合比必须符合设计要求。

3.4.2.2　细石混凝土防水层施工质量控制要点

细石混凝土防水层与立墙及突出屋面结构等交接处,应做柔性密封处理;细石混凝土防水层应表面平整、压实抹光,不得有裂缝、起壳、起砂等缺陷,表面平整度的允许偏差为 5 mm;细石混凝土防水层在天沟、檐沟、檐口、水落口、泛水、变形缝和伸出屋面管道的防水构造,必须符合设计要求;细石混凝土防水层施工完毕应通过雨后或淋水、蓄水检验,不得有渗漏或积水现象。

细石混凝土防水层的厚度和钢筋位置应符合设计要求,厚度不应小于 40 mm,并应配置双向钢筋网片。钢筋网片在分格缝处应断开,其保护层厚度不应小于 10 mm。

细石混凝土防水层的分格缝,应设在屋面板的支承端、屋面转折处、防水层与突出屋面结构的交接处,其纵横间距不宜大于 6 m。分格缝内应嵌填密封材料,细石混凝土分格缝的位置和间距应符合设计要求。

3.4.3　防水混凝土

防水混凝土是指抗渗性能良好,在 0.6 MPa 以上水压下不透水的混凝土。通过改善骨料级配、减少用水量、掺用适当外加剂等措施来提高混凝土的抗渗性。浇筑质量要求均匀密实,并需要适当的湿养护以防止干缩裂纹。防水混凝土可分为普通防水混凝土、外加剂防水混凝土、膨胀水泥防水混凝土等。

防水混凝土适用于防水等级为Ⅰ~Ⅳ级的地下整体式混凝土结构,不适用环境温度高于 80 ℃ 或处于耐侵蚀系数小于 0.8 的侵蚀介质中的地下工程。

3.4.3.1　原材料的要求

水泥品种应按设计要求选用,其强度等级不应低于 32.5 级,不得使用过期或受潮结块水泥。

碎石或卵石的粒径宜为 5~40 mm,含泥量不得大于 1.0%,泥块含量不得大于 0.5%。

砂宜用中砂,含泥量不得大于 3.0%,泥块含量不得大于 1.0%。

外加剂的技术性能,应符合国家或行业标准一等品及以上的质量要求。

粉煤灰的级别不应低于二级,掺量不宜大于 20%;硅粉掺量不应大于 3%;其他掺和料的掺量应通过试验确定。

拌制混凝土所用的水,应采用不含有害物质的洁净水。

3.4.3.2 防水混凝土施工质量控制要点

防水混凝土的配合比应符合:试配要求的抗渗水压值应比设计值提高0.2 MPa;水泥用量不得少于300 kg/m³;掺有活性掺和料时,水泥用量不得小于280 kg/m³;砂率宜为35%~45%,灰砂比宜为1:2~1:2.5;水灰比不得大于0.55。普通混凝土坍落度不宜大于50 mm,泵送时普通混凝土坍落度宜为100~140 mm。

拌制混凝土所用材料的品种、规格和用量,每工作班检查不应少于两次。

混凝土组成材料计量结果的允许偏差应符合表3-32的规定。

表3-32　混凝土组成材料计量结果的允许偏差

混凝土组成材料	每盘允许偏差(%)	累计允许偏差(%)
水泥、掺和料	±2	±1
粗、细骨料	±3	±2
水、外加剂	±2	±1

注:累计允许偏差仅适用于计算机计量的搅拌站。

每工作班至少检查两次混凝土在浇筑地点的坍落度。混凝土坍落度试验应符合现行《普通混凝土拌合物性能试验方法标准》(GB/T 50080—2016)的有关规定。

混凝土实测坍落度与要求坍落度之间的允许偏差应符合表3-33的规定。

表3-33　混凝土实测坍落度与要求坍落度之间的允许偏差

要求坍落度(mm)	允许偏差(mm)
≤40	±10
50~90	±15
≥100	±20

防水混凝土抗渗性能,应采用标准条件下养护混凝土抗渗试件的试验结果评定。试件应在浇筑地点制作。

防水混凝土施工质量的检验数量,应按照混凝土外露面积每100 m²抽查1处,且不得少于3处;细部构造应按全数检查。

防水混凝土的变形缝、施工缝、后浇带、穿墙管道、埋设件等设置和构造,均须符合设计要求,严禁有渗漏。

防水混凝土结构表面应坚实、平整,不得有露筋、蜂窝等缺陷;埋设件位置应正确。

防水混凝土结构表面的裂缝宽度不应大于0.2 mm,并不得贯通。

防水混凝土结构厚度不应小于250 mm,其允许偏差为+15 mm、-10 mm;迎水面钢筋保护层厚度不应小于50 mm,其允许偏差为±10 mm。

3.4.4　水泥砂浆防水层

水泥砂浆防水层适用于混凝土或砌体结构的基层上采用多层抹面的水泥砂浆防水层,不适用于环境有侵蚀性、持续振动或温度高于80 ℃的地下工程。

3.4.4.1　原材料的要求

水泥品种应按设计要求选用,其强度等级不应低于 32.5 级,不得使用过期或结块水泥。砂宜采用中砂,粒径 3 mm 以下,含泥量不得大于 1%,硫化物和硫酸盐含量不得大于 1%。水应采用不含有害物质的洁净水。聚化物乳液的外观质量无颗粒、异物和凝固物。外加剂的技术性能应符合国家行业标准一等品及以上的要求。

3.4.4.2　水泥砂浆防水层施工质量控制要点

普通水泥砂浆防水层的配合比应按表 3-34 选用;掺入外加剂、掺和料、聚合物水泥砂浆的配合比应符合所掺材料的规定。

表 3-34　普通水泥砂浆防水层的配合比

名称	配合比(质量比)		水灰比	适用范围
	水泥	砂		
水泥浆	1	—	0.55~0.60	水泥砂浆防水层的第一层
水泥浆	1	—	0.37~0.40	水泥砂浆防水层的第三、五层
水泥砂浆	1	1.5~2.0	0.40~0.50	水泥砂浆防水层的第二、四层

水泥砂浆防水层的基层质量应满足:水泥砂浆铺抹前,基层的混凝土和砌筑砂浆强度应不低于设计值的 80%。基层表面应坚实、平整、粗糙、洁净,并充分湿润,无积水。基层表面的孔洞、缝隙应用于防水层相同的砂浆填塞抹平。

水泥砂浆防水层施工应分层铺抹或喷涂,铺抹时应压实、抹平和表面压光。防水层各层应紧密贴合,必须结合牢固,无空鼓现象,每层宜连续施工,必须留施工缝时采用阶梯坡形槎,但距离阴阳角不得小于 200 mm。防水层的阴阳角应做成圆弧形。水泥砂浆终凝后应及时进行养护,养护温度不宜低于 5 ℃并保持湿润,养护时间不得少于 14 d。

水泥砂浆防水层施工缝留槎位置正确,接槎应按层次顺序操作,层层搭接紧密。

水泥砂浆防水层的平均厚度应符合设计要求,最小厚度不得小于设计值的 85%。

水泥砂浆防水层施工质量的检验数量,应按施工面积每 100 m² 抽查 1 处,每处 10 m²,且不得少于 3 处。

3.4.5　涂料防水层

防水涂料是指涂料形成的涂膜能够防止雨水或地下水渗漏的一种涂料。

防水涂料可按涂料状态和形式分为溶剂型、水乳型、反应型和塑料型改性沥青。

第一类是溶剂型涂料:这类涂料种类繁多,质量也好,但是成本高,安全性差,使用不是很普遍。

第二类是水乳型及反应型高分子涂料:这类涂料在工艺上很难将各种补强剂、填充剂、高分子弹性体均匀分散于胶体中,只能用研磨法加入少量配合剂,反应型聚氨酯为双组分,易变质,成本高。

第三类是塑料型改性沥青:这类产品能抗紫外线,耐高温性好,但断裂延伸性略差。

3.4.5.1　原材料的要求

涂料防水层所用材料及配合比必须符合设计要求,应检查防水涂料的出厂合格证、质量检验报告、计量措施和现场抽样试验报告。

3.4.5.2 防水涂料施工质量控制要点

涂料涂刷前应先在基层上涂一层与涂料相容的基层处理剂。

涂膜应多遍完成，涂刷应待前遍涂层干燥成膜后进行。

每遍涂刷时应交替改变涂层的先后搭接宽度，宜为30~50 mm。

涂料防水层的施工缝（甩槎）应注意保护，搭接缝宽度应大于100 mm，接涂前应将其甩槎表面处理干净。

涂刷程序应先做转角处、穿墙管道、变形缝等部位的涂料加强层，后进行大面积涂刷。

涂料防水层中铺贴的胎体增强材料，同层相邻的搭接宽度应大于100 mm，上下层接缝应错开1/3幅宽。

防水涂料的保护层应符合规范的规定。

防水涂料厚度的选用应符合表3-35的规定。涂料防水层的平均厚度应符合设计要求，最小厚度不得小于设计厚度的80%。用针测法或割取20 mm×20 mm实样用卡尺测量厚度。

表3-35　防水涂料厚度　　　　　　　　　　　　　　　　　（单位：mm）

防水等级	设防道数	有机涂料			无机涂料	
		反应型	水乳型	聚合物水泥	水泥基	水泥基渗透结晶型
1级	三道或三道以上设防	1.2~2.0	1.2~1.5	1.2~2.0	1.2~2.0	≥0.8
2级	二道设防	1.2~2.0	1.2~1.5	1.2~2.0	1.2~2.0	≥0.8
3级	一道设防	—	—	≥2.0	≥2.0	—
	复合设防	—	—	≥1.5	≥1.5	—

涂料防水层的基层应牢固，基面应洁净、平整，不得有空鼓、松动、起砂和脱皮现象；基层阴阳角处应做成圆弧形。

涂料防水层应与基层黏结牢固，表面平整、涂刷均匀，不得有流淌、褶皱、鼓泡、漏胎体和翘边等缺陷。

任务3.5　钢结构工程的质量控制

3.5.1　原材料及成品要求

3.5.1.1　钢材的要求

通过检查质量合格证明文件、中文标志及检验报告等来检查原材料的质量，进场的钢材、钢铸件的品种、规格、性能等，应符合国家现行产品标准和设计要求。进口钢材产品的质量应符合设计和合同规定标准的要求。

对于国外进口钢材、钢材混批、板厚大于或等于 40 mm，且设计有 Z 向性能要求的厚板、建筑结构安全等级为一级，大跨度钢结构中主要受力构件所采用的钢材、设计有复验要求的钢材、对质量有异义的钢材，应进行抽样复验，其复验结果应符合国家现行产品标准和设计要求。

钢板厚度和型钢的规格尺寸及允许偏差应符合其产品标准的要求，用游标卡尺量测，对每一品种、规格的钢板应抽查 5 处。

观察进场钢材，其表面外观质量除应符合国家现行有关标准的规定外，尚应符合下列规定：当钢材的表面有锈蚀、麻点或划痕等缺陷时，其深度不得大于该钢材厚度负允许偏差值的 1/2；钢材表面的锈蚀等级应符合国家现行标准《涂覆涂料前钢材表面处理　表面清洁度的目视评定　第 1 部分：未涂覆过的钢材表面和全面清除原有涂层后的钢材表面的锈蚀等级和处理等级》（GB/T 8923.1—2011）规定的 C 级及 C 级以上；钢材端边或断口处不应有分层、夹渣等缺陷。

对原材料的质量控制应全数检查，不符合要求的材料一律清除出场。

3.5.1.2　焊接材料的检查

通过检查焊接材料的质量合格证明文件、中文标志及检验报告等，焊接材料的品种、规格、性能等应符合国家现行产品标准和设计要求。

重要钢结构采用的焊接材料应进行抽样复验，复验结果应符合国家现行产品标准和设计要求。

用钢尺和游标卡尺量测进行抽查焊钉及焊接瓷环的规格、尺寸及偏差，应符合国家现行标准《电弧螺柱焊用圆柱头焊钉》（GB/T 10433—2002）中的规定。按量抽查 1%，且不应少于 10 套。

焊条外观不应有药皮脱落、焊芯生锈等缺陷；焊剂不应受潮结块，按量抽查 1%，且不应少于 10 包。

3.5.1.3　连接用紧固标准件

对于连接用紧固标准件，通过检查其复验报告来控制其质量。

钢结构连接用高强度大六角头螺栓连接副、扭剪型高强度螺栓连接副、钢网架用高强度螺栓、普通螺栓、铆钉、自攻钉、拉铆钉、射钉、锚栓（机械型和化学试剂型）、地脚锚栓等紧固标准件及螺母、垫圈等标准配件，其品种、规格、性能等应符合国家现行产品标准和设计要求。高强度大六角头螺栓连接副和扭剪型高强度螺栓连接副出厂时应分别随箱带有扭矩系数和紧固轴力（预拉力）的检验报告。

高强度大六角头螺栓连接副应按《钢结构工程施工质量验收规范》（GB 50205—2001）的规定检验其扭矩系数，其检验结果应符合《钢结构工程施工质量验收规范》（GB 50205—2001）的规定。

扭剪型高强度螺栓连接副应按《钢结构工程施工质量验收规范》（GB 50205—2001）的规定检验预拉力，其检验结果应符合《钢结构工程施工质量验收规范》（GB 50205—2001）的规定。

对于连接用紧固标准件，通过外观检查来控制其外观：高强度螺栓连接副应按包装箱配套供货，包装箱上应标明批号、规格、数量及生产日期。螺栓、螺母、垫圈外观表面应涂油保护,不应出现生锈和沾染脏物,螺纹不应损伤。

对于连接用紧固标准件,通过用硬度计、10倍放大镜或磁粉探伤来控制其硬度;对建筑结构安全等级为一级,跨度40 m及以上的螺栓球节点钢网架结构,其连接高强度螺栓应进行表面硬度试验,8.8级高强度螺栓的硬度应为HRC21~HRC29;10.9级高强度螺栓的硬度应为HRC32~HRC36,且不得有裂纹或损伤。

3.5.1.4 焊接球与螺栓球

每一规格按数量抽查5%,且不应少于3个,对焊接球进行外观检查。

焊接球直径、圆度、壁厚减薄量等尺寸及允许偏差应符合规范规定。焊接球表面应无明显波纹且局部凹凸不大于1.5 mm。

焊接球及制造焊接球所采用的原材料,其品种、规格、性能等应符合国家现行产品标准和设计要求。通过检查产品的质量合格证明文件、中文标志及检验报告等控制焊接球质量。

焊接球焊缝应进行无损检验,其质量应符合设计要求,当设计无要求时应符合施工及验收规范中规定的Ⅱ级质量标准。抽查按数量抽查5%,且不应少于3个,查看超声波探伤或检查检验报告。

用10倍放大镜观察和表面探伤来检查螺栓球外观。螺栓球不得有过烧、裂纹及褶皱现象。

通过检查产品的质量合格证明文件、中文标志及检验报告等来检查螺栓球质量。螺栓球及制造螺栓球节点所采用的原材料,其品种、规格、性能等应符合国家现行产品标准和设计要求。

用标准螺纹规检查螺栓球的螺纹尺寸。螺栓球螺纹尺寸应符合国家现行标准中6H级精度的规定。

用卡尺和分度头仪检查螺栓球直径、圆度、相邻两螺栓孔中心线夹角等尺寸及允许偏差应符合《钢结构工程施工质量验收规范》(GB 50205—2001)的规定。

3.5.1.5 金属压型板

金属压型板的规格尺寸及允许偏差、表面质量、涂层质量等应符合设计要求和相关规范的规定。

金属压型板及制造金属压型板所采用的原材料,其品种、规格、性能等应符合国家现行产品标准和设计要求。压型金属泛水板、包角板和零配件的品种、规格以及防水密封材料的性能应符合国家现行产品标准和设计要求。通过检查产品的质量合格证明文件、中文标志及检验报告等来控制。

3.5.1.6 涂装材料

钢结构防腐涂料、稀释剂和固化剂等材料的品种、规格、性能等应符合国家现行产品标准和设计要求。钢结构防火涂料的品种和技术性能应符合设计要求,并应经过具有资质的检测机构检测符合国家现行有关标准的规定。通过检查产品的质量合格证明文件、中文标志及检验报告等来控制。

防腐涂料和防火涂料的型号、名称、颜色及有效期应与其质量证明文件相符。开启后,不应存在结皮、结块、凝胶等现象。

3.5.2　钢结构焊接工程

3.5.2.1　钢构件焊接工程

碳素结构钢应在焊缝冷却到环境温度、低合金结构钢应在完成焊接 24 h 以后,进行焊缝探伤检验。焊缝施焊后应在工艺规定的焊缝及部位打上焊工钢印。

焊条、焊丝、焊剂、电渣焊熔嘴等焊接材料与母材的匹配应符合设计要求及国家现行行业标准《钢结构焊接规范》(GB 50661—2011)的规定。焊条、焊剂、药芯焊丝、熔嘴等在使用前,应按其产品说明书及焊接工艺文件的规定进行烘焙和存放,应检查质量证明书和烘焙记录。

焊工必须经考试合格并取得合格证书。持证焊工必须在其考试合格项目及焊工合格证认可范围内施焊。要检查焊工合格证及其认可范围、有效期。

施工单位对其首次采用的钢材、焊接材料、焊接方法、焊后热处理等,应进行焊接工艺评定,并应根据评定报告确定焊接工艺。监理单位要检查焊接工艺评定报告。

设计要求全焊透的一级、二级焊缝应采用超声波探伤进行内部缺陷的检验,超声波探伤不能对缺陷做出判断时,应采用射线探伤,其内部缺陷分级及探伤方法应符合国家现行标准《焊缝无损检测　超声检测　技术、检测等级和评定》(GB/T 11345—2013)或《金属熔化焊焊接接头射线照相》(GB/T 3323—2005)的规定。

一级、二级焊缝的质量等级及缺陷分组应符合表 3-36 的规定。

通过检查超声波或射线探伤记录来控制质量。

表 3-36　一级、二级焊缝的质量等级及缺陷分组

焊缝质量等级		一级	二级
内部超声波探伤	评定等级	Ⅱ	Ⅲ
	检测等级	B 级	B 级
	探伤比例	100%	20%
内部缺陷射线探伤	评定等级	Ⅱ	Ⅲ
	检测等级	AB 级	AB 级
	探伤比例	100%	20%

注:探伤比例的计数方法按下列原则确定:

1. 对工厂制作焊缝,应按每条焊缝计算百分比探伤长度,且探伤长度不应小于 200 mm;当焊缝长度不足 200 mm 时,应对整条焊缝进行探伤。

2. 对现场安装焊缝,应按同一类型、同一施焊条件焊缝条数计算百分比探伤长度,应不小于 200 mm,并应不少于 1 条焊缝。

T 形接头、十字接头、角接接头等要求熔透的对接和角对接组合焊缝,其焊脚尺寸不应小于 $t/4$[见图 3-2(a)、(b)、(c)];设计有疲劳验算要求的吊车梁或类似构件的腹板与上翼缘连接焊缝的焊脚尺寸为 $t/2$[见图 3-2(d)],且不应大于 10 mm。焊脚尺寸的允许偏差为 0~4 mm。资料全数检查;同类焊缝抽查 10%,且不应少于 3 条。

焊缝表面不得有裂纹、焊瘤等缺陷。一级、二级焊缝不得有表面气孔、夹渣、弧坑裂

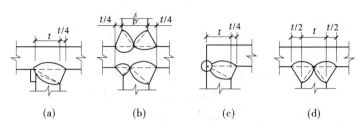

图 3-2　焊脚尺寸

纹、电弧擦伤等缺陷,且一级焊缝不得有咬边、未焊满、根部收缩等缺陷。观察检查或使用放大镜、焊缝量规和钢尺检查,每批同类构件抽查 10%,且不应少于 3 件;被抽查构件中,每一类型焊缝按条数抽查 5%,且不应少于 1 条;每条检查 1 处,总抽查数不应少于 10 处。

对于需要进行焊前预热或焊后热处理的焊缝,其预热温度或后热温度应符合国家现行有关标准的规定或通过工艺试验确定。预热区在焊道两侧,每侧宽度均应大于焊件厚度的 1.5 倍,且不应小于 100 mm;后热处理应在焊后立即进行,保温时间应根据板厚按每 25 mm 板厚 1 h 确定,要检查预后热施工记录和工艺试验报告。

二级、三级焊缝外观质量标准应符合规范规定。三级对接焊缝应按二级焊缝标准进行外观质量检验。每批同类构件抽查 10%,且不应少于 3 件;被抽查构件中,每一类型焊缝按条数抽查 5%,且不应少于 1 条;每条检查 1 处,总抽查数不应少于 10 处。

焊缝尺寸允许偏差应符合规范 GB 50205—2001 规定。每批同类构件抽查 10%,且不应少于 3 件;被抽查构件中,每种焊缝按条数各抽查 5%,但不应少于 1 条;每条检查 1 处,总抽查数不应少于 10 处。

焊成凹形的角焊缝,焊缝金属与母材间应平缓过渡;加工成凹形的角焊缝,不得在其表面留下切痕。每批同类构件抽查 10%,且不应少于 3 件。

焊缝感观应达到:外形均匀、成型较好,焊道与焊道、焊道与基本金属间过渡较平滑,焊渣和飞溅物基本清除干净。每批同类构件抽查 10%,且不应少于 3 件;被抽查构件中,每种焊缝按数量各抽查 5%,总抽查处不应少于 5 处。

3.5.2.2　焊钉(栓钉)焊接工程

施工单位对其采用的焊钉和钢材焊接应进行焊接工艺评定,其结果应符合设计要求和国家现行有关标准的规定。瓷环应按其产品说明书进行烘焙,通过检查焊接工艺评定报告和烘焙记录来控制质量。

焊钉焊接后应进行弯曲试验检查,其焊缝和热影响区不应有肉眼可见的裂纹。每批同类构件抽查 10%,且不应少于 10 件;被抽查构件中,每件检查焊钉数量的 1%,但不应少于 1 个。用焊钉弯曲 30° 后用角尺检查和观察检查。

焊钉根部焊脚应均匀,焊脚立面的局部未熔合或不足 360° 的焊脚应进行修补。按总焊钉数量抽查 1%,且不应少于 10 个。

3.5.3　钢构件组装工程

3.5.3.1　焊接 H 型钢

焊接 H 型钢的翼缘板拼接缝和腹板拼接缝的间距不应小于 200 mm。翼缘板拼接长度不应小于 2 倍板宽;腹板拼接宽度不应小于 300 mm,长度不应小于 600 mm。

焊接 H 型钢的允许偏差应符合规范规定。按钢构件数抽查 10%,宜不应少于 3 件,用钢尺、角尺、塞尺等抽查。

3.5.3.2　组装

构件直立,在两端支承后,用水准仪和钢尺检查吊车梁和吊车桁架,不应上挠。

焊接连接组装的允许偏差应符合表 3-37 的规定。按构件数抽查 10%,且不应少于 3 个。

表 3-37　焊接连接组装的允许偏差　　　　　　　　　　　　　　（单位:mm）

项目		允许偏差	图例
对口错边 Δ		t/10,且不应大于 3.0	
间隙 a		±1.0	
搭接长度 a		±5.0	
缝隙 Δ		1.5	
高度 h		±2.0	
垂直度 Δ		b/100,且不应大于 3.0	
中心偏移 e		±2.0	
型钢错位	连接处	1.0	
	其他处	2.0	
箱形截面高度 h		±2.0	
宽度 b		±2.0	
垂直度 Δ		b/200,且不应大于 3.0	

顶紧接触面应有 75% 以上的面积紧贴。按接触面的数量抽查 10%,且不应少于 10 个。用 0.3 mm 塞尺检查,其塞入面积应小于 25%,边缘间隙不应大于 0.8 mm。

桁架结构杆件轴线交点错位的允许偏差不得大于 3.0 mm。用尺量按构件数抽查 10%，且不应少于 3 个；每个抽查构件按节点数抽查 10%，且不应少于 3 个节点。

3.5.3.3 端部铣平及安装焊缝坡口

外露铣平面应做防锈保护。

端部铣平的允许偏差应符合表 3-38 的规定。用钢尺、角尺、塞尺等按铣平面数量抽查 10%，且不应少于 3 个。

表 3-38 端部铣平的允许偏差 （单位:mm）

项目	允许偏差
两端铣平时构件长度	±2.0
两端铣平时零件长度	±0.5
铣平面的平面度	0.3
铣平面对轴线的垂直度	$L/1\,500$

注:L 为杆件长度。

安装焊缝坡口的允许偏差应符合表 3-39 的规定。用焊缝量规按坡口数量抽查 10%，且不应少于 3 条。

表 3-39 安装焊缝坡口的允许偏差 （单位:mm）

项目	允许偏差
坡口角度	±5°
钝边	±1.0 mm

3.5.3.4 钢构件外形尺寸

钢构件外形尺寸主控项目的允许偏差应符合表 3-40 的规定。

表 3-40 钢构件外形尺寸主控项目的允许偏差 （单位:mm）

项目	允许偏差
单层柱、梁、桁架受力支托(支承面)表面至第一个安装孔距离	±1.0
多节柱铣平面至第一个安装孔距离	±1.0
实腹梁两端最外侧安装孔距离	±3.0
构件连接处的截面几何尺寸	±3.0
柱、梁连接处的腹板中心线偏移	2.0
受压构件(杆件)弯曲矢高	$L/1\,000$，且不应大于 10.0

注:L 为构件跨度。

钢构件外形尺寸一般项目的允许偏差应符合规范的规定。按构件数量抽查 10%，不应少于 3 件。

3.5.4 单层钢结构安装工程

3.5.4.1 基础和支承面质量控制

建筑物的定位轴线、基础轴线和标高、地脚螺栓的规格及其紧固应符合设计要求。

基础顶面直接作为柱的支承面和基础顶面预埋钢板或支座作为柱的支承面时，其支承面、地脚螺栓(锚栓)位置的允许偏差应符合表 3-41 的规定。用经纬仪、水准仪、全站仪、水平尺和钢尺按柱基数抽查 10%,且不应少于 3 个。

表 3-41 支承面、地脚螺栓(锚栓)位置的允许偏差 （单位:mm）

项目		允许偏差
支承面	标高	±3.0
	水平度	$L/1\,000$
地脚螺栓(锚栓)	螺栓中心偏移	5.0
预留孔中心偏移		10.0

注:L 为基础截面边长。

采用坐浆垫板时,坐浆垫板的允许偏差应符合表 3-42 的规定。用水准仪、全站仪、水平尺和钢尺按柱基数现场抽查 10%,且不应少于 3 个。资料全数检查。

表 3-42 坐浆垫板的允许偏差 （单位:mm）

项目	允许偏差
顶面标高	0.0
	−3.0
水平度	$L/1\,000$
位置	20.0

注:L 为垫板边长。

采用杯口基础时,杯口尺寸的允许偏差应符合表 3-43 的规定。观察及尺量按基础数抽查 10%,且不应少于 4 处。

表 3-43 杯口尺寸的允许偏差 （单位:mm）

项目	允许偏差
底面标高	0.0
	−5.0
杯口深度 H	±5.0
杯口垂直度	$H/100$,且不应大于 10.0
位置	10.0

地脚螺栓(锚栓)尺寸的允许偏差应符合表 3-44 的规定。地脚螺栓(锚栓)的螺纹应受到保护。用钢尺按柱基数抽查 10%,且不应少于 3 个。

表 3-44 地脚螺栓(锚栓)尺寸的允许偏差 （单位:mm）

项目	允许偏差
地脚螺栓(锚栓)露出长度	+30.0
	0.0
螺纹长度	+30.0
	0.0

3.5.4.2 安装和校正

钢构件应符合设计要求的规定。运输、堆放和吊装等造成的钢构件变形及涂层脱落，应进行矫正和修补。用拉线、钢尺按构件数抽查10%，且不应少于3个进行实测或观察。

设计要求顶紧的节点，接触面不应少于70%紧贴，且边缘最大间隙不应大于0.8 mm。用钢尺及0.3 mm和0.8 mm厚的塞尺按节点数抽查10%，且不应少于3个。

钢屋（托）架、桁架、梁及受压杆件垂直度和侧向弯曲矢高的允许偏差应符合表3-45的规定。用吊线、拉线、经纬仪和钢尺按同类构件数抽查10%，且不应少于3个。

表3-45 钢屋（托）架、桁架、梁及受压杆件垂直度和侧向弯曲矢高的允许偏差

（单位：mm）

项目	允许偏差		图例
跨中的垂直度	$h/250$，且不应大于15.0		
侧向弯曲矢高 f	$L \leqslant 30$ m	$L/1\,000$，且不应大于10.0	
	30 m$<L\leqslant$60 m	$L/1\,000$，且不应大于30.0	
	$L>$60 m	$L/1\,000$，且不应大于50.0	

注：L 为跨度。

单层钢结构主体结构的整体垂直度和整体平面弯曲的允许偏差应符合表3-46的规定。采用经纬仪、全站仪等对主要立面全部检查，对每个所检查的立面，除两列角柱外尚应至少选取一列中间柱。

钢柱等主要构件的中心线及标高基准点等标记应齐全。按同类构件数抽查10%，且不应少于3件。

当钢桁架（梁）安装在混凝土柱上时，其支座中心对定位轴线的偏差不应大于10 mm；当采用大型混凝土屋面板时，钢桁架（梁）间距的偏差不应大于10 mm。用拉线和钢尺按同类构件数抽查10%，且不应少于3榀。

表 3-46　单层钢结构主体结构的整体垂直度和整体平面弯曲的允许偏差（单位:mm）

项目	允许偏差	图例
主体结构的整体垂直度	$H/1\,000$,且不应大于 25.0	
主体结构的整体平面弯曲	$L/1\,500$,且不应大于 25.0	

钢柱安装的允许偏差应符合规范的规定。按钢柱数抽查 10%,且不应少于 3 件。

钢吊车梁或直接承受动力荷载的类似构件,其安装的允许偏差应符合规范的规定。按钢吊车梁数抽查 10%,且不应少于 3 榀。

檩条、墙架等次要构件安装的允许偏差应符合规范的规定。按同类构件数抽查 10%,且不应少于 3 件。

现场焊缝组对间隙的允许偏差应符合表 3-47 的规定。按同类节点数尺量抽查 10%,且不应少于 3 个。

表 3-47　现场焊缝组对间隙的允许偏差　　　　（单位:mm）

项目	允许偏差
无垫板间隙	+3.0 0
有垫板间隙	+3.0 −2.0

钢结构表面应干净,结构主要表面不应有疤痕、泥沙等污垢。

3.5.5　多层及高层钢结构安装工程

3.5.5.1　基础和支承面质量控制

建筑物的定位轴线、基础上柱的定位轴线和标高、地脚螺栓(锚栓)的规格和位置、地脚螺栓(锚栓)紧固应符合设计要求。当设计无要求时,应符合表 3-48 的规定。采用经纬仪、水准仪、全站仪和钢尺按柱基数抽查 10%,且不应少于 3 个。

表3-48　建筑物的定位轴线、基础上柱的定位轴线和标高、地脚螺栓（锚栓）的允许偏差

项目	允许偏差（mm）	项目	允许偏差（mm）
建筑物定位轴线	$L/20\,000$，且不应大于3.0	基础上柱底标高	±2.0
基础上柱的定位轴线	1.0	地脚螺栓（锚栓）位移	2.0

注：L为建筑物的边长。

多层建筑以基础顶面直接作为柱的支承面，或以基础顶面预埋钢板或支座作为柱的支承面时，其支承面、地脚螺栓（锚栓）位置的允许偏差应符合表3-41的规定。用经纬仪、水准仪、全站仪、水平尺和钢尺按柱基数抽查10%，且不应少于3个。

多层建筑采用坐浆垫板时，坐浆垫板的允许偏差应符合表3-42的规定。用水准仪、全站仪、水平尺和钢尺按柱基数抽查10%，且不应少于3个。资料全数检查。

当采用杯口基础时，杯口尺寸的允许偏差应符合表3-43的规定。通过观察及尺量按基础数抽查10%，且不应少于4处。

地脚螺栓（锚栓）尺寸的允许偏差应符合表3-44的规定。地脚螺栓（锚栓）的螺纹应受到保护。按柱基数用钢尺抽查10%，且不应少于3个。

3.5.5.2　安装和校正

钢构件应符合设计要求和规范GB 50205—2001的规定。运输、堆放和吊装等造成的钢构件变形及涂层脱落，应进行矫正和修补。

柱子安装允许偏差应符合表3-49的规定。标准柱全部检查；非标准柱抽查10%，且不应少于3根。用全站仪或激光经纬仪和钢尺实测。

表3-49　柱子安装允许偏差

项目	允许偏差（mm）
底层柱底轴线对定位轴线偏移	3.0
柱子定位轴线	1.0
单节柱的垂直度	$h/1\,000$，且不应大于10.0

注：h为单节柱高。

设计要求顶紧的节点，接触面不应少于70%紧贴，且边缘最大间隙不应大于0.8 mm。用钢尺及0.3 mm和0.8 mm厚的塞尺现场按节点数抽查10%，且不应少于3个。

钢主梁、次梁及受压杆件垂直度和侧向弯曲矢高的允许偏差应符合表3-45中有关钢屋（托）架允许偏差的规定。用吊线、拉线、经纬仪和钢尺现场按同类构件数抽查10%，且不应少于3个。

多层及高层钢结构主体结构的整体垂直度和整体平面弯曲允许偏差应符合表3-50的规定。

表 3-50　多层及高层钢结构主体结构的整体垂直度和整体平面弯曲的允许偏差

项目	允许偏差(mm)	图例
主体结构的整体垂直度	$(H/2\ 500+10.0)$,且不应大于 50.0	
主体结构的整体平面弯曲	$L/1\ 500$,且不应大于 25.0	

检查数量:对主要立面全部检查。对每个所检查的立面,除两列角柱外,尚应至少选取一列中间柱。

检验方法:对于整体垂直度,可采用激光经纬仪、全站仪测量,也可根据各节柱的垂直度允许偏差累计(代数和)计算。对于整体平面弯曲,可按产生的允许偏差累计(代数和)计算。

钢结构表面应干净,结构主要表面不应有疤痕、泥沙等污垢。

钢柱等主要构件的中心线及标高基准点等标记应齐全。

当钢构件安装在混凝土柱上时,其支座中心对定位轴线的偏差不应大于 10 mm;当采用大型混凝土屋面板时,钢梁(桁架)间距的偏差不应大于 10 mm。

多层及高层钢结构中钢吊车梁或直接承受动力荷载的类似构件,其安装的允许偏差应符合规范规定。

多层及高层钢结构中现场焊缝组对间隙的允许偏差应符合规范的规定。按同类节点数抽查 10%,且不应少于 3 个。

任务 3.6　装饰装修工程的质量控制

建筑装饰装修工程设计必须保证建筑物的结构安全和主要使用功能。当涉及主体和承重结构改动或增加荷载时,必须由原结构设计单位或具备相应资质的设计单位核查有关原始资料,对既有建筑结构的安全性进行核验确认。

建筑装饰装修工程所用材料的品种规格和质量应符合设计要求和国家现行标准的规定,当设计无要求时应符合国家现行标准的规定,严禁使用国家明令淘汰的材料。

建筑装饰装修工程所用材料应符合国家有关建筑装饰装修材料有害物质限量标准的规定。

建筑装饰装修工程所用材料的燃烧性能应符合国家现行标准《建筑内部装修设计防火规范》（GB 50222—2017）、《建筑设计防火规范》（GB 50016—2014）的规定。

进场后需要进行复验的材料种类及项目应符合规范规定：同一厂家生产的同一品种、同一类型的进场材料应至少抽取一组样品进行复验，合同另有约定时应按合同执行。

现场配制的材料（如砂浆胶黏剂等）应按设计要求或产品说明书配制。

室内外装饰装修工程施工的环境条件应满足施工工艺的要求，施工环境温度不应低于5℃，当必须在低于5℃气温下施工时，应采取保证工程质量的有效措施。

建筑装饰装修工程施工过程中应做好半成品、成品的保护，防止污染和损坏。

3.6.1　抹灰工程

3.6.1.1　抹灰工程的材料要求与检查要点

抹灰用石灰膏的熟化期不应少于15 d，罩面用磨细石灰粉的熟化期不应少于3 d。

当要求抹灰层具有防水、防潮功能时应采用防水砂浆。

抹灰工程应对水泥的凝结时间和安定性进行复验。砂浆的配合比应符合设计要求。

各种砂浆抹灰层在凝结前应防止快干、水冲、撞击、振动和受冻，在凝结后应采取措施防止沾污和损坏，水泥砂浆抹灰层应在湿润条件下养护。

外墙和顶棚的抹灰层与基层之间及各抹灰层之间必须黏结牢固。

抹灰总厚度大于或等于35 mm时应加强措施，不同材料基体交接处应加强措施。

相同材料、工艺和施工条件的室外抹灰工程每500～1 000 m² 应划分为一个检验批，不足500 m² 也应划分为一个检验批。相同材料、工艺和施工条件的室内抹灰工程每50个自然间（大面积房间和走廊按抹灰面积30 m² 为一间）应划分为一个检验批，不足50间也应划分为一个检验批。

检查数量应符合下列规定：

（1）室内每个检验批应至少抽查10%，并不得少于3间；不足3间时应全数检查。

（2）室外每个检验批每100 m² 应至少抽查一处，每处不得小于10 m²。

外墙抹灰工程施工前应先安装钢木门窗框、护栏等，并应将墙上的施工孔洞堵塞密实。室内墙面、柱面和门洞口的阳角做法应符合设计要求。设计无要求时水泥砂浆做护角，其高度不应低于2 m，每侧宽度不应小于50 mm。

3.6.1.2　一般抹灰工程

一般抹灰工程分为普通抹灰和高级抹灰，当设计无要求时按普通抹灰验收。

普通抹灰表面应光滑、洁净、接槎平整，分格缝应清晰；高级抹灰表面应光滑、洁净、颜色均匀、无抹纹，分格缝和灰线应清晰美观。

抹灰前基层表面的尘土、污垢、油渍等应清除干净并应洒水润湿。

护角、孔洞、槽、盒周围的抹灰表面应整齐、光滑，管道后面的抹灰表面应平整。

抹灰层的总厚度应符合设计要求，水泥砂浆不得抹在石灰砂浆层上，罩面石灰膏不得抹在水泥砂浆层上。

分格缝的设置应符合设计要求,宽度和深度应均匀,表面应光滑,棱角要整齐。

抹灰工程应分层进行,当抹灰总厚度大于或等于 35 mm 时,应采取加强措施;不同材料基体交接处表面的抹灰,应采取防止开裂的加强措施;当采用加强网时,加强网与各基体的搭接宽度不应小于 100 mm。

抹灰层与基层之间及各抹灰层之间必须黏结牢固,抹灰层应无脱层、空鼓,面层应无爆灰和裂缝。可用小锤轻击检查并检查施工记录。

有排水要求的部位应做滴水线(槽)。滴水线(槽)应整齐顺直,滴水线应内高外低,滴水槽的宽度和深度均不应小于 10 mm。

一般抹灰工程质量的允许偏差和检验方法应符合表 3-51 的规定。

表 3-51　一般抹灰工程质量的允许偏差和检验方法

项次	项目	允许偏差(mm)		检验方法
		普通抹灰	高级抹灰	
1	立面垂直度	4	3	用 2 m 垂直检测尺检查
2	表面垂直度	4	3	用 2 m 垂直检测尺检查
3	阴、阳角方正	4	3	用直角检测尺检查
4	分隔条(缝)的直线度	4	3	拉 5 m 线,不足 5 m 拉通线,用钢卷尺检查
5	墙裙、勒脚上口直线度	4	3	拉 5 m 线,不足 5 m 拉通线,用钢卷尺检查

普通抹灰,可不检查阴角方正;顶棚抹灰,可不检查表面平整度,但应平整顺。

3.6.1.3　装饰抹灰工程

装饰抹灰工程有水刷石、斩假石、干粘石、假面砖等。

抹灰前基层表面的尘土、污垢、油渍等应清除干净,并应洒水润湿。

分格缝的设置应符合设计要求,宽度和深度应均匀,表面应光滑,棱角要整齐。

水刷石表面应石粒清晰、分布均匀、紧密平整、色泽一致,应无掉粒和接槎痕迹。

斩假石表面剁纹应均匀顺直、深浅一致,应无漏剁处,阳角处应横剁并留出宽窄一致的不剁边条,棱角应无损坏。

干粘石表面应色泽一致、不露浆、不漏粘,石粒应黏结牢固、分布均匀,阳角处应无明显黑边。

假面砖表面应平整、沟纹清晰、留缝整齐、色泽一致,应无掉角、脱皮、起砂等缺陷。

装饰抹灰工程所用材料的品种和性能应符合设计要求,水泥的凝结时间和安定性复验应合格,砂浆的配合比应符合设计要求。要检查产品合格证书、进场验收记录、复验报告和施工记录等。

抹灰工程应分层进行,当抹灰总厚度大于或等于 35 mm 时,应采取加强措施;不同材料基体交接处表面的抹灰,应采取防止开裂的加强措施;当采用加强网时,加强网与各基体的搭接宽度不应小于 100 mm。抹灰工程通过检查隐蔽工程验收记录和施工记录来控制。

各抹灰层之间及抹灰层与基体之间必须黏结牢固,抹灰层应无脱层、空鼓和裂缝。通过观察或用小锤轻击检查,同时检查施工记录。

有排水要求的部位应做滴水线(槽)。滴水线(槽)应整齐顺直,滴水线应内高外低,滴水槽的宽度和深度均不应小于 10 mm。

装饰抹灰工程质量的允许偏差和检验方法应符合表 3-52 的规定。

表 3-52　装饰抹灰工程质量的允许偏差和检验方法

项次	项目	允许偏差(mm)				检验方法
		水刷石	斩假石	干粘石	假面砖	
1	立面垂直度	5	4	5	5	用 2 m 垂直检测尺检查
2	表面平整度	3	3	5	4	用 2 m 垂直检测尺检查
3	阳角方正	3	3	4	5	用直角检测尺检查
4	分隔条(缝)直线度	3	3	3	3	拉 5 m 线,不足 5 m 拉通线,用钢卷尺检查
5	墙裙、勒脚上口直线度	3	3	—	—	拉 5 m 线,不足 5 m 拉通线,用钢卷尺检查

3.6.2　门窗工程

门窗工程有木门窗制作与安装、金属门窗安装、塑料门窗安装、特种门安装、门窗玻璃安装等。本书只介绍金属门窗和塑料门窗的安装工程。

门窗安装前应对门窗洞口尺寸进行检验。

金属门窗和塑料门窗安装应采用预留洞口的方法施工,不得采用边安装边砌口或先安装后砌口的方法施工。

3.6.2.1　金属门窗安装工程

金属门窗有钢门窗、铝合金门窗、涂色镀锌钢板门窗等。

金属门窗表面应洁净、平整、光滑、色泽一致、无锈蚀,大面应无划痕、碰伤,漆膜或保护层应连续。

金属门窗的品种、类型、规格、尺寸、性能、开启方向、安装位置、连接方式及型材壁厚应符合设计要求,金属门窗的防腐处理及填嵌、密封处理应符合设计要求。通过观察或尺量检查,同时要检查产品合格证书、性能检测报告、进场验收记录等。

金属门窗框和副框的安装必须牢固,预埋件的数量、位置、埋设方式、与框的连接方式必须符合设计要求。用手扳检查,同时检查隐蔽工程验收记录和复验报告。

金属门窗扇必须安装牢固,并应开关灵活、关闭严密、无倒翘,推拉门窗扇必须有防脱落措施。通过观察、开启和关闭检查、手扳检查等方法控制。

金属门窗配件的型号、规格、数量应符合设计要求,安装应牢固,位置应正确,功能应满足使用要求。通过观察、开启和关闭检查、手扳检查等方法控制。

用弹簧秤检查:铝合金门窗、推拉门窗扇开关力应不大于 100 N。

金属门窗框与墙体之间的缝隙应填嵌饱满,并采用密封胶密封,密封胶表面应光滑顺直、无裂纹。通过观察或轻敲门窗框检查和检查隐蔽工程验收记录等方法控制。

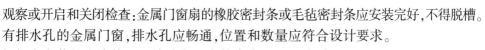

观察或开启和关闭检查:金属门窗扇的橡胶密封条或毛毡密封条应安装完好,不得脱槽。有排水孔的金属门窗,排水孔应畅通,位置和数量应符合设计要求。

钢门窗安装的允许偏差和检验方法应符合表 3-53 的规定。

表 3-53　钢门窗安装的允许偏差和检验方法

项次	项目		允许偏差（mm）	检验方法
1	门窗槽口宽度、高度	≤1 500 mm	2.5	用钢尺检查
		>1 500 mm	3.5	用钢尺检查
2	门窗槽口对角线长度差	≤2 000 mm	5	用 1 m 垂直检测尺检查
		>2 000 mm	6	用 1 m 水平尺和塞尺检查
3	门窗框的正、侧面垂直度		3	用钢尺检查
4	门窗横框的水平度		3	用钢直尺检查
5	门窗横框标高		5	用钢尺检查
6	门窗竖向偏离中心		4	用钢直尺检查
7	双层门窗内外框间距		5	用钢尺检查

铝合金门窗、涂色镀锌钢板门窗安装的允许偏差和检验方法应符合表 3-54 的规定。

表 3-54　铝合金门窗、涂色镀锌钢板门窗安装的允许偏差和检验方法

项次	项目		铝合金门窗允许偏差（mm）	涂色镀锌钢板门窗允许偏差（mm）	检验方法
1	门窗槽口宽度、高度	≤1 500 mm	2.5	2	用钢尺检查
		>1 500 mm	3.5	3	用钢尺检查
2	门窗槽口对角线长度差	≤2 000 mm	5	4	用垂直检测尺检查
		>2 000 mm	6	5	用 1 m 水平尺和塞尺检查
3	门窗框的正、侧面垂直度		3	3	用钢尺检查
4	门窗横框的水平度		3	3	用钢直尺检查
5	门窗横框标高		5	5	用钢尺检查
6	门窗竖向偏离中心		4	5	用钢直尺检查
7	双层门窗内外框间距		5	4	用钢尺检查
8	推拉门窗扇与框搭接量		1.5	2	用钢直尺检查

3.6.2.2　塑料门窗安装工程

塑料门窗的品种、类型、规格、尺寸、开启方向、安装位置、连接方式及填嵌密封处均应

符合设计要求,内衬增强型钢的壁厚及设备应符合国家现行产品标准的重要要求。通过观察和尺量检查,检查产品合格证书、性能检测报告、进场验收记录和复验报告,检查隐蔽工程验收记录等方法来控制。

塑料门窗框、副框和扇的安装必须牢固,固定片或膨胀螺栓的数量与位置应正确,连接方式应符合设计要求,固定点应距窗角、中横框、中竖框150~200 mm,固定点间距应不大于600 mm。通过观察和手扳检查,检查隐蔽工程验收记录等方法控制。

塑料门窗拼樘料内衬增强型钢的规格、壁厚必须符合设计要求,型钢应与型材内腔紧密吻合,其两端必须与洞口固定牢固,窗框必须与拼樘料连接紧密,固定点间距应不大于600 mm。通过观察或手扳检查、尺量检查,检查进场验收记录等方法来控制。

塑料门窗扇应开关灵活、关闭严密、无倒翘,推拉门窗扇必须有防脱落措施。通过观察、开启和关闭检查、手扳检查等方法来控制。

塑料门窗配件的型号、规格、数量应符合设计要求,安装应牢固,位置应正确,功能应满足使用要求。通过观察、手扳检查、尺量检查等方法来控制。

塑料门窗框与墙体间缝隙应采用闭孔弹性材料填嵌饱满,表面应采用密封胶密封,密封胶应黏结牢固,表面应光滑、顺直、无裂纹。通过观察,并检查隐蔽工程验收记录来控制。

塑料门窗表面应洁净、平整、光滑,大面应无划痕、碰伤。

塑料门窗扇的密封条不得脱槽,旋转窗间隙应基本均匀。

用弹簧秤检查门窗开关力:平开门窗扇平铰链的开关力应不大于80 N;滑撑铰链的开关力应不大于80 N,并不小于30 N;推拉门窗扇的开关力应不大于100 N。

玻璃密封条与玻璃及玻璃槽口的接缝应平整,不得卷边、脱槽。

排水孔应畅通,位置和数量应符合设计要求。

塑料门窗安装的允许偏差和检验方法应符合表3-55的规定。

3.6.3 吊顶工程

吊顶工程以轻钢龙骨、铝合金龙骨、木龙骨等为骨架,以石膏板、金属板、矿棉板、木板、塑料板或格栅等为饰面材料。吊顶工程分为暗龙骨吊顶和明龙骨吊顶。

吊顶工程应对下列隐蔽工程项目进行验收:

(1)吊顶内管道、设备的安装及水管试压。

(2)木龙骨防火、防腐处理。

(3)预埋件或拉结筋。

(4)吊杆安装。

(5)龙骨安装。

(6)填充材料的设置。

安装龙骨前,应按设计要求对房间净高、洞口标高和吊顶内管道、设备及其支架的标高进行交接检验。

吊顶工程的木吊杆、木龙骨和木饰面板必须进行防火处理,并应符合有关设计防火规范的规定。

表 3-55　塑料门窗安装的允许偏差和检验方法

项次	项目		允许偏差（mm）	检验方法
1	门窗槽口宽度、高度	≤1 500 mm	2	用钢尺检查
		>1 500 mm	3	用钢尺检查
2	门窗槽口对角线长度差	≤2 000 mm	3	用 1 m 垂直检测尺检查
		>2 000 mm	5	用 1 m 水平尺和塞尺检查
3	门窗框的正、侧面垂直度		3	用钢尺检查
4	门窗横框的水平度		3	用钢直尺检查
5	门窗横框标高		5	用钢尺检查
6	门窗竖向偏离中心		5	用钢直尺检查
7	双层门内外框间跨		4	用钢尺检查
8	同樘门平开门窗相邻扇高度差		2	用钢直尺检查
9	平开门窗铰链部位配合间隙		+2，-1	用塞尺检查
10	推拉门窗扇与框搭接量		+1.5，-2.5	用钢直尺检查
11	推拉门窗扇与竖框平行度		2	用 1 m 水平尺和塞尺检查

吊顶工程中的预埋件、钢筋吊杆和型钢吊杆应进行防锈处理。

安装饰面板前应完成吊顶内管道和设备的调试及验收。

吊杆距主龙骨端部距离不得大于 300 mm，当大于 300 mm 时，应增加吊杆。当吊杆长度大于 1.5 m 时，应设置反支撑；当吊杆与设备相遇时，应调整并增设吊杆。

重型灯具、电扇及其他重型设备严禁安装在吊顶工程的龙骨上。

吊顶工程应对人造木板的甲醛含量进行复验。

3.6.3.1　暗龙骨吊顶工程

用尺检查吊顶标高、尺寸、起拱和造型，应符合设计要求。

饰面材料的材质、品种、规格、图案和颜色应符合设计要求，饰面材料表面应洁净、色泽一致，不得有翘曲、裂缝及缺损，压条应平直、宽窄一致。

通过观察和检查产品合格证书、性能检测报告、进场验收记录和复验报告等方法控制饰面材料的质量。

手扳检查暗龙骨吊顶工程的吊杆、龙骨和饰面材料的安装是否牢固，同时检查隐蔽工程验收记录和施工记录。

吊杆、龙骨的材质、规格、安装间距及连接方式应符合设计要求。金属吊杆、龙骨应经过表面防腐处理，木吊杆、龙骨应进行防腐和防火处理。

检验方法：观察、尺量检查，检查产品合格证书、性能检测报告、进场验收记录和隐蔽工程验收记录。

石膏板的接缝应按其施工工艺标准进行板缝防裂处理，安装双层石膏板时面层板与基层板的接缝应错开并不得在同一根龙骨上接缝。

饰面板上的灯具、烟感器、喷淋头、风口算子等设备的位置应合理、美观，与饰面板的交接应吻合、严密。

金属吊杆、龙骨的接缝应均匀一致，角缝应吻合，表面应平整，无翘曲、锤印。木质吊杆、龙骨应顺直，无劈裂、变形。应检查隐蔽工程验收记录和施工记录。

吊顶内填充吸声材料的品种和铺设厚度应符合设计要求，并应有防散落措施。

暗龙骨吊顶工程安装的允许偏差和检验方法应符合表3-56的规定。

表3-56 暗龙骨吊顶工程安装的允许偏差和检验方法

项次	项目	允许偏差（mm）				检验方法
		纸面石膏板	金属板	矿棉板	木板、塑料板、格栅	
1	表面平整度	3	2	2	2	用2m靠尺和塞尺检查
2	接缝直线度	3	1.5	3	3	拉5m线，不足5m拉通线，用钢直尺检查
3	接缝高低差	1	1	1.5	1	用2m靠尺和塞尺检查

3.6.3.2 明龙骨吊顶工程

吊顶标高、尺寸、起拱和造型应符合设计要求。

饰面材料的材质、品种、规格、图案和颜色应符合设计要求，当饰面材料为玻璃板时应使用安全玻璃或采取可靠的安全措施。

检验方法：观察，检查产品合格证书、性能检测报告和进场验收记录。

饰面材料的安装应稳固严密，饰面材料与龙骨的搭接宽度应大于龙骨受力面宽度的2/3。饰面材料表面应洁净、色泽一致，不得有翘曲、裂缝及缺损，饰面板与明龙骨的搭接应平整、吻合，压条应平直、宽窄一致。

检验方法：观察，手扳检查，尺量检查。

吊杆与龙骨的材质、规格、安装间距及连接方式应符合设计要求，金属吊杆、龙骨应进行表面防腐处理，木龙骨应进行防腐和防火处理。

检验方法：观察，尺量检查，检查产品合格证书、进场验收记录和隐蔽工程验收记录。

手扳检查明龙骨吊顶工程的吊杆和龙骨安装是否牢固。

饰面板上的灯、烟感器、喷淋头、风口算子等设备的位置应合理与美观。与饰面板的交接应吻合、严密。

金属龙骨的接缝应平整、吻合、颜色一致，不得有划伤、擦伤等表面缺陷，木质龙骨应平整、顺直、无劈裂。

吊顶内填充吸声材料的品种和铺设厚度应符合设计要求，并应有防散落措施。

明龙骨吊顶工程安装的允许偏差和检验方法应符合表3-57的规定。

表 3-57   明龙骨吊顶工程安装的允许偏差和检验方法

项次	项目	允许偏差（mm）				检验方法
		石膏板	金属板	矿棉板	塑料板、玻璃板	
1	表面平整度	3	2	3	2	用 2 m 靠尺和塞尺检查
2	接缝直线度	3	2	3	3	拉 5 m 线，不足 5 m 拉通线，用钢直尺检查
3	接缝高低差	1	1	2	1	用 2 m 靠尺和塞尺检查

3.6.4　饰面板（砖）工程

饰面板（砖）工程分为饰面板安装、饰面砖粘贴等工程。

饰面板（砖）工程验收时应检查下列文件和记录：

（1）饰面板（砖）工程的施工图、设计说明及其他设计文件。

（2）材料的产品合格证书、性能检测报告、进场验收记录和复验报告。

（3）后置埋件的现场拉拔检测报告。

（4）外墙饰面砖样板件的黏结强度检测报告。

（5）隐蔽工程验收记录。

（6）施工记录。

饰面板（砖）工程应对下列材料及其性能指标进行复验：

（1）室内用花岗石的放射性。

（2）粘贴用水泥的凝结时间、安定性和抗压强度。

（3）外墙陶瓷面砖的吸水率。

（4）寒冷地区外墙陶瓷面砖的抗冻性。

饰面板（砖）工程应对下列隐蔽工程项目进行验收：

（1）预埋件（或后置埋件）。

（2）连接节点。

（3）防水层。

检查数量应符合下列规定：

（1）室内每个检验批应至少抽查 10%，且不得少于 3 间，不足 3 间时应全数检查。

（2）室外每个检验批每 100 m 应至少抽查一处，每处不得小于 10 m。

外墙饰面砖粘贴前和施工过程中，均应在相同基层上做样板件，并对样板件的饰面砖黏结强度进行检验，其检验方法和结果判定应符合《建筑工程饰面砖粘结强度检验标准》（JGJ/T 110—2017）的规定。

3.6.4.1　饰面板安装工程

饰面板的品种、规格、颜色和性能应符合设计要求，木龙骨、木饰面板和塑料饰面板的燃烧性能等级应符合设计要求。饰面板表面应平整、洁净、色泽一致，无裂痕和缺损，石材表面应无泛碱等污染。通过观察，检查产品合格证书、进场验收记录和性能检测报告等来控制质量。

饰面板孔与槽的数量、位置和尺寸应符合设计要求。

饰面板安装工程的预埋件（后置埋件）与连接件的数量、规格、位置、连接方法和防腐处理必须符合设计要求。后置埋件的现场拉拔强度必须符合设计要求。饰面板安装必须牢固。

检验方法：手扳检查，检查进场验收记录、现场拉拔检测报告、隐蔽工程验收记录和施工记录。

饰面板嵌缝应密实、平直，宽度和深度应符合设计要求，嵌填材料色泽应一致。

采用湿作业法施工的饰面板工程，石材应进行防碱背涂处理，饰面板与基体之间的灌注材料应饱满、密实。检验方法：用小锤轻击检查，检查施工记录等。

饰面板上的孔洞应套割吻合，边缘应整齐。

饰面板安装允许偏差和检验方法应符合表3-58的规定。

表3-58　饰面板安装允许偏差和检验方法

项次	项目	允许偏差（mm）							检验方法
		石材			瓷板	木材	塑料	金属	
		光面	剁斧石	蘑菇石					
1	立面垂直度	2	3	3	2	1.5	2	2	用2 m垂直检测尺检查
2	表面平整度	2	3	—	1.5	1	3	3	用2 m靠尺和塞尺检查
3	阴、阳角方正	2	4	4	2	1.5	3	3	用直角检测尺检查
4	接缝直线度	2	4	4	2	1	1	1	拉5 m线，不足5 m拉通线，用钢直尺检查
5	墙裙、勒脚上口直线度	2	3	3	2	2	2	2	拉5 m线，不足5 m拉通线，用钢直尺检查
6	接缝高低差	0.5	3	—	0.5	0.5	1	1	用钢尺和直塞尺检查
7	接缝宽度	1	2	2	1	1	1	1	用钢直尺

3.6.4.2　饰面砖粘贴工程

饰面砖的品种、规格、图案、颜色和性能应符合设计要求。饰面砖表面应平整、洁净、色泽一致，无裂痕和缺损。

检验方法：观察，检查产品合格证书、进场验收记录、性能检测报告和复验报告。

饰面砖粘贴工程的找平、防水、黏结和勾缝材料及施工方法应符合设计要求与国家现行产品标准和工程技术标准的规定。

检验方法：检查产品合格证书、复验报告和隐蔽工程验收记录。

饰面砖粘贴必须牢固。

检验方法：检查样板件黏结强度、检测报告和施工记录。

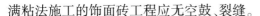

满粘法施工的饰面砖工程应无空鼓、裂缝。

检验方法：观察，用小锤轻击检查。

阴阳角处搭接方式、非整砖使用部位应符合设计要求。

墙面突出物周围的饰面砖应整砖套割吻合，边缘应整齐。墙裙、贴脸突出墙面的厚度应一致。

饰面砖接缝应平直、光滑，填嵌应连续、密实，宽度和深度应符合设计要求。

有排水要求的部位应做滴水线（槽），滴水线（槽）应顺直，流水坡向应正确，坡度应符合设计要求。

饰面砖粘贴的允许偏差和检验方法应符合表 3-59 的规定。

表 3-59　饰面砖粘贴的允许偏差和检验方法

项次	项目	允许偏差（mm）		检查方法
		外墙面砖	内墙面砖	
1	立面垂直度	3	2	用 2 m 垂直检测尺检查
2	表面平整度	4	3	用 2 m 靠尺和塞尺检查
3	阴、阳角方正	3	3	用直角检测尺检查
4	接缝直线度	3	2	拉 5 m 线，不足 5 m 拉通线，用钢直尺检查
5	接缝高低差	1	0.5	用钢尺和直塞尺检查
6	接缝宽度	1	1	用钢塞尺

3.6.5　涂饰工程

涂饰工程分为水性涂料涂饰、溶剂型涂料涂饰、美术涂饰等工程。

涂饰工程验收时应检查下列文件和记录：

（1）涂饰工程的施工图、设计说明及其他设计文件。

（2）材料的产品合格证书、性能检测报告和进场验收记录。

（3）施工记录。

涂饰工程的基层处理应符合下列要求：

（1）新建筑物的混凝土或抹灰基层在涂饰涂料前应涂刷抗碱封闭底漆。

（2）旧墙面在涂饰涂料前应清除疏松的旧装修层，并涂刷界面剂。

（3）混凝土或抹灰基层涂刷溶剂型涂料时，含水量不得大于 8%，涂刷水乳型涂料时含水量不得大于 10%，木材基层的含水量不得大于 12%。

（4）基层腻子应平整、坚实、牢固，无粉化、起皮和裂缝，内墙腻子的黏结强度应符合《建筑室内用腻子》（JG/T 298—2010）的规定。

（5）厨房、卫生间墙面必须使用耐水腻子。

3.6.5.1 水性涂料涂饰工程

水性涂料涂饰工程施工的环境温度应为 5～35 ℃。

水性涂料涂饰工程所用涂料的品种、型号和性能应符合设计要求。检查产品合格证书、性能检测报告和进场验收记录。

水性涂料涂饰工程的颜色、图案应符合设计要求。

水性涂料涂饰工程应涂饰均匀、黏结牢固，不得漏涂、透底、起皮和掉粉。

薄涂料的涂饰质量和检验方法应符合表 3-60 的规定。

表 3-60　薄涂料的涂饰质量和检验方法

项次	项目	普通涂饰	高级涂饰	检查方法
1	颜色	均匀一致	均匀一致	观察
2	泛碱、咬色	允许少量轻微	不允许	
3	流坠、疙瘩	允许少量轻微	不允许	
4	砂眼、刷纹	允许少量轻微砂眼，刷纹通顺	无砂眼、无刷纹	
5	装饰线、分色线直线度允许偏差（mm）	2	1	拉 5 m 线，不足 5 m 拉通线，用钢直尺检查

厚涂料的涂饰质量和检验方法应符合表 3-61 的规定。

表 3-61　厚涂料的涂饰质量和检验方法

项次	项目	普通涂饰	高级涂饰	检查方法
1	颜色	均匀一致	均匀一致	观察
2	泛碱、咬色	允许少量轻微	不允许	
3	点状分布	—	疏密均匀	

复层涂料的涂饰质量和检验方法应符合表 3-62 的规定。

表 3-62　复层涂料的涂饰质量和检验方法

项次	项目	质量要求	检查方法
1	颜色	均匀一致	观察
2	泛碱、咬色	不允许	
3	喷点疏密程度	均匀，不允许连片	

涂层与其他装修材料和设备衔接处应吻合，界面应清晰。

3.6.5.2 溶剂型涂料涂饰工程

溶剂型涂料涂饰工程所选用涂料的品种、型号和性能应符合设计要求。

检验方法：检查产品合格证书、性能检测报告和进场验收记录。

溶剂型涂料涂饰工程的颜色、光泽、图案应符合设计要求。

溶剂型涂料涂饰工程应涂饰均匀、黏结牢固,不得漏涂、透底、起皮和反锈。

色漆的涂饰质量和检验方法应符合表 3-63 的规定。

表 3-63   色漆的涂饰质量和检验方法

项次	项目	普通涂饰	高级涂饰	检验方法
1	颜色	均匀一致	均匀一致	观察
2	光泽、光滑	光泽基本均匀,光滑无挡手感	光泽均匀一致,光滑	观察、手摸检查
3	刷纹	刷纹通顺	无刷纹	观察
4	裹漆、流坠、皱皮	明显处不允许	不允许	观察
5	装饰线、分色线直线度允许偏差(mm)	2	1	拉 5 m 线,不足 5 m 拉通线,用钢直尺检查

注:无光色漆不检查光泽。

清漆的涂饰质量和检验方法应符合表 3-64 的规定。

表 3-64   清漆的涂饰质量和检验方法

项次	项目	普通涂饰	高级涂饰	检验方法
1	颜色	基本一致	均匀一致	观察
2	木纹	棕眼刮平、木纹清楚	棕眼刮平、木纹清楚	观察
3	光泽、光滑	光泽基本均匀,光滑无挡手感	光泽基本均匀,光滑	观察,手摸检查
4	刷纹	刷纹通顺	无刷纹	观察
5	裹漆、流坠、皱皮	明显处不允许	不允许	观察

涂层与其他装修材料和设备衔接处应吻合,界面应清晰。

3.6.5.3   美术涂饰工程

美术涂饰所用材料的品种、型号和性能应符合设计要求。

检验方法:观察,检查产品合格证书、性能检测报告和进场验收记录。

美术涂饰工程应涂饰均匀、黏结牢固,不得漏涂、透底、起皮、掉粉和反锈。

美术涂饰的套色、花纹和图案应符合设计要求。

美术涂饰表面应洁净,不得有流坠现象。

仿花纹涂饰的饰面应具有被模仿材料的纹理。

套色涂饰的图案不得移位,纹理轮廓应清晰。

复习思考题

一、单选题

1. 水泥土搅拌桩地基的垂直度允许偏差(　　　)。

  A. ≤1.5%   B. ≤1.2%   C. ≤1.0%   D. ≤2.0%

2. 水泥砂浆和水泥混合砂浆搅拌时间不得少于(　　　)min。

  A. 2   B. 3   C. 1.5   D. 2.5

3. 砖砌体的转角处和交接处应同时砌筑,对不能同时砌筑而又必须留置的临时间断处应砌筑成斜槎,斜槎水平投影长度不小于高度的(   )。

A. 2/3　　　　　　B. 1/3　　　　　　C. 2/5　　　　　　D. 1/4

4. 小型空心砌块砌体水平灰缝的砂浆饱满度,应按净面积计算,不得低于(   )。

A. 90%　　　　　　B. 80%　　　　　　C. 70%　　　　　　D. 85%

5. 蒸压加气混凝土砌块、轻骨料混凝土小型空心砌块砌筑时,其产品龄期应超过(   )d。

A. 28　　　　　　　B. 14　　　　　　　C. 25　　　　　　　D. 18

6. 跨度为8 m的梁,其底模板拆除时的混凝土强度要求达到设计混凝土立方体抗压强度标准值的(   )。

A. 100%　　　　　B. 75%　　　　　　C. 85%　　　　　　D. 50%

7. 吊杆距主龙骨端部距离不得大于(   )mm。

A. 300　　　　　　B. 200　　　　　　C. 250　　　　　　D. 350

二、判断题

1. 砂石地基中,碎石或卵石的最大粒径应为50~80 mm。　　　　　　　　　　(   )

2. 水泥土搅拌桩地基进行强度检验时,对承重水泥土搅拌桩应取90 d后的试件;对支护水泥土搅拌桩应取28 d后的试件。　　　　　　　　　　　　　　　　(   )

3. 砌筑砂浆应采用机械搅拌,自投料完算起,水泥砂浆和水泥混合砂浆搅拌时间不得少于2 min。　　　　　　　　　　　　　　　　　　　　　　　　　　　　(   )

4. 水泥砂浆和水泥混合砂浆应分别在5 h和6 h内使用完毕。　　　　　　　　(   )

5. 砌筑砖砌体时,砖应提前1~2 d浇水湿润,烧结普通砖、多孔砖宜有20%~30%的含水量;灰砂砖、粉煤灰砖含水量宜为10%~15%。　　　　　　　　　　　　(   )

6. 砌筑墙体前先盘砌墙体的四个大角,每次盘砌高度不得超过10皮砖。　　　(   )

7. 砌筑墙体拉结筋长度从留槎处算起每边不应小于1 000 mm。　　　　　　(   )

8. 钢筋的接头宜设置在受力较大处。同一纵向受力钢筋可以设置两个或两个以上接头。　　　　　　　　　　　　　　　　　　　　　　　　　　　　　　　　(   )

9. 室外日平均气温连续5 d稳定低于0 ℃时,混凝土工程应采取冬期施工措施。

(   )

10. 混凝土所用骨料的最大颗粒粒径不得超过结构截面最小尺寸的1/3,且不得超过钢筋间最小净距的1/2。　　　　　　　　　　　　　　　　　　　　　　　(   )

11. 混凝土浇筑时,自高处倾落的自由高度不应超过2 m。　　　　　　　　　(   )

12. 细石混凝土防水层的分格缝,其纵横间距不宜大于6 m。　　　　　　　　(   )

13. 碳素结构钢应在焊缝冷却到环境温度、低合金结构钢应在完成焊接12 h以后,进行焊缝探伤检验。　　　　　　　　　　　　　　　　　　　　　　　　　　(   )

14. 吊顶工程的吊杆距主龙骨端部距离不得大于300 mm,当大于300 mm时,应增加吊杆。　　　　　　　　　　　　　　　　　　　　　　　　　　　　　　　　(   )

三、多选题

1. 高压喷射注浆地基施工中应检查的施工参数有(   )。

    A.压力   B.水泥浆量   C.提升速度   D.旋转速度   E.施工程序

2.钢筋混凝土结构工程的质量控制包括( )工程内容。

    A.钢筋   B.模板   C.混凝土   D.脚手架   E.预埋件

3.装饰抹灰工程有( )。

    A.水刷石   B.斩假石   C.干粘石   D.假面砖   E.水泥浆

4.吊顶工程龙骨按材料分为( )。

    A.轻钢龙骨   B.铝合金龙骨 C.木龙骨   D.暗龙骨   E.明龙骨

5.在浇筑混凝土之前,应进行钢筋隐蔽工程验收,其内容包括( )。

    A.纵向受力钢筋的品种、规格、数量、位置等

    B.钢筋的连接方式、接头位置、接头数量、接头面积百分率等

    C.箍筋、横向钢筋的品种、规格、数量、间距等

    D.预埋件的规格、数量、位置等

四、简答题

1.灰土地基和强夯地基的质量控制要点有哪些?

2.在混凝土工程中,保证混凝土质量需要注意的要点及保证钢筋质量需要注意的要点各有哪些?

3.现场如何判断混凝土振捣密实?

4.防水工程包括哪几项工程?各自保证施工质量的施工要点有哪些?

5.钢结构工程的原材料需要注意的要点是什么?钢结构焊接工程和多层及高层钢结构安装工程的质量控制要点是什么?

学习项目4　建筑工程施工质量验收

【知识目标】

1. 了解建筑工程施工质量验收统一标准、规范体系的编制依据及其相互关系，建筑工程施工质量验收层次划分的目的和施工质量验收划分的层次；

2. 理解建筑工程施工质量验收统一标准、规范体系的编制指导思想与施工质量验收的有关术语；

3. 掌握建筑工程质量验收层次的划分和建筑工程施工质量验收。

【能力目标】

1. 熟悉施工质量验收的一般规定，明确建筑工程施工质量验收的层次划分及验收程序；

2. 熟悉建筑工程质量事故的处理依据、程序、方法及验收。

任务4.1　基本认知

工程施工质量验收是工程建设质量控制的一个重要环节，包括工程施工质量的中间验收和工程的竣工验收两个方面。通过对工程建设中间产出品和最终产品的质量验收，从过程控制和终端把关两个方面进行工程项目的质量控制，以确保达到业主所要求的功能和使用价值，实现建设投资的经济效益和社会效益。工程项目的竣工验收，是项目建设程序的最后一个环节，是全面考核项目建设成果、检查设计与施工质量、确认项目能否投入使用的重要步骤。竣工验收的顺利完成，标志着项目建设阶段的结束和生产使用阶段的开始。尽快完成竣工验收工作，对促进项目早日投产使用、发挥投资效益有着非常重要的意义。本学习项目结合《建筑工程施工质量验收统一标准》（GB 50300—2013）及建筑工程其他专业验收规范，着重说明了建筑工程质量验收的相关问题。

4.1.1　施工质量验收统一标准、规范体系

为保障建筑工程质量，必须制定相应质量验收统一标准，使建筑工程质量验收有章可循、有据可依。对工程质量实行有效的检验与监控。

中华人民共和国成立以来，我国建设有关主管部门组织制定了建筑工程、公路工程等建设工程质量验收评定标准，并根据经济建设的发展、科学技术的进步、管理体制的改革，不断对标准进行了修订。可以说，标准在一定程度上反映了建设行业施工技术管理和质量的发展水平。

建筑工程施工质量验收统一标准、规范体系如下：

（1）《建筑工程施工质量验收统一标准》（GB 50300—2013）。

（2）《建筑地基基础工程施工质量验收标准》（GB 50202—2018）。

(3)《砌体结构工程施工质量验收规范》(GB 50203—2011)。

(4)《混凝土结构工程施工质量验收规范》(GB 50204—2015)。

(5)《钢结构工程施工质量验收规范》(GB 50205—2001)。

(6)《木结构工程施工质量验收规范》(GB 50206—2012)。

(7)《屋面工程质量验收规范》(GB 50207—2012)。

(8)《地下防水工程质量验收规范》(GB 50208—2011)。

(9)《建筑地面工程施工质量验收规范》(GB 50209—2010)。

(10)《建筑装饰装修工程质量验收标准》(GB 50210—2018)。

(11)《建筑给水排水及采暖工程施工质量验收规范》(GB 50242—2002)。

(12)《通风与空调工程施工质量验收规范》(GB 50243—2016)。

(13)《建筑电气工程施工质量验收规范》(GB 50303—2015)。

(14)《电梯工程施工质量验收规范》(GB 50310—2002)。

(15)《智能建筑工程质量验收规范》(GB 50339—2013)等。

各专业验收规范主要是各专业工程的施工工艺和质量验收标准与要求,主要包括总则与基本规定,分部或子分部工程质量检查验收内容要求,各子分部或分项工程质量检验的一般规定,主控项目和一般项目的质量标准,检查数量、检验方法等。质量验收统一标准中的质量检验有关规定与专业施工规范中的质量验收标准,两者结合成为质量验收规范体系,实现了两者真正意义上的协调统一、合并使用。而专业施工规范中的施工工艺部分作为施工企业标准,主要对企业操作、工艺水平进行评价。

4.1.2　施工质量验收统一标准、规范体系的编制指导思想

为了进一步做好工程质量验收工作,结合当前建设工程质量管理的问题和策略,增强各规范间的协调性及适用性并考虑与国际惯例接轨,在建筑工程施工质量验收标准、规范体系的编制中坚持了"验评分离,强化验收,完善手段,过程控制"的指导思想。

4.1.3　施工质量验收统一标准、规范体系的编制依据及其相互关系

建筑工程施工质量验收统一标准的编制依据,主要是《中华人民共和国建筑法》《建设工程质量管理条例》《建筑结构可靠性设计统一标准》(GB 50068—2018)及其他有关设计规范等。《建筑工程施工质量验收统一标准》(GB 50300—2013)及专业验收规范体系的落实和执行,还需要有其他相关标准的支持。

任务 4.2　建筑工程施工质量验收的术语和基本规定

4.2.1　施工质量验收的有关术语

《建筑工程施工质量验收统一标准》(GB 50300—2013)中共给出 17 个术语,这些术语对规范有关工程施工质量验收活动中的用语,加深对标准条文的理解,特别是更好地贯彻执行标准是十分必要的。

（1）建筑工程。通过对各类房屋建筑及其附属设施的建造和与其配套线路、管道、设备等的安装所形成的工程实体。

（2）检验。对被检验项目的特征、性能进行量测、检查、试验等，并将结果与标准规定的要求进行比较，以确定项目每项性能是否合格的活动。

（3）进场检验。对进入施工现场的建筑材料、构配件、设备及器具等，按相关标准的要求进行检验，并对其质量、规格及型号等是否符合要求做出确认的活动。

（4）见证检验。施工单位在工程监理单位或建设单位的见证下，按照有关规定从施工现场随机抽取试样，送至具备相应资质的检测机构进行检验的活动。

（5）复验。建筑材料、设备等进入施工现场后，在外观质量检查和质量证明文件核查符合要求的基础上，按照有关规定从施工现场抽取试样送至试验室进行检验的活动。

（6）检验批。按相同的生产条件或按规定的方式汇总起来供抽样检验用的，由一定数量样本组成的检验体。检验批是施工质量验收的最小单位，是分项工程乃至整个建筑工程验收的基础。

（7）验收。建筑工程质量在施工单位自行检查合格的基础上，由工程质量验收责任方组织，工程建设相关单位参加，对检验批、分项工程、分部工程、单位工程及其隐蔽工程的质量进行抽样检验，对技术文件进行审核，并根据设计文件和相关标准以书面形式对工程质量是否达到合格做出确认。

（8）主控项目。建筑工程中对安全、节能、环境保护和主要使用功能起决定性作用的检验项目。例如，混凝土结构工程中"钢筋安装时，受力钢筋的品种、级别、规格和数量必须符合设计要求""纵向受力钢筋连接方式应符合设计要求""安装现浇结构的上层模板及其支架时，下层模板应具有承受上层荷载的承载能力，或加设支架，上、下层支架的立柱应对准，并铺设垫板"等都是主控项目。

（9）一般项目。除主控项目外的检验项目。例如，混凝土结构工程中，除主控项目外，"钢筋的接头宜设置在受力较小处。同一纵向受力钢筋不宜设置两个或两个以上接头。接头末端至钢筋弯起点的距离不应小于钢筋直径的10倍""钢筋应平直、无损伤，表面不得有裂纹、油污、颗粒状或片状老锈""施工缝的位置应在混凝土的浇筑前按设计要求和施工技术方法确定，施工缝的处理应按施工技术方法执行"等都是一般项目。

（10）抽样方案。根据检验项目的特性所确定的抽样数量和方法。

（11）计数检验。通过确定抽样样本中不合格的个体数量，对样本总体质量做出判定的检验方法。

（12）计量检验。以抽样样本的检测数据计算总体均值、特征值或推定值，并以此判断或评估总体质量的检验方法。

（13）错判概率。合格批被判为不合格批的概率，即合格批被拒收的概率，用 α 表示。

（14）漏判概率。不合格批被判为合格批的概率，即不合格批被误收的概率，用 β 表示。

（15）观感质量。通过观察和必要的测试所反映的工程外在质量和功能状态。

（16）返修。对施工质量不符合标准规定的部位采取的整修等措施。

（17）返工。对施工质量不符合标准规定的部位采取的更换、重新制作、重新施工等措施。

4.2.2 施工质量验收的基本规定

《建筑工程施工质量验收统一标准》(GB 50300—2013)中对施工质量验收的基本规定如下:

(1)施工现场应具有健全的质量管理体系、相应的施工技术标准、施工质量检验制度和综合施工质量水平评定考核制度。施工现场质量管理可按本标准附录 A 的要求进行检查记录。

施工现场质量管理检查记录应由施工单位按表 4-1 填写,总监理工程师(建设单位项目负责人)进行检查,并做出检查结论。

表 4-1 施工现场质量管理检查记录

开工日期:

工程名称			施工许可证号		
建设单位			项目负责人		
设计单位			项目负责人		
监理单位			总监理工程师		
施工单位		项目负责人		项目技术负责人	
序号	项目		主要内容		
1	现场质量管理制度				
2	现场质量责任制				
3	主要专业工种操作岗位证书				
4	分包单位管理制度				
5	图纸会审记录				
6	地质勘查资料				
7	施工设计标准				
8	施工组织技术、施工方案编制及审批				
9	物资采购管理制度				
10	施工设施和机械设备管理制度				
11	计量设备配备				
12	检测试验管理制度				
13	工程质量检查验收制度				
14					
自检结果:			检查结论:		
施工单位项目负责人: 年 月 日			总监理工程师: 年 月 日		

(2)未实行监理的建筑工程,建设单位相关人员应履行本标准涉及的监理职责。

(3)建筑工程的施工质量控制应符合下列规定:

①建筑工程采用的主要材料、半成品、成品、建筑构配件、器具和设备应进行进场检验。凡涉及安全、节能、环境保护和主要使用功能的重要材料、产品，应按各专业工程施工规范、验收规范和设计文件等规定进行复验，并应经监理工程师检查认可。

②各施工工序应按施工技术标准进行质量控制，每道施工工序完成后，经施工单位自检符合规定后，才能进行下道工序施工。各专业工种之间的相关工序应进行交接检验，并应记录。

③对于监理单位提出检查要求的重要工序，应经监理工程师检查认可，才能进行下道工序施工。

（4）符合下列条件之一时，可按相关专业验收规范的规定适当调整抽样复验、试验数量，调整后的抽样复验、试验方案应由施工单位编制，并报监理单位审核确认。

①同一项目中由相同施工单位施工的多个单位工程，使用同一生产厂家的同品种、同规格、同批次的材料、构配件、设备；

②同一施工单位在现场加工的成品、半成品、构配件用于同一项目中的多个单位工程；

③在同一项目中，针对同一抽样对象已有检验成果可以重复利用。

（5）当专业验收规范对工程中的验收项目未做出相应规定时，应由建设单位组织监理、设计、施工等相关单位制定专项验收要求。涉及安全、节能、环境保护等项目的专项验收要求应由建设单位组织专家论证。

（6）建筑工程施工质量应按下列要求进行验收：

①工程质量验收均应在施工单位自检合格的基础上进行；

②参加工程施工质量验收的各方人员应具备相应的资格；

③检验批的质量应按主控项目和一般项目验收；

④对涉及结构安全、节能、环境保护和主要使用功能的试块、试件及材料，应在进场时或施工中按规定进行见证检验；

⑤隐蔽工程在隐蔽前应由施工单位通知监理单位进行验收，并应形成验收文件，验收合格后方可继续施工；

⑥对涉及结构安全、节能、环境保护和使用功能的重要分部工程应在验收前按规定进行抽样检验；

⑦工程的观感质量应由验收人员现场检查，并应共同确认。

（7）建筑工程施工质量验收合格应符合下列规定：

①符合工程勘察、设计文件的要求；

②符合本标准和相关专业验收规范的规定。

（8）检验批的质量检验，可根据检验项目的特点在下列抽样方案中选取：

①计量、计数的抽样方案；

②一次、二次或多次抽样方案；

③对重要的检验项目，当有简易快速的检验方法时，选用全数检验方案；

④根据生产连续性和生产控制稳定性情况，采用调整型抽样方案；

⑤经实践证明有效的抽样方案。

（9）检验批抽样样本应随机抽取，满足分布均匀、具有代表性的要求，抽样数量不应低于有关专业验收规范及表4-2的规定。

表 4-2　检验批最小抽样数量

检验批的容量	最小抽样数量	检验批的容量	最小抽样数量
2~15	2	151~280	13
16~25	3	281~500	20
26~50	5	501~1 200	32
51~90	6	1 201~3 200	50
91~150	8	3 201~10 000	80

明显不合格的个体可不纳入检验批，但必须进行处理，使其满足有关专业验收规范的规定，对处理的情况应予以记录并重新验收。

（10）计量抽样的错判概率 α 和漏判概率 β 可按下列规定采用：

①主控项目：对应于合格质量水平的 α 和 β 均不宜超过 5%；

②一般项目：对应于合格质量水平的 α 不宜超过 5%，β 不宜超过 10%。

任务 4.3　建筑工程施工质量验收层次的划分

4.3.1　施工质量验收层次划分的目的

建筑工程施工质量验收涉及建筑工程施工过程控制和竣工验收控制，是工程施工质量控制的重要环节，合理划分建筑工程施工质量验收层次是非常必要的，特别是不同专业工程的验收批如何确定，将直接影响到质量验收工作的科学性、经济性、实用性及可操作性。因此，有必要建立统一的工程施工质量验收的层次划分。通过验收批和中间验收层次及最终验收单位的确定，实施对工程质量的过程控制和终端把关，确保工程施工质量达到工程项目决策阶段所确定的质量目标和水平。

4.3.2　施工质量验收划分的层次

随着社会经济的发展和施工技术的进步，现代工程建设呈现出建设规模不断扩大、技术复杂程度高等特点。近年来，出现了大量建筑规模较大的单位工程和具有综合使用功能的综合性建筑物，几万平方米的建筑物比比皆是，十几万甚至几十万平方米以上的建筑物也不少。由于这些工程的建设周期较长，工程建设中可能会出现建设资金不足，部分工程停建、缓建，已建成部分提前投入使用或先将部分提前建成投入使用等情况，加之对规模特别大的工程一次验收也不方便等，因此标准规定，可将此类工程划分为若干个子单位工程进行验收。同时为了更加科学地评价工程质量和验收，考虑到建筑物内部设施越来越多样化，按建筑物的主要部分和专业来划分分部工程已不适合当前的要求。因此，在分部工程中，按相近工作内容和系统划分为若干个分部工程。每个分部工程中包括若干个分项工程。每个分项工程中包含若干个检验批，检验批是工程施工质量验收的最小单位。

建筑工程施工质量验收应划分为单位工程、分部工程、分项工程和检验批。

4.3.3 单位工程的划分

单位工程应按下列原则划分：

（1）具备独立施工条件并能形成独立使用功能的建筑物或构筑物为一个单位工程。

该原则是基本原则，对一般建筑工程均适用。按此规定，具备独立施工条件并能形成独立使用功能的建筑物如一栋办公楼、教学楼、住宅楼、商店和影剧院等，构筑物如某城市的广播电视塔、烟囱、水池等。

（2）对于规模较大的单位工程，可将其能形成独立使用功能的部分划分为一个子单位工程。

子单位工程的划分一般可根据工程的建筑设计分区、使用功能的显著差异、结构缝的设置等实际情况，在施工前由建设、监理、施工单位自行商定，并据此收集、整理施工技术资料和验收。

例如，一栋宾馆由主楼和裙房两部分组成，主楼为客房，裙房为餐厅、舞厅、会议室等，主楼和裙房都具备相对独立的使用功能。主楼为旅客住宿，裙房为公共服务。考虑到可能分批验收，充分发挥基本建设投资效益的需要，可以将两者视为整个宾馆单位工程的子单位工程。在该单位工程中，当主楼或裙房单独完成时，可以子单位工程竣工验收并办理备案手续。当各子单位工程验收完毕时，整个单位工程验收也就结束。

显然，子单位工程是为规模较大工程需部分提前使用或停建、缓建而设立的，子单位工程的划分需在施工前由建设单位、施工单位根据上述原则协商确定。

4.3.4 分部工程的划分

分部工程应按下列原则划分：

（1）可按专业性质、工程部位确定。例如，建筑工程划分为地基和基础、主体结构、建筑装饰装修、屋面、建筑给水排水及供暖、通风与空调、建筑电气、智能建筑、建筑节能、电梯等十个分部工程。

（2）当分部工程较大或较复杂时，可按材料种类、施工特点、施工程序、专业系统及类别将分部工程划分为若干子分部工程。例如，智能建筑分部工程中就包含了火灾及报警消防联动系统，安全防范系统，综合布线系统，智能化集成系统，电源与接地、环境、住宅智能化系统等子分部工程。

4.3.5 分项工程的划分

分项工程应按主要工种、材料、施工工艺、设备类别等进行划分。例如，混凝土结构工程中按主要工种分为模板工程、钢筋工程、混凝土工程等分项工程，按施工工艺又分为预应力现浇结构、装配式结构等分项工程。

建筑工程分部工程、分项工程的具体划分见《建筑工程施工质量验收统一标准》（GB 50300—2013）。

4.3.6　检验批的划分

分项工程可由一个或若干个检验批组成,检验批可根据施工、质量控制和专业验收的需要,按工程量、楼层、施工段、变形缝进行划分。

检验批不是工程组成的基本单位,仅是为了质量控制与验收的需要,人为地对较大的分项工程的进一步划分。建筑工程的地基基础分部工程中的分项工程一般划分为一个检验批;有地下层的基础工程可按不同地下层划分检验批;屋面分部工程中的分项工程不同楼层屋面可划分为不同的检验批;单层建筑工程中的分项工程可按变形缝等划分检验批,多层及高层建筑工程中主体分部的分项工程可按楼层或施工段来划分检验批;其他分部工程中的分项工程一般按楼层划分检验批;对于工程量较少的分项工程可统一划分为一个检验批。安装工程一般按一个设计系统或组别划分为一个检验批。室外工程统一划分为一个检验批。散水、台阶、明沟等包含在地面检验批中。

分项工程划分为检验批后,其验收重点就后移了。分项工程的验收实际上就成为检验批的验收。因为检验批执行的是其所属分项工程的验收标准,当分项工程的所有检验批验收结束,分项工程的验收也就完成了,剩下的仅是检验批质量的统计汇总。当然,不划分检验批的分项工程,其验收直接执行分项工程验收标准。

4.3.7　室外建筑工程的划分

室外建筑工程一般与室内工程不同步,多在室内工程基本结束时进行施工,所以工程质量验收需要单独进行,其工程划分自成体系。

根据室外工程的类别和工程规模划分为室外设施和附属建筑及室外环境两个单位工程。室外建筑工程划分见表4-3。

表4-3　室外建筑工程划分

子单位工程	分部工程	分项工程
室外设施	道路	路基、基层、面层、广场与停车场、人行道、人行地道、挡土墙、附属构筑物
	边坡	土石方、挡土墙、支护
附属建筑及室外环境	附属建筑	车棚、围墙、大门、挡土墙
	室外环境	建筑小品、亭台、水景、连廊、花坛、场坪绿化、景观桥

任务 4.4　建筑工程施工质量验收

4.4.1　检验批的质量验收

4.4.1.1　检验批合格质量规定

(1)主控项目的质量经抽样检验均应合格。

（2）一般项目的质量经抽样检验合格。当采用计数抽样时,合格点率应符合有关专业验收规范的规定,且不得存在严重缺陷。

（3）具有完整的施工操作依据、质量验收记录。

从上面的规定可以看出,检验批的质量验收包括了质量资料检查、主控项目和一般项目的检验两方面的内容。

4.4.1.2　检验批按规定验收

1. 质量资料检查

质量控制资料反映了检验批从原材料到验收的各施工工序的施工操作依据、检查情况以及保证质量所必需的管理制度等。对其完整性的检查,及时对过程控制的确认,这是检验批合格的前提,所检查的资料主要包括:

（1）图纸会审、设计变更、洽商记录。

（2）建筑材料、成品、半成品、建筑构配件、器具和设备的质量证明书及进场检验报告。

（3）工程测量、放线记录。

（4）按专业质量验收规范规定的抽样检验报告。

（5）隐蔽工程检查记录。

（6）施工过程记录和施工过程检查记录。

（7）新材料、新工艺的施工记录。

（8）质量管理资料和施工单位操作依据等。

2. 主控项目和一般项目的检验

为确保工程质量,使检验批的质量符合安全和实用功能的基本要求,各专业质量验收规范对各检验批的主控项目和一般项目的子项合格质量都给予明确规定。例如,砖砌体工程检验批质量验收时主控项目包括砂浆强度等级、斜槎留置、直槎拉结钢筋及接槎处理、砂浆饱满度、轴线位移、每层垂直度等内容;而一般项目包括组砌方法、水平灰缝厚度、顶楼表高、表面平整度、门窗洞口高宽、窗口偏移、水平灰缝的平直度及清水墙游丁走缝等内容。

检验批的合格质量主要取决于对主控项目和一般项目的检验结果。主控项目是对检验批的基本质量起决定性影响的检验项目,因此必须全部符合有关专业工程验收规范的规定。这意味着主控项目不允许有不符合要求的检验结果,即这种项目的检查具有否决权。鉴于主控项目对基本质量的决定性影响,从严要求是必须的。例如,混凝土结构工程中混凝土分项工程的配合比设计,其主控项目要求:混凝土应按《普通混凝土配合比设计规程》(JGJ 55—2011)的有关规定,根据混凝土强度等级、耐久性和工作性等要求进行配合比设计。对有特殊要求的混凝土,其配合比设计尚应符合国家现行标准的专门规定。其检验方法是检查配合比设计资料,而其一般项目则可按专业规范的要求处理。例如,首次使用的混凝土配合比应进行开盘鉴定,其工作性应满足设计配合比的要求。开始生产时应至少留置一组标准养护试件,作为验证配合比的依据,并通过检查开盘鉴定资料和试件强度试验报告进行检验。混凝土拌制前,应测定砂石、含水量,并根据测试结果调整材料用量,提出施工配合比,通过检查含水量测试结果和施工配合比通知单的方法进行检查,每工作班检查一次。

3.检验批的质量验收记录

检验批的质量验收记录由施工项目专业质量检查员记录,监理工程师组织项目专业质量检查员等进行验收,并按表4-4记录。

表4-4 检验批质量验收记录

_____检验批质量验收记录   编号:_____

单位(子单位)工程名称		分部(子分部)工程名称		分项工程名称	
施工单位		项目负责人		检验批容量	
分包单位		分包单位项目负责人		检验批部位	
施工依据			验收依据		

验收项目		设计要求及规范规定	最小/实际抽样数量	检查记录	检查结果
主控项目	1				
	2				
	3				
	4				
	5				
	6				
	7				
	8				
	9				
	10				
一般项目	1				
	2				
	3				
	4				
	5				

施工单位检查结果	专业工长: 项目专业质量检查员: 年 月 日
监理单位验收结论	专业监理工程师: 年 月 日

4.4.2 分项工程质量验收

分项工程质量验收在检验批的基础上进行。一般情况下，两者具有相同或相近的性质，只是批量的大小不同。因此，将有关的检验批汇集构成分项工程。分项工程质量合格的条件比较简单，只要构成分项工程的各检验批的验收资料文件完整，并且均已验收合格，则分项工程质量验收合格。

4.4.2.1　分项工程质量验收合格的规定

（1）所含检验批的质量均应验收合格；

（2）所含检验批的质量验收记录应完整。

4.4.2.2　分项工程质量验收记录

分项工程质量应由监理工程师组织项目专业技术负责人等进行验收，并按表4-5记录。

表4-5　分项工程质量验收记录

分项工程质量验收记录　　　　　　编号：_____

单位(子单位)工程名称		分部(子分部)工程名称			
分项工程数量		检验批数量			
施工单位		项目负责人		项目技术负责人	
分包单位		分包单位项目负责人		分包内容	

序号	检验批名称	检验批容量	部位/区段	施工单位检查结果	监理单位验收结论
1					
2					
3					
4					
5					
6					
7					
8					
9					
10					
11					

续表4-5

序号	检验批名称	检验批容量	部位/区段	施工单位检查结果	监理单位验收结论
12					
13					
14					
15					

说明：

施工单位检查结果	项目专业技术负责人： 年 月 日
监理单位验收结论	专业监理工程师： 年 月 日

4.4.3 分部(子分部)工程质量验收

4.4.3.1 分部工程质量验收合格的规定

（1）所含分项工程的质量均应验收合格；

（2）质量控制资料应完整；

（3）有关安全、节能、环境保护和主要使用功能的抽样检验结果应符合相应规定；

（4）观感质量应符合要求。

分部工程质量验收在其所含各分项工程验收的基础上进行。首先，分部工程的各分项工程必须已验收且相应的质量控制资料文件必须完整，这是分部工程验收的基本条件。此外，由于各分项工程的执行不尽相同，因此作为分部工程不能把各分项工程简单地组合而加以验收，尚需增加以下两类检查。

（1）有关安全、节能、环境保护和主要使用功能的分部工程，应进行有关见证取样、送样试验或抽样检测。例如，建筑物垂直度、标高、全高测量记录，建筑物沉降观测测量记录，给水排水管道通水试验记录，暖气管道、散热器压力测试记录，照明动力全负荷试验记录等。

（2）关于观感质量验收，这类检查往往难以定量，只能以观察、触摸或简单量测的方式进行，并由各人的主观印象判断，检查结果并不给出"合格"或"不合格"的结论，而是综合给出质量评价，评价结论为"好"、"一般"和"差"三种。对于"差"的检查结果，应通过返修处理等进行补救。

4.4.3.2 分部工程质量验收记录

分部工程质量应由总监理工程师组织施工项目经理和有关勘察、设计单位项目负责人进行验收，并按表4-6记录。

表4-6 分部工程质量验收记录

_____分部工程质量验收记录　　　　　编号：_____

单位（子单位）工程名称		子分部工程数量		分项工程数量	
施工单位		项目负责人		技术（质量）负责人	
分包单位		分包单位负责人		分包内容	

序号	子分部工程名称	分项工程名称	检验批数量	施工单位检查结果	监理单位验收结论
1					
2					
3					
4					
5					
6					
	质量控制资料				
	安全和功能检验结果				
	观感质量检验结果				
综合验收结论					

施工单位	勘察单位	设计单位	监理单位
项目负责人：	项目负责人：	项目负责人：	总监理工程师：
年　月　日	年　月　日	年　月　日	年　月　日

注：1. 地基与基础分部工程的验收应由施工、勘察、设计单位项目负责人和总监理工程师参加并签字。

　　2. 主体结构、节能分部工程的验收应由施工、设计单位项目负责人和总监理工程师参加并签字。

4.4.4　单位(子单位)工程质量验收

4.4.4.1　单位工程质量验收合格的规定

(1)所含分部工程的质量均应验收合格;

(2)质量控制资料应完整;

(3)所含分部工程中有关安全、节能、环境保护和主要使用功能的检验资料应完整;

(4)主要使用功能的抽查结果应符合相关专业验收规范的规定;

(5)观感质量应符合要求。

单位工程质量验收也称质量竣工验收,是建筑工程投入使用前的最后一次验收,也是最重要的一次验收。验收合格的条件有五个,除构成单位工程的各分部工程应该合格,并且有相关的资料文件应完整外,还应进行以下三方面的检查。

涉及安全、节能、环境保护和主要使用功能的分部工程应进行检验资料的复查。不仅是全面检查其完整性,而且对分部工程验收时补充进行的见证抽样检验报告也要复核。这种强化验收的手段体现了对安全和主要使用功能的重视。

此外,对主要使用功能还需进行抽查。使用功能的检查是对建筑工程和设备安装工程最终质量的综合检查,也是用户最为关心的内容。因此,在分项、分部工程验收合格的基础上,竣工验收时再做全面检查。抽查项目是在检查资料文件的基础上由参与验收的各方人员商定,并用计量、计数的抽样方法确定检查部位。检查要求按有关专业工程施工质量验收标准的要求进行。

最后,应由参加验收的各方人员共同进行观感质量检查。检查的方法、内容、结论等标准应在分部工程的相应部分阐述,最后共同确定是否通过验收。

4.4.4.2　单位工程质量竣工验收记录

表 4-7 为单位工程质量竣工验收记录。

表 4-7 的验收记录由施工单位填写,验收结论由监理单位填写。综合验收结论由参与验收各方共同商定,建设单位填写,应对工程质量是否符合设计和规范要求及总体质量水平做出评价。

表 4-8 为单位工程质量控制资料核查记录。

表 4-9 为单位工程安全和功能检验资料核查及主要功能抽查记录。

表 4-10 为单位工程观感质量检查记录。

表 4-7　单位工程质量竣工验收记录

工程名称		结构类型		层数/建筑面积	
施工单位		技术负责人		开工日期	
项目负责人		项目技术负责人		竣工日期	

序号	项目	验收记录	验收结论
1	分部工程验收	共　　分部,经查符合设计及标准规定　　分部	
2	质量控制资料核查	共　　项,经核查符合规定　　项	
3	安全和使用功能核查及抽查结果	共核查　　项,符合规定　　项,共抽查　　项,符合规定　　项,经返工处理符合规定　　项	
4	观感质量验收	共抽查　　项,达到"好"和"一般"的　　项,经返修处理符合要求的　　项	
综合验收结论			

参加验收单位	建设单位	监理单位	施工单位	设计单位	勘察单位
	(公章) 项目负责人: 　年　月　日	(公章) 总监理工程师: 　年　月　日	(公章) 项目负责人: 　年　月　日	(公章) 项目负责人: 　年　月　日	(公章) 项目负责人: 　年　月　日

表 4-8　单位工程质量控制资料核查记录

工程名称			施工单位					
序号	项目	资料名称	份数	施工单位		监理单位		
				核查意见	核查人	核查意见	核查人	
1	建筑与结构	图纸会审记录、设计变更通知单、工程洽商记录						
2		工程定位测量、放线记录						
3		原材料出厂合格证书及进场检验、试验报告						
4		施工试验报告及见证检测报告						
5		隐蔽工程验收记录						
6		施工记录						
7		地基、基础、主体结构检验及抽样检测资料						
8		分项、分部工程质量验收记录						
9		工程质量事故调查处理资料						
10		新技术论证、备案及施工记录						
11								
1	给水排水与供暖	图纸会审记录、设计变更通知单、工程洽商记录						
2		原材料出厂合格证书及进场检验、试验报告						
3		管道、设备强度试验、严密性试验记录						
4		隐蔽工程验收记录						
5		系统清洗、灌水、通水、通球试验记录						
6		施工记录						
7		分项、分部工程质量验收记录						
8		新技术论证、备案及施工记录						
9								

续表 4-8

工程名称				施工单位				
序号	项目	资料名称	份数	施工单位		监理单位	
				核查意见	核查人	核查意见	核查人
1	通风与空调	图纸会审记录、设计变更通知单、工程洽商记录					
2		原材料出厂合格证书及进场检验、试验报告					
3		制冷、空调、水管道强度试验、严密性试验记录					
4		隐蔽工程验收记录					
5		制冷设备运行调试记录					
6		通风、空调系统调试记录					
7		施工记录					
8		分项、分部工程质量验收记录					
9		新技术论证、备案及施工记录					
10							
1	建筑电气	图纸会审记录、设计变更通知单、工程洽商记录					
2		原材料出厂合格证书及进场检验、试验报告					
3		设备调试记录					
4		接地、绝缘电阻测试记录					
5		隐蔽工程验收记录					
6		施工记录					
7		分项、分部工程质量验收记录					
8		新技术论证、备案及施工记录					
9							
1	建筑智能化	图纸会审记录、设计变更通知单、工程洽商记录					
2		原材料出厂合格证书及进场检验、试验报告					
3		隐蔽工程验收记录					
4		施工记录					
5		系统功能测定及设备调试记录					
6		系统技术、操作和维护手册					
7		系统管理、操作人员培训记录					
8		系统检测报告					
9		分项、分部工程质量验收记录					
10		新技术论证、备案及施工记录					
11							

续表 4-8

工程名称				施工单位				
序号	项目	资料名称	份数	施工单位		监理单位		
				核查意见	核查人	核查意见	核查人	
1	建筑节能	图纸会审记录、设计变更通知单、工程洽商记录						
2		原材料出厂合格证书及进场检验、试验报告						
3		隐蔽工程验收记录						
4		施工记录						
5		外墙、外窗节能检验报告						
6		设备系统节能检测报告						
7		分项、分部工程质量验收记录						
8		新技术论证、备案及施工记录						
9								
1	电梯	图纸会审记录、设计变更通知单、工程洽商记录						
2		设备出厂合格证书及开箱检验记录						
3		隐蔽工程验收记录						
4		施工记录						
5		接地、绝缘电阻试验记录						
6		负荷试验、安全装置检查记录						
7		分项、分部工程质量验收记录						
8		新技术论证、备案及施工记录						
9								

结论：

施工单位项目负责人：

　　　　　　年　月　日

总监理工程师：

　　　　　　年　月　日

表4-9　单位工程安全和功能检验资料核查及主要功能抽查记录

工程名称				施工单位			
序号	项目	安全和功能检查项目		份数	核查意见	抽查结果	核查（抽查）人
1	建筑与结构	地基承载力检验报告					
2		桩基承载力检验报告					
3		混凝土强度试验报告					
4		砂浆强度试验报告					
5		主体结构尺寸、位置抽查记录					
6		建筑物垂直度、标高、全高测量记录					
7		屋面淋水或蓄水试验记录					
8		地下室渗漏水检测记录					
9		有防水要求的地面蓄水试验记录					
10		抽气(风)道检查记录					
11		外窗气密性、水密性、耐风压检测报告					
12		幕墙气密性、水密性、耐风压检测报告					
13		建筑物沉降观测测量记录					
14		节能、保温测试记录					
15		室内环境检测报告					
16		土壤氧气浓度检测报告					
17							
1	给排水与供暖	给水管道通水试验记录					
2		暖气管道、散热器压力试验记录					
3		卫生器具满水试验记录					
4		清防管道、燃气管道压力试验记录					
5		排水干管通球试验记录					
6							
1	通风与空调	通风、空调系统试运行记录					
2		风量、温度测试记录					
3		空气能量回收装置测试记录					
4		洁净室洁净度测试记录					
5		制冷机组试运行调试记录					
6							
1	电气	照明全负荷试验记录					
2		大型灯具牢固性试验记录					
3		避雷接地电阻测试记录					
4		线路、插座、开关接地检验记录					
5							

续表 4-9

工程名称				施工单位			
序号	项目	安全和功能检查项目	份数	核查意见	抽查结果	核查（抽查）人
1	智能建筑	系统试运行记录				
2		系统电源及接地检测报告				
3						
1	建筑节能	外墙节能构造检查记录或热工性能检验报告				
2		设备系统节能性能检查记录				
3						
1	电梯	运行记录				
2		安全装置检测报告				
3						

结论：

施工单位项目负责人：　　　　　　　　　　　　总监理工程师：

　　　　　　　年　月　日　　　　　　　　　　　　　　　年　月　日

注：抽查项目由验收组协商确定。

表 4-10 单位工程观感质量检查记录

工程名称			施工单位		
序号		项目	抽查质量状况	质量评价
1	建筑与结构	主体结构外观	共检查　点,好　点,一般　点,差　点	
2		室外墙面	共检查　点,好　点,一般　点,差　点	
3		变形缝、雨水管	共检查　点,好　点,一般　点,差　点	
4		屋面	共检查　点,好　点,一般　点,差　点	
5		室内墙面	共检查　点,好　点,一般　点,差　点	
6		室内顶棚	共检查　点,好　点,一般　点,差　点	
7		室内地面	共检查　点,好　点,一般　点,差　点	
8		楼梯、踏步、护栏	共检查　点,好　点,一般　点,差　点	
9		门窗	共检查　点,好　点,一般　点,差　点	
10		雨罩、台阶、坡道、散水	共检查　点,好　点,一般　点,差　点	

续表 4-10

工程名称			施工单位			
序号		项目	抽查质量状况			质量评价
1	给排水与供暖	管道接口、坡度、支架	共检查　点,好　点,一般　点,差　点			
2		卫生器具、支架、阀门	共检查　点,好　点,一般　点,差　点			
3		检查口、扫除口、地漏	共检查　点,好　点,一般　点,差　点			
4		散热器、支架	共检查　点,好　点,一般　点,差　点			
1	通风与空调	风管、支架	共检查　点,好　点,一般　点,差　点			
2		风口、风阀	共检查　点,好　点,一般　点,差　点			
3		风机、空调设备	共检查　点,好　点,一般　点,差　点			
4		阀门、支架	共检查　点,好　点,一般　点,差　点			
5		水泵、冷却塔	共检查　点,好　点,一般　点,差　点			
6		绝热	共检查　点,好　点,一般　点,差　点			
1	建筑电气	配电箱、盘、板、接线盒	共检查　点,好　点,一般　点,差　点			
2		设备器具、开关、插座	共检查　点,好　点,一般　点,差　点			
3		防雷、接地、防火	共检查　点,好　点,一般　点,差　点			
1	智能建筑	机房设备安装及布局	共检查　点,好　点,一般　点,差　点			
2		现场设备安装	共检查　点,好　点,一般　点,差　点			
1	电梯	运行、平层、开关门	共检查　点,好　点,一般　点,差　点			
2		层门、信号系统	共检查　点,好　点,一般　点,差　点			
3		机房	共检查　点,好　点,一般　点,差　点			
		观感质量综合评价				

结论：

施工单位项目负责人：　　　　　　　　　　　　总监理工程师：

　　　　　　　年　月　日　　　　　　　　　　　　　　　　　年　月　日

注：1. 质量评价为差的项目,应进行返修;

　　2. 观感质量现场检查原始记录应作为本表附件。

4.4.5　工程施工质量不符合要求时的处理

一般情况下,不合格现象在检验批的验收时就应发现并及时处理,所有质量隐患必须尽快消灭在萌芽状态,否则将影响后续检验批和相关的分项工程、分部工程的验收。但非正常情况可按下述规定进行处理:

(1)经返工或返修的检验批,应重新进行验收。这种情况是指当主控项目不能满足验收规范规定或一般项目超过偏差限制的子项不符合检验规定的要求时,应及时进行处理的检验批。其中,严重的缺陷应推倒重来;一般的缺陷通过返工或返修予以解决,应允许施工单位在采取相应的措施后重新验收。若能够符合相应的专业工程质量验收规范,则应认为该检验批合格。

(2)经有资质的检测机构检测鉴定能够达到设计要求的检验批,应予以验收。这种情况是指个别检验批发现试块强度不满足要求等问题,难以确定是否验收时,应请具有资质的法定检测单位检测,当鉴定结果能够达到设计要求时,该检验批应允许通过验收。

(3)经有资质的检测机构检测鉴定达不到设计要求,但经原设计单位核算认可能够满足安全和使用功能的检验批,可予以验收。

这种情况是指一般情况下,规范标准给出了满足安全和功能的最低限度要求,而设计往往在此基础上留有一些余地。不满足设计要求但符合相应规范标准的要求,两者并不矛盾。

(4)经返修或加固处理的分项、分部工程,满足安全及使用功能要求时,可按技术处理方案和协商文件的要求予以验收。

这种情况是指更为严重缺陷或范围超过检验批的更大范围内的缺陷可能影响结构的安全性和使用功能。若经法定检测单位检测鉴定以后认为达不到规范标准的相应要求,即不能满足最低限度的安全储备和使用功能,则必须按一定的技术方法进行加固处理,使之能保证其满足安全使用的基本要求。这样会造成一些永久性的缺陷,如改变结构的外形尺寸、影响一些次要的使用功能等。为了避免社会财富更大的损失,在不影响安全和主要使用功能条件下可按处理技术方法和协商文件进行验收,但不能作为轻视质量而回避责任的一种出路,这是应该特别注意的。

(5)工程质量控制资料应齐全完整,当部分资料缺失时,应委托有资质的检测机构按有关标准进行相应的实体检验或抽样试验。

(6)经返修或加固处理仍不能满足安全或重要使用功能的分部工程及单位工程,严禁验收。

任务 4.5　建筑工程施工质量验收的程序和组织

4.5.1　检验批及分项工程的验收过程与组织

检验批应由专业监理工程师组织施工单位项目专业质量检查员、专业工长等进行验收;分项工程应由专业监理工程师组织施工单位项目专业技术负责人等进行验收。

检验批和分项工程是建筑工程施工质量的基础,因此所有检验批和分项工程均应由监理工程师或建设单位项目技术负责人组织验收。验收前,施工单位先填好"检验批和分项工程的验收记录"(有关监理记录和结论不填),并由项目专业质量检验员和项目专业技术负责人分别在检验批和分项工程质量检验记录相关栏目中签字,然后由监理工程师组织,严格按规定程序进行验收。

4.5.2 分部工程的验收程序与组织

分部工程应由总监理工程师组织施工单位项目负责人和项目技术负责人等进行验收。

勘察、设计单位项目负责人和施工单位技术、质量部门负责人应参加地基与基础分部工程的验收。

设计单位项目负责人和施工单位技术、质量部门负责人应参加主体结构、节能分部工程的验收。

4.5.3 单位工程的验收程序与组织

4.5.3.1 竣工预验收

单位工程完工后,施工单位应组织有关人员进行自检。总监理工程师应组织各专业监理工程师对工程质量进行竣工预验收。存在施工质量问题时,应由施工单位整改。整改完毕后,由施工单位向建设单位提交工程竣工报告,申请工程竣工验收。

4.5.3.2 正式验收

建设单位收到工程竣工报告后,应由建设单位项目负责人组织监理、施工、设计、勘察等单位项目负责人进行单位工程验收。单位工程中的分包工程完工后,分包单位应对所承包的工程项目进行自检,并应按规定的程序进行验收。验收时,总包单位应派人参加。分包单位应将所分包工程的质量控制资料整理完整,并移交给总包单位。

建设工程竣工验收应当具备下列条件:

(1)完成建设工程设计和合同约定的各项内容。

(2)有完整的技术档案和施工管理资料。

(3)有工程使用的主要建筑材料、建筑构配件和设备的进场试验报告。

(4)有勘察、设计、施工、工程监理等单位分别签署的质量合格文件。

(5)有施工单位签署的工程保修书。

在一个单位工程中,对满足生产要求或具备使用条件,施工单位已预验,监理工程师已初验通过的子单位工程,建设单位可组织进行验收。由几个施工单位负责施工的单位工程,当其中的施工单位所负责的子单位工程已按设计完成,并经自行检验,也可组织正式验收,办理交工手续。在整个单位工程进行全部验收时,已验收的子单位工程验收资料应作为单位工程验收的附件。

在竣工验收时,对某些剩余工程和缺陷工程,在不影响交付的前提下,经建设单位、设计单位、施工单位和监理单位协商,施工单位应在竣工验收后的限定时间内完成。

参加验收各方对工程质量验收意见不一致时,可请当地建设行政主管部门或工程质

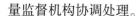

量监督机构协调处理。

4.5.4 单位工程竣工验收备案

单位工程质量验收合格后,建设单位应在规定时间内将工程竣工验收报告和有关文件报建设行政管理部门备案。

凡在中华人民共和国内新建、扩建、改建各类房屋建筑工程和市政基础设施工程的竣工验收,均应按有关规定进行备案。

国务院建设行政主管部门和有关专业部门负责全国工程竣工验收的监督管理工作。县级以上地方人民政府建设行政主管部门负责本行政区域内工程的竣工验收备案管理工作。

任务 4.6 建筑工程质量事故的处理

建筑工程质量的处理严格执行"三不放过"原则,严肃处理工程质量事故,即发生质量事故的原因不查清不放过,引发事故原因责任单位的责任人不查清不放过,责任人不处理不放过。

4.6.1 建筑工程质量事故的特点和分类

4.6.1.1 建筑工程质量事故的特点

建筑工程质量事故具有复杂性、严重性、可变性和多发性的特点。

1. 复杂性

建设生产与一般工业相比具有产品固定,生产流动;产品多样,结构类型不一;露天作业多,自然条件复杂多变;材料品种、规格多,材料性能各异;多工种、多专业交叉施工,相互干扰大;工艺要求不同,施工方法各异,技术标准不一等特点。因此,影响工程质量的因素繁多,造成质量事故的原因错综复杂,即使是同一类质量事故,而原因却可能多种多样。例如,就钢筋混凝土楼板开裂质量事故而言,其产生的原因就可能是:设计计算有误,结构构成不良,地基不均匀沉陷,或温度应力、地震力、膨胀力、冻胀力不良等,也可能是施工质量低劣、偷工减料或质量不良等。所以,使得对质量事故进行分析,判断其性质、原因及发展,确定处理方法与措施等都增加了复杂性及困难。

2. 严重性

工程项目一旦出现质量事故,其影响较大。轻者影响施工顺利进行、拖延工期、增加工程费用;重者则会留下隐患成为危险的建筑,影响使用功能或不能使用,更严重的还会引起建筑失稳、倒塌,造成人民生命、财产的巨大损失。例如,1995 年韩国汉城三峰百货大楼出现倒塌事故,死亡达 500 余人,在国内外造成很大的影响,甚至导致国内人心恐慌,韩国国际形象下降;1999 年我国重庆市綦江县彩虹大桥突然整体垮塌,造成 40 人死亡,14 人受伤,直接经济损失 631 万元,在国内一度成为人们关注的热点,引起社会对建设工程质量整体水平的怀疑,构成社会不安定因素。所以,对于建设工程质量问题和质量事故均不能掉以轻心,必须予以高度重视。

3. 可变性

许多工程的质量问题出现后,其质量状态并非稳定于发现的初始状态,而是有可能随着时间不断地发展、变化。例如,桥墩的超量沉降可能随上部荷载不断增大而继续发展;混凝土结构出现的裂缝可能随环境温度的变化而变化,或随荷载的变化及负担荷载的时间而变化等。因此,有些在初始阶段并不严重的质量问题,如不能及时处理和纠正,有可能发展成一般质量事故,一般质量事故有可能发展成为严重或重大质量事故。例如,开始时微细的裂缝有可能发展导致结构裂缝或者倒塌事故;土坝的涓涓渗漏有可能发展为溃坝。所以,在分析、处理工程质量问题时,一定要注意问题的可变性,应及时采取可靠的措施,防止其进一步恶化而发生质量事故;或加强观测与试验,取得数据,预测未来发展的趋势。

4. 多发性

建筑工程中的质量事故多发性有两层意思:一是有些质量事故像"常见病""多发病"一样经常发生,而成为质量通病,如混凝土、砂浆强度不足,预制构件裂缝、现浇板开裂、路面不平裂缝等;二是有些同类型质量事故一再重复发生,如悬挑梁板断裂、雨篷坍覆、钢屋架失稳、屋面和地下室渗漏等。多发性工程质量事故是我们预防和分析处理的重点。因此,总结经验,吸取教训,采取有效措施予以预防是十分必要的。

4.6.1.2 建筑工程质量事故的分类

建筑工程质量事故的分类方法有多种,既可以按损失的严重程度划分,又可按产生的原因划分,也可按其造成的后果或事故责任划分。各部门、专业工程,甚至各地区在不同时期界定和划分质量事故的标准尺度也不一样。国家现行标准对工程质量通常采用按造成人员伤亡或者直接经济损失进行分类,其基本分类如下。

1. 一般质量事故

一般质量事故指造成3人以下死亡,或者10人以下重伤,或者100万元以上1 000万元以下直接经济损失的事故。

2. 较大质量事故

较大质量事故指造成3人以上10人以下死亡,或者10人以上50人以下重伤,或者1 000万元以上5 000万元以下直接经济损失的事故。

3. 重大质量事故

重大质量事故指造成10人以上30人以下死亡,或者50人以上100人以下重伤,或者5 000万元以上1亿元以下直接经济损失的事故。

4. 特别重大事故

凡具备国务院发布的《特别重大事故调查程序暂行规定》所列发生一次死亡30人及其以上,或者100人以上重伤,或直接经济损失达1亿元及其以上,或其他性质特别严重,上述三个影响之一均属特别重大事故。

4.6.2 建筑工程质量事故处理的依据和程序

4.6.2.1 工程质量事故处理的依据

进行工程质量事故处理的主要依据有四个方面:质量事故的实况资料;具有法律效力

的,得到有关当事各方认可的工程承包合同、设计委托合同、材料或设备购销合同以及监理合同或分包合同等合同文件;有关的技术文件、档案;相关的建设法规。

在这四个方面依据中,前三个方面是与特定的工程项目密切相关的具有特定性质的依据。第四个法规性依据,是具有很高权威性、约束性、通用性和普遍性的依据,因而它在工程质量事故处理事务中,也具有极其重要的、不容置疑的作用。现将这四个方面依据详述如下。

1. 质量事故的实况资料

要搞清质量事故的原因和确定处理对策,首要的是要掌握质量事故的实际情况。有关质量事故的资料主要来自以下几个方面:

(1)施工单位的质量事故调查报告。

质量事故发生后,施工单位有责任就所发生的质量事故进行周密的调查、研究,掌握情况,并在此基础上写出调查报告,提交监理工程师和业主。在调查报告中首先就与质量事故有关的实际情况做详尽的说明,其内容应包括:

①质量事故发生的时间、地点。

②质量事故状况的描述。例如,发生的事故类型(如混凝土裂缝、砌砖体裂缝),发生的部位(如楼层、梁、柱及其所在的具体位置),分布状态及范围,严重程度(如裂缝长度、宽度、深度等)。

③质量事故发展变化的情况(其范围是否继续扩大,程度是否已经稳定等)。

④有关质量事故的观测记录、事故现场状态的照片或录像。

(2)监理单位调查研究所获得的第一手资料。

其内容大致与施工单位的调查报告中有关内容相似,可用来与施工单位所提供的情况对照、核实。

2. 有关合同及合同文件

(1)所涉及的合同文件可以是:工程承包合同,设计委托合同,设备与器材购销合同,监理合同等。

(2)有关合同和合同文件在处理质量事故中的作用是:确定在施工过程中有关各方是否按照合同有关条款实施其活动,借以探寻产生事故的可能原因。例如,施工单位是否在给定时间内通知监理单位进行隐蔽工程验收;监理单位是否按规定时间实施了检查验收;施工单位在材料进场时,是否按规定或约定进行了检验等。此外,有关合同文件还是界定质量责任的重要依据。

3. 有关的技术文件和档案

(1)有关的设计文件。

有关设计文件如施工图纸和技术说明等,是施工的重要依据。在处理质量事故中,其作用一方面是可以对照设计文件,核查施工质量是否符合设计的规定和要求;另一方面是可以根据所发生的质量事故情况,核查设计中是否存在问题或缺陷。

(2)与施工有关的技术文件、档案和资料。

属于这类文件、档案的有:

①施工组织设计或施工方法、施工计划。

②施工记录、施工日志等。根据它们可以查对发生质量事故的工程施工时的情况，例如，施工时的气温、降雨、风、浪等有关的自然条件，施工人员的情况，施工工艺与操作过程的情况，使用材料的情况，施工场地、工作面、交通情况等。借助这些资料可以追溯和探寻事故的可能原因。

③有关建筑材料的质量证明资料。例如，材料批次、出厂日期、出厂合格证或检验报告、施工单位抽检或试验报告等。

④现场制备材料的质量证明资料。例如，混凝土拌和料的级配、水灰比、坍落度记录，混凝土试块强度试验报告，沥青拌和料配比、出机温度和摊铺温度记录等。

⑤质量事故发生后，对事故状况的观测记录、试验记录或试验报告等，例如，对地基沉降的观测记录，对建筑倾斜或变形的观测记录，对地基钻探的取样记录与试验报告，对混凝土结构钻取试样的记录与试验报告等。

⑥其他有关资料。

4. 相关的建设法规

1998年3月1日《中华人民共和国建筑法》颁布实施，对加强建筑活动的监督管理、维护市场秩序、保证建设工程质量提供了法律保障。这部工程建设和建筑业大法的实施，标志着我国工程建设和建筑业进入了法制管理新时期。通过几年的发展，国家已基本建立起以《中华人民共和国建筑法》为基础与社会主义市场经济体制相适应的工程建设和建筑业法规体系，包括法律、法规、规章及示范文本等。与工程质量及质量事故处理有关的有《中华人民共和国招标投标法》等。

4.6.2.2 工程质量事故处理的程序

监理工程师熟悉各级政府建设行政主管部门处理工程质量事故的基本程序，特别是应把握在质量事故处理过程中如何履行自己的职责。

工程质量事故发生后，监理工程师可按以下程序进行处理，如图4-1所示。

（1）工程质量事故发生后，监理工程师应签发"工程停工令"，并要求停止进行质量缺陷部位和与其有关部位及下道工序施工，应要求施工单位采取必要的措施防止事故扩大并保护好现场。同时，要求质量事故发生单位迅速按类别和等级向相应的主管部门上报，并于24 h内写出书面报告。

质量事故报告应包括以下主要内容：

①事故发生的单位名称，工程（产品）名称、部位、时间、地点；

②事故概况和初步估计的直接损失；

③事故发生原因的初步分析；

④事故发生后采取的措施；

⑤各种相关资料（有条件时）。

各级主管部门处理权限及组成调查组权限如下：特别重大质量事故由国务院按有关程序和规定处理；重大质量事故由国家建设行政主管部门归口管理；严重质量事故由省、自治区、直辖市建设行政主管部门归口管理；一般质量事故由市、县级建设行政主管部门归口管理。

工程质量事故调查组由事故发生地的市、县级以上建设行政主管部门或国务院有关

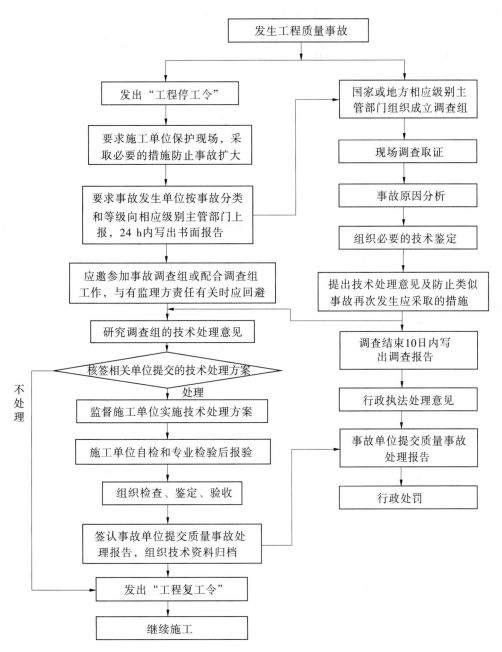

图 4-1　工程质量事故处理的程序

主管部门组织成立。特别重大质量事故调查组的组成由国务院批准;一、二级重大质量事故由省、自治区、直辖市建设行政主管部门提出组成意见,人民政府批准;三、四级重大质量事故由市、县级建设行政主管部门提出组成意见,相应级别人民政府批准;严重质量事故调查组由市、县级建设行政主管部门组织;事故发生单位属国务院部委的,由国务院有关主管部门或其授权部门会同当地建设行政主管部门组织调查组。

　(2)监理工程师在事故调查组展开工作后,应积极协助,客观地提供相应证据,若监理方无责任，监理工程师可应邀参加调查组，参与事故调查；若监理方有责任，则应予以回避，但应配合调查组工作。质量事故调查组的职责是：

①查明事故发生的原因、过程、事故的严重程度和经济损失情况；

②查明事故的性质、责任单位和主要责任人；

③组织技术鉴定；

④明确事故主要责任单位和次要责任单位，承担经济损失的责任划分原则；

⑤提出技术处理意见及防止类似事故再次发生应采取的措施；

⑥提出对事故责任单位和责任人的处理建议；

⑦写出事故调查报告。

（3）当监理工程师接到质量事故调查组提出的技术处理意见后，可组织相关单位研究，并责成相关单位完成技术处理方法，并予以审核签认。质量事故技术处理方法一般应委托原设计单位提出，由其他单位提供的技术处理方法应经原设计单位同意签认。技术处理方法的制订应征求建设单位的意见。技术处理方法必须依据充分，应在质量事故的部位、原因全部查清的基础上，必要时，应委托法定工程质量检测单位进行质量鉴定或请专家论证，以确保技术处理方法可靠、可行，保证结构安全和使用功能。

（4）技术处理方法核签后，监理工程师应要求施工单位制订详细的施工方法，必要时应编制监理实施细则，对工程质量事故技术处理施工质量进行监理，技术处理过程中的关键部位和关键工序应进行旁站，并会同设计、建设等有关单位共同检查认可。

（5）施工单位完工自检后报验结果，组织有关各方进行检查验收，必要时应进行处理结果鉴定。要求事故单位整理编写质量事故处理报告，并审核签认，将有关技术资料归档。

工程质量事故处理报告主要内容如下：

①工程质量事故情况、调查情况、原因分析（选自质量事故调查报告）；

②质量事故处理的依据；

③质量事故技术处理方法；

④实施技术处理施工中有关问题和资料；

⑤对处理结果的检查鉴定和验收；

⑥质量事故处理结论。

（6）签发"工程复工令"，恢复正常施工。

4.6.3　建筑工程质量事故处理的方法与验收

4.6.3.1　工程质量事故处理方法的确定

工程质量事故处理方法是指技术处理方案，其目的是消除质量隐患，以达到建筑物的安全可靠和正常使用各项功能及寿命要求，并保证施工的正常进行。其一般处理原则是：正确确定事故性质，是表面性还是实质性、是结构性还是一般性、是迫切性还是可缓性；正确确定处理范围，除直接发生部位外，还应检查处理事故相邻影响范围的结构部位或构件。其处理基本要求是：安全可靠，不留隐患；满足建筑物的功能和使用要求；技术上可行，经济合理。

　　这就要求监理工程师在审核质量事故处理方法时,以分析事故调查报告中事故原因为基础,结合实地勘查成果,努力掌握事故的性质和变化规律,并应尽量满足建设单位的要求。因同类和同一性质的事故常可以选择不同的处理方法,故在签认时,应审核其是否遵循一般处理原则和要求,尤其应重视工程实际条件,如建筑物实际状态、材料实测性能、各种作用的实际情况等,以确保做出正确判断和选择。

　　尽管对造成质量事故的技术处理方法多种多样,但根据质量事故的情况可归纳为三种类型的处理方法,监理工程师应掌握从中选择最适合的处理方法,方能对相关单位上报的事故技术处理方法做出正确审核结论。

　　1. 工程质量事故处理方法类型

　　1) 修补处理

　　这是最常用的一类处理方法。通常,当工程的某个检验批、分项或分部工程的质量虽未达到规定的规范、标准或设计要求,存在一定缺陷,但通过修补或更换器具、设备后还可达到要求的标准,又不影响使用功能和外观要求,在此情况下,可以进行修补处理。

　　属于修补处理的这类具体方法很多,诸如封闭保护、复位纠偏、结构补强、表面处理等。某些事故造成的结构混凝土表面裂缝,可根据其受力情况,仅做表面封闭保护。某些混凝土结构表面的蜂窝、麻面,经调查分析,可进行剔凿、抹灰等表面处理,一般不会影响其使用和外观。

　　对较严重的质量问题,可能影响结构的安全性和使用功能,必须按一定的技术方法进行加固补强处理,这样往往会造成一些永久性缺陷,如改变结构外形尺寸,影响一些次要的使用功能等。

　　2) 返工处理

　　当工程质量未达到规定的标准和要求,存在的严重质量问题对结构的使用和安全构成重大的影响,且又无法通过修补处理的情况下,可对检验批、分项工程、分部工程甚至整个工程返工处理。例如,某防洪堤坝填筑压实后,其压实土的干密度未达到规定值,经核算将影响土体的稳定且不满足抗渗能力的要求,可挖除不合格土,重新填筑,进行返工处理。又如,某公路桥梁工程预应力按规定张力系数为1.3,实际仅为0.8,属于严重的质量缺陷,也无法修补,只能返工处理。对某些存在严重质量缺陷,且无法采用加固补强等修补处理或修补处理费用比原工程造价还高的工程,应进行整体拆除,全面返工。

　　3) 不做处理

　　某些工程质量问题虽然不符合规定要求和标准构成质量事故,但视其严重情况,经过分析、论证、法定检查单位鉴定和设计等有关单位认可,对工程或结构使用及安全影响不大,也可不做专门处理。通常不用专门处理的情况有以下几种:

　　不影响结构安全和正常使用。例如,有的工业建筑物出现放线定位偏差,且严重超过规定标准的规定,若纠正会造成重大经济损失,若经过分析、论证其偏差不影响生产工艺和正常使用,在外观也无明显影响,可不做处理。又如,某些隐蔽部位结构混凝土表面裂缝,经检查分析,属于表面养护不够的干缩微缝,不影响使用及外观,也可以不做处理。

　　有些质量问题,经过后续工序可以弥补。例如,混凝土墙表面轻微麻面,可通过后续的抹灰、喷涂或刷白等工序弥补,亦可不做专门处理。

经法定检测单位鉴定合格。例如,某检验批混凝土试块强度值不满足规范要求,强度不足,在法定检测单位对混凝土实体采用非破损检验等方法测定其实际强度已达规范允许和设计要求值时,可不做处理。对未达到要求值,但相差不多,经分析论证,只要使用前经再次检测达到设计强度,也可以不做处理,但应严格控制施工荷载。

出现的质量问题,经检测鉴定达不到设计要求,但经原设计单位核算,仍能满足结构安全和使用功能。例如,某一结构构件尺寸不足,或材料强度不足,影响结构承载力,但经按实际检测所得截面尺寸和材料强度复核验算,仍能满足设计的承载力,可不进行专门处理。这是因为一般情况下,规范标准给出了满足安全和功能的最低限度要求,而设计往往在此基础上留有一定余量,这种处理方式实际上是挖掘了设计潜力或降低了设计的安全系数。

监理工程师应牢记,不论哪种情况,特别是不做处理的质量问题,均要备好必要的书面文件,对技术处理方法、不做处理结论和各方协调文件等有关档案资料认真组织签认。对责任方应承担的经济责任和合同约定的罚则应正确判定。

2. 选择最适用的工程质量事故处理方法的辅助方法

选择工程质量处理方法是复杂而重要的工作,它直接关系到工程的质量、费用和工期。处理方法选择不合理,不仅劳民伤财,严重的还会留有隐患、危及人身安全,特别是对需要返工或不做处理的方法,更应慎重对待。

下面给出一些可采用的选择工程质量事故处理方法的辅助决策方法。

(1)试验验证。对某些有严重质量缺陷的项目,可采用合同常规试验以外的试验方法进一步进行试验,以便确定缺陷的严重程度。例如,混凝土构件的试件强度低于要求的标准不太大(如10%以下)时,可进行加载试验,以证明其是否满足使用要求。又如,公路工程的沥青面层厚度误差超过了规范允许的范围,可采用弯沉试验检查路面的整体强度等。监理工程师可根据对试验验证结果的分析、论证,再研究选择最佳的处理方法。

(2)定期观测。有些工程在发现其质量缺陷时其状态可能尚未达到稳定仍会继续发展,在这种情况下一般不宜过早做出决定,可以对其进行一段时间的观测,然后根据情况做出决定。属于这类的质量问题如桥墩或其他工程的基础在施工期间发生沉降超过预计的或规定的标准;混凝土表面发生裂缝,并处于发展状态等。有些有缺陷的工程,短期内其影响可能不十分明显,需要长时间的观测才能得出结论。对此,监理工程师应与建设单位及施工单位协商,是否可以留待责任期解决或采用修改合同延长责任期的办法。

(3)专家论证。对于某些工程质量问题,可能涉及的技术领域比较广泛,或问题很复杂,有时仅根据合同规定难以决策,这时可提请专家论证。而采用这种办法时,应事先做好充分准备,尽早为专家提供尽可能详尽的情况和资料,以便使专家能够进行较充分的、全面和细致的分析及研究,提出切实的意见与建议。实践证明,采用这种方法,对于监理工程师正确选择重大工程质量缺陷的处理方法十分有益。

(4)方案比较。这是比较常用的一种方法。同类型和同性质的事故可先涉及多种方法,然后结合当地的资源情况、施工条件等逐项给出权重,做出对比,从而选择具有较高处理效果又便于施工的处理方法。例如,结构构件承载力达不到设计要求,可采用改变结构构造来减小结构内力、结构卸荷或结构补强等不同处理方法,将其每一方法按经济、工期、效果等指标列项并分配相应权重值,进行对比,辅助决策。

4.6.3.2　工程质量事故处理的鉴定验收

工程质量事故的技术处理是否达到了预期目的并消除了工程质量不合格和工程质量问题,是否仍留有隐患,监理工程师应通过组织检查和必要的鉴定,进行验收并予以最终确认。

1. 检查验收

工程质量事故处理完后,监理工程师在施工单位自检合格报验的基础上,应严格按施工验收标准及有关规范的规定进行,结合监理人员的旁站、巡视和平行检验结果,依据质量事故技术处理方法设计要求,通过实际量测,检查各种资料数据进行验收,并应办理交工验收文件,组织各有关单位会签。

2. 必要的鉴定

为确保工程质量事故的处理效果,凡涉及结构承载力等使用安全和其他重要性能的处理工作,常需做必要的试验和检验鉴定工作。质量事故处理施工过程中建筑材料及构配件资料严重缺乏,或对检查验收结果各参与单位有争议时,常见的检验工作有:混凝土钻芯取样,用于检查密实性和裂缝修补效果,或检测实际强度;结构荷载试验,确定其实际承载力;超声波检测焊接或结构内部质量;池、罐、箱柜工程的渗漏检验等。检测鉴定必须委托政府批准的有资质的法定检测单位进行。

3. 验收结论

对所有质量事故无论是经过技术处理,通过检查鉴定验收后,还是不需专门处理的,均应有明确的书面结论。若对后续工程施工有特定要求,或对建筑物使用有一定限制条件,应在结论中提出。

验收结论通常有以下几种:

(1)事故已排除,可以继续施工。

(2)隐患已消除,结构安全有保证。

(3)经修补处理后,完全能够满足使用要求。

(4)基本上满足使用要求,但使用时应有附加限制条件,如限制荷载等。

(5)对耐久性的结论。

(6)对建筑物外观影响的结论。

(7)对短期内难以做出结论的,可提出进一步观测检测意见。

对于处理后符合《建筑工程施工质量验收统一标准》(GB 50300—2013)规定的,监理工程师应予以验收、确认,并应注明责任方主要承担的经济责任。对经加固补强或返工处理仍不能满足安全使用要求的分部工程、单位(子单位)工程,应拒绝验收。

4.6.4　建筑工程质量事故处理的资料

4.6.4.1　质量事故处理所需的资料

处理工程质量事故,必须分析原因,做出正确的处理决策,这就要以充分的、准确的有关资料作为决策的基础和依据。一般质量事故处理必须具备以下资料:

(1)与工程质量事故有关的施工图。

（2）与工程施工有关的资料、记录。

（3）事故调查分析报告，一般应包括以下内容：

①质量事故的情况。包括发生质量事故的时间、地点、事故情况，有关的观测记录，事故的发展变化趋势，是否已趋稳定等。

②事故性质。应区分是结构性问题还是一般性问题；是内在的实质性问题还是表面性问题；是否需要及时处理，是否需要采取保护性措施。

③事故原因。阐明造成质量事故的主要原因。

④事故评估。应阐明该质量事故对于建筑物功能、使用要求、结构承载力性能及施工安全有何影响，并应附有实测、验算数据和试验资料。

⑤事故涉及的人员与主要责任人的情况等。

（4）设计单位、施工单位、监理单位和建设单位对事故处理的意见和要求。

4.6.4.2　质量事故处理后的资料

质量事故处理后，应由监理工程师提出事故处理报告，其内容包括：

（1）质量事故调查报告。

（2）质量事故原因分析。

（3）质量事故处理依据。

（4）质量事故处理方案、方法及技术措施。

（5）质量事故处理施工过程的各种原始记录资料。

（6）质量事故检查验收记录。

（7）质量事故结论等。

任务 4.7　建筑工程施工过程的质量控制案例分析

4.7.1　案例一

政府投资在某市修建一个高标准、高质量、供国际高层人员集会活动的国际会议中心。该工程项目位于该市环境幽雅、风景优美的地区。该工程项目已通过招标确定由某承包公司 A 总承包并签订了施工合同，还与监理公司 B 签订了委托监理合同。监理机构在该工程项目实施中遇到了以下几种情况：

（1）该地区地质情况不良，且极为复杂多变，施工可能十分困难，为了保证工程质量，总承包商决定将基础工程施工发包给一个专业基础工程公司 C。

（2）整个工程质量标准要求极高，建设单位要求监理机构严把住所使用的主要材料、设备进场的质量关。

（3）建设单位还要求监理机构对于主要的工程施工，无论是钢筋混凝土主体结构，还是精美的装饰工程，都要求严格把好每一道工序施工质量关，要达到合同规定的高标准和高质量保证率。

（4）建设单位要求必须确保所使用的混凝土拌和料、砂浆材料和钢筋混凝土承重结构及承重焊缝的强度达到质量要求的标准。

（5）在修建沟通该会议中心与该市市区和主干高速公路相衔接的高速公路支线的初期，监理工程师发现发包该路基工程的施工队填筑路基的质量没有达到规定的质量要求。监理工程师指令暂停施工，并要求返工重做。但是，承包方对此拖延，拒不进行返工，并通过有关方面"劝说"监理方同意不进行返工，双方坚持对立，持续很久，影响了工程正常进度。

（6）在进行某层钢筋混凝土楼板浇筑混凝土施工过程中，土建监理工程师得悉该层楼板钢筋施工虽已经过监理工程师检查认可签证，但其中设计预埋的电气暗管却未通知电气监理工程师检查签证。此时混凝土已浇筑了全部工程量的 1/5。

问题：

（1）监理工程师进行施工过程质量控制的手段主要有哪几方面？

（2）针对上述几种情况，你认为监理工程师应当分别运用什么手段以保证质量？请逐项做出回答。

（3）为了确保作业质量，在什么情况下，总监理工程师有权行使质量控制权、下达停工令，及时进行质量控制？

案例分析：

（1）监理工程师进行施工过程质量控制的手段主要有以下五个方面：

①通过审核有关技术文件、报告或报表等手段进行控制；

②通过下达指令文件和一般管理文书的手段进行控制（一般是以通知的方式下达）；

③通过进行现场监督和检查的手段进行控制（包括旁站监督、巡视检查和平等检验）；

④通过规定质量监控工作程序，要求按规定的程序工作和活动；

⑤利用支付控制权的手段进行控制。

（2）针对题示所提出的 6 种情况，监理工程师应采用以下手段进行控制（逐项对应解答）：

①首先通过审核分包商的资质证明文件控制分包商的资质（审核文件、报告的手段）；然后通过审查总包商提交的施工方案（实际为分包商提出的基础施工方案）控制基础施工技术，以保证基础施工质量。

②为保证进场材料、设备的质量，可采取以下手段：

a. 通过审查进场材料、设备的出厂合格证、材质化验单、试验报告等文件、报表、报告进行控制；

b. 通过平行检验方式进行现场监督检查控制。

③通过规定质量监控程序严把每道工序的施工质量关；通过现场巡视及旁站监督严把施工过程关。

④通过旁站监督和见证取样控制混凝土拌和料、砂浆及承重结构质量。

⑤通过下达暂停施工的指令中止不合格填方继续扩大，通过停止支付工程款的手段促使承包方返工。

⑥通过下达暂停施工指令，防止质量问题恶化与扩大；通过下达质量通知单进行调

查、检查，提出处理意见；通过审查与批准处理方案，下达返工或整改的指令，进行质量控制。

（3）在出现下列情况下，总监理工程师有权行使质量控制权、下达停工令，及时进行质量控制：

①施工中出现质量异常，承包方未能扭转异常情况者；

②隐蔽工程未依法检验确认合格，擅自封闭者；

③已发生质量问题迟迟不做处理，或不停工，质量情况可能继续发展；

④未经监理工程师审查同意，擅自变更设计或修改图纸；

⑤未经合法审查或审查不合格的人员进入现场施工；

⑥使用的材料、半成品未经检查认可，或检查认为不合格的进入现场并使用；

⑦擅自使用未经监理方审查认可或资质不合格的分包单位进场施工。

4.7.2　案例二

某高层大型商住楼工程项目，建设单位 A 将其实施阶段的工程监理任务委托给监理公司 B 进行监理，并通过招标决定将施工承包合同授予施工单位 C。在施工准备阶段，由于资金紧缺，建设单位向设计单位提出修改设计方案、降低设计标准，以便降低工程造价和投资的要求。设计单位为此将基础工程及装饰工程设计标准降低，减小了原设计方案的基础厚度。

问题：

（1）通常对于设计变更，监理工程师控制时应该注意哪些问题？

（2）针对上述设计变更情况，监理工程师应如何控制？

案例分析：

（1）通常对于设计变更，监理工程师监控时应注意以下问题：

①不论谁提出的设计变更要求，都必须征得建设单位同意并办理书面变更手续；

②涉及施工图审查内容的设计变更必须报原审查机构审查后再批准实施；

③注意随时掌握国家政策法规的变化及有关规范、规程、标准的变化，并及时将信息通知设计单位与建设单位，避免产生潜在的设计变更及因素；

④加强对设计阶段的质量控制，特别是施工图设计文件的审核；

⑤对设计变更要求进行统筹考虑，确定其必要性及对工期及费用等的影响；

⑥严格控制对设计变更的签批手续，明确责任，减少索赔。

（2）针对上述设计变更，监理工程师应进行以下严格控制：

①应对建设单位提出的变更要求进行统筹考虑，确定其必要性，并将变更对工程工期的影响及安全使用的影响通报建设单位，如必须变更，应采取措施尽量减少对工程的不利影响；

②坚持变更必须符合国家强制性标准，不得违背；

③必须报请原审查机构审查批准后才实施变更。

4.7.3　案例三

某大型商业建筑工程项目,主体建筑物 10 层。在主体工程进行到第二层时,该层的 100 根钢筋混凝土柱已浇筑完成并拆模后,监理人员发现混凝土外观质量不良,表面疏松,怀疑其混凝土强度不够,设计要求混凝土抗压强度达到 C25 等级,于是要求承包商出示有关混凝土质量的检验与试验资料和其他证明材料。承包商向监理单位出示其对 9 根柱施工时混凝土抽样检验和试验结果,表明混凝土抗压强度值(28 d 强度)全部达到或超过 C25 的设计要求,其中最大值达到了 C30(30 MPa)。

问题:

(1)作为监理工程师,应如何判断承包商这批混凝土结构施工质量是否达到了要求?

(2)如果监理方组织复核性检验结果证明该批混凝土全部未达到 C25 的设计要求,其中最小值仅有 10 MPa 即仅达到 C10,应做出什么处理决定?

(3)如果承包商承认他所提交的混凝土检验和试验结果不是按照混凝土检验和试验规程及规定在现场抽取试样进行试验的,而是在试验室内,按照设计提出的最优配合比进行配制和制取试件后进行试验的结果。对于这起质量事故,监理单位应承担什么责任?承包方应承担什么责任?

(4)如果查明发生的混凝土质量事故主要是由于业主提供的水泥质量问题导致混凝土强度不足,而且在业主采购及向承包商提供这批水泥时,均未向监理方咨询和提供有关信息,协助监理方掌握材料质量和信息。虽然监理方与承包商都按规定对业主提供的材料进行了进货抽样检验,并根据检验结果确认其合格而接受。试问在这种情况下,业主及监理单位应当承担什么责任?

案例分析:

(1)作为监理工程师,为了准确判断混凝土的质量是否合格,应当在有承包方在场的情况下组织自身检验力量或聘请有权威性的第三方检测机构,或是承包商在监理方的监督下,对第二层主体结构的钢筋混凝土柱,用钻取混凝土芯的方法钻取试件,再分别进行抗压强度试验,取得混凝土强度的数据进行分析鉴定。

(2)做出全部返工重做的处理决定,以保证主体结构的质量。承包方应承担为此所付出的全部费用。

(3)承包方不按合同标准规范与设计要求进行施工和质量检验与试验,应承担工程质量责任,承担返工处理的一切有关费用和工期损失责任。监理单位未能按照建设部有关规定实行见证取样,认真、严格地对承包方的混凝土施工和检验工作进行监督、控制,使施工单位的施工质量得不到严格的、及时的控制和发现,以致出现严重的质量问题,造成重大经济损失和工期拖延,属于严重失误,监理单位应承担不可推卸的间接责任,并应按合同的约定处以罚金。

(4)业主向承包商提供了质量不合格的水泥,导致出现严重的混凝土质量问题,业主应承担其质量责任,承担质量处理的一切费用并给承包商延长工期。监理单位及施工单位都按规定对水泥等材料质量和施工质量进行了抽样检验和试验,不承担质量责任。

复习思考题

一、单选题

1. 凡工程质量不合格,由此造成直接经济损失在( )元以上的,称之为工程质量事故。

A.5 000   B.8 000   C.9 000   D.10 000

2. 工程质量事故发生后,要求质量事故发生单位迅速按类别和等级向相关的主管部门上报,并在( )内写出书面报告。

A.8 h   B.12 h   C.24 h   D.36 h

3. 在进行质量问题成因分析中,首先要做的工作是( )。

A.收集有关资料   B.现场调查研究

C.进行必要的计算   D.分析、比较可能的因素

4. 工程质量问题处理完毕,由( )编写质量问题处理报告。

A.质量问题责任单位   B.项目监理机构

C.施工单位   D.设计单位

5. 某工程在施工过程中发现第8层楼面板的混凝土出现细微干缩裂缝。造成该质量缺陷的原因是( )。

A.设计不合理   B.施工控制不良

C.外部环境因素影响   D.材料质量不合格

6. 某小高层住宅楼在第16层东部楼面框架梁的混凝土施工时,现场取样制作混凝土试块经检测达不到设计要求。对于这一问题下一步应该( )。

A.立即加固补强   B.返工重做

C.降低使用标准   D.视法定检测单位实体检测结论而定

二、判断题

1. "钢筋应平直、无损伤,表面不得有裂纹、油污、颗粒状或片状老锈"属于主控项目。
( )

2. 工程质量验收均应在施工单位自检合格的基础上进行。   ( )

3. 分项工程质量验收合格的规定:①所含检验批的质量80%验收合格;②所含检验批的质量验收记录应完整。   ( )

4. 单位工程完工后,经施工单位自检,存在施工质量问题时,施工单位整改。整改完后,由总监理工程师向建设单位提交工程竣工报告,申请工程竣工验收。   ( )

5. 当工程质量未达到规定的标准和要求,存在的严重质量问题,对结构的使用和安全构成重大的影响,可以进行修补处理。   ( )

三、多选题

1. 工程质量问题、事故发生的原因主要有( )。

A.违背建设程序和违反法规行为   B.地质勘查失真和设计差错

C.建设单位和监理单位的意见   D.相关的建设法规

E. 相关的设计文件

2. 工程质量事故处理完成后,监理工程师应依据(　　)检查验收。

　　A. 经批准的施工图设计文件　　　　B. 工程质量事故调查报告

　　C. 工程质量事故处理报告　　　　　D. 施工验收标准及有关规范规定

　　E. 质量事故处理方案设计要求

3. 工程质量事故处理完成后,监理工程师在施工单位自检合格报验的基础上,应严格按验收标准及有关规范的规定并结合(　　)进行验收。

　　A. 监理人员的旁站、巡视和平行检验结果

　　B. 质量事故处理方案的要求

　　C. 实际量测结果

　　D. 有关的各种资料数据

　　E. 建设单位意见

4. 工程质量事故通常按造成损失的严重程度可分为(　　)质量事故。

　　A. 一般　　　　　　　B. 中等　　　　　C. 严重

　　D. 重大　　　　　　　E. 特别重大

5. 工程质量事故处理方案类型可分为(　　)。

　　A. 修补处理　　　　　B. 返工处理　　　C. 限制使用

　　D. 观察研究　　　　　E. 不做处理

四、简答题

1. 如何区分工程质量不合格、工程质量问题与质量事故?

2. 常见的工程质量问题发生的原因主要有哪些方面?

3. 简述工程质量事故的特点、分类及其处理的权限范围。

4. 工程质量事故处理的依据是什么?

5. 简述工程质量事故处理的程序。监理工程师在事故处理过程中应如何去做?

6. 质量事故处理可能采用的处理方法有哪几类?它们各适合在什么情况下采用?

7. 当建筑工程质量不符合要求时应如何进行处理?

下篇　建筑工程安全管理

学习项目5　建筑施工安全管理概述

【知识目标】

1. 熟悉安全与安全生产管理的基本概念,安全管理的目标、方针;

2. 熟悉建筑工程安全生产管理的特点、不安全因素及管理措施;

3. 了解建筑工程安全生产管理的常用术语。

【能力目标】

1. 能结合工程实际分析某工程的不安全因素并提出管理措施;

2. 熟悉工程项目安全管理的方针、目标、原则;

3. 了解工程项目安全管理当前存在的问题与对策。

任务5.1　安全与安全管理

5.1.1　安全的基本概念

5.1.1.1　安全

安全即没有危险,不出事故,是指人的身体健康不受伤害,财产不受损伤,保持完整无损的状态。安全可分为人身安全和财产安全两种情形。

5.1.1.2　安全生产

狭义的安全生产,是指生产过程处于避免人身伤害、物的损坏及其他不可接受的损害风险(危险)的状态。不可接受的损害风险(危险)通常是指超出了法律、法规和规章的要求;超出了安全生产的方针、目标和企业的其他要求;超出了人们普遍接受的(通常是隐含的)要求。

广义的安全生产除直接对生产过程的控制外,还应包括劳动保护和职业卫生健康。

安全与否是以相对危险的接受程度来判定的,是一个相对的概念。世界上没有绝对的安全,任何事物都存在不安全的因素,即都具有一定的危险性,当危险降低到人们普遍接受的程度时,就认为是安全的。

5.1.2　安全生产管理

5.1.2.1　安全生产管理的概念

在企业管理系统中,含有多个具有某种特定功能的子系统,安全管理就是其中的一个。这个子系统是由企业中有关部门的相应人员组成的。该子系统的主要目的就是通过管理的手段,实现控制事故、消除隐患、减少损失的目的,使整个企业达到最佳的安全水平,为劳动者创造一个安全舒适的工作环境。因而安全管理即以安全为目的,进行有关决策、计划、组织、指挥、协调和控制方面的活动。

控制事故可以说是安全管理工作的核心,而控制事故最好的方式就是实施事故预防,即通过管理和技术手段的结合,消除事故隐患,控制不安全行为,保障劳动者的安全,这也是"预防为主"的本质所在。

由事故的特性可知,由于受技术水平、经济条件等各方面的限制,有些事故是难以完全避免的。因此,控制事故的第二种方法就是采取应急措施,即通过抢救、疏散、抑制等手段,在事故发生后控制事故的蔓延,把事故的损失降到最低。

也可以说,安全管理就是利用管理的活动,将事故预防、应急措施与保险补偿三种手段有机地结合在一起,以达到保障安全的目的。

5.1.2.2　建筑工程安全生产管理的含义

所谓建筑工程安全生产管理,是指为保证建筑生产安全所进行的计划、组织、指挥、协调和控制等一系列管理活动,目的在于保护职工在生产过程中的安全与健康,保证国家和人民的财产不受到损失,保证建筑生产任务的顺利完成。建筑工程安全生产管理包括:建设行政主管部门对于建筑活动过程中安全生产的行业管理;安全生产行政主管部门对建筑活动过程中安全生产的综合性监督管理;从事建筑活动的主体(包括项目建设单位、建筑施工企业、建筑勘察单位、设计单位和工程监理单位)为保证建筑生产活动的安全生产进行的自我管理等。

任务 5.2　建筑工程施工安全管理的特点及常用术语

5.2.1　建筑工程施工的特点

(1)手工劳动及繁重体力劳动多。建筑业大多数工种至今仍是手工操作,容易使人因疲劳而注意力分散,发生误操作,从而导致事故的发生。

(2)露天作业多。建筑物的露天作业约占整个工作量的70%,受到春、夏、秋、冬不同气候以及阳光、风、雨、冰雪、雷电等自然条件的影响和危害。

(3)高处作业多。按照国家标准《高处作业分级》(GB/T 3608—2008)的划分,建筑施工中有90%以上是高处作业。

(4)立体交叉作业多。建筑产品结构复杂,工期较紧,必须多单位、多工种相互配合,立体交叉施工,如果管理不好、衔接不当、防护不严,就有可能造成相互伤害。

(5)临时员工多。目前在工地第一线作业的工人中,农民工占80%~90%,有的工地高达95%。

以上特点决定了建筑工程的施工是个危险大、突发性强、容易发生伤亡事故的生产过程,因此必须加强施工过程的安全管理,建立健全安全管理体制及机构。

5.2.2 建筑工程施工安全管理的特点

5.2.2.1 流动性

首先是施工队伍的流动性。一个项目做完了,施工队伍就会开赴到另一个工地。施工队伍总是随着项目的流动而流动。其次是人员的流动性。由于建筑企业绝大部分工人是农民工,人员流动性也较大。再次是施工过程的流动性。建筑工程从基础、主体结构到装修各阶段,因分部(分项)工程的不同,施工方法的不同,现场作业环境、状况和不安全因素都在变化中,作业人员经常更换工作环境。建筑工程项目的流动性特点,要求项目的组织管理对安全生产具有高度的适应性和灵活性。

5.2.2.2 复杂性

我国幅员辽阔,地区差异大,地区间发展不平衡,而且建筑企业数量众多,其规模、资金实力、技术水平参差不齐,使得建筑安全生产管理复杂多变。另外,工程建设有建设单位、施工单位、监理单位、勘察设计单位等多个市场主体,管理层次比较多,管理关系相对复杂。

5.2.2.3 密集性

当前,我国建筑行业的工业化程度较低,需要大量人力资源的投入,是典型的劳动密集型行业。由于建筑业所集中的大量农民工很多都没有经过专门的专业技能培训,这就给安全管理工作带来了很大不便。

5.2.3 建筑工程安全生产管理的常用术语

5.2.3.1 三级安全教育

所谓三级教育,就是安全教育中的公司级教育、项目级教育和作业队、班组教育。新员工到公司报道,公司对新员工进行安全教育,这就是公司级教育;项目部要对员工进行安全教育,这就是项目级教育;到作业队、班组里面,还要对大家进行作业队、班组教育。

5.2.3.2 "三违"

"三违"指违章指挥、违章作业、违反劳动纪律。

5.2.3.3 "三宝"

建筑上的"三宝"是指安全帽、安全带、安全网。

5.2.3.4 "三不伤害"

"三不伤害"就是在生产中不伤害自己、不伤害他人、不被别人伤害。

5.2.3.5 "四口"

"四口"指楼梯口、电梯口、通道口、预留洞口。

5.2.3.6 "四不放过"

"四不放过"指事故原因没有查清不放过、事故责任者没有严肃处理不放过、广大职工没有受到教育不放过、防范措施没有落实不放过。

5.2.3.7 "五临边"

"五临边"指深度超过 2 m 的槽、坑、沟的周边,无外脚手架的桥面和桥墩的周边,分层施工的楼梯口的梯段边,井字架、龙门架、外用电梯及脚手架与建筑物的通道和上下跑道、斜边的两侧边,尚未安装护栏或栏板的桥面和栈桥、平台周边。

5.2.3.8 "五大伤害"

"五大伤害"指高处坠落、物体打击、触电、机械伤害和坍塌伤害。

任务 5.3 建筑工程施工的不安全因素及管理措施

5.3.1 建筑施工的不安全因素

5.3.1.1 事故潜在的不安全因素

人的不安全行为和物的不安全状态,是造成绝大部分事故的两个潜在的不安全因素,通常也可称作事故隐患。事故潜在的不安全因素是造成人的伤害、物的损失事故的先决条件,各种人身伤害事故均离不开物与人这两个因素。人身伤害事故就是人与物之间产生的一种意外现象。在人与物两个因素中,人的因素是最根本的,因为物的不安全状态的背后,实质上还是隐含着人的因素。通过分析大量事故的原因可以得知,单纯由于物的不安全状态或者单纯由于人的不安全行为导致的事故情况并不多,事故几乎都是由多种原因交织而形成的,总的来说,是由人的不安全因素和物的不安全状态以及管理的缺陷等多方面原因结合而形成的。

5.3.1.2 人的不安全行为

人的不安全行为,是指影响安全的人的因素,即能够使系统发生故障或发生性能不良事件的因人员自身的不安全因素和违背设计及安全要求的错误行为。人的不安全行为可分为个人的不安全因素和人的不安全行为两个大类。个人的不安全因素,是指人的心理、生理、能力中所具有不能适应工作、作业岗位要求而影响安全的因素;人的不安全行为,通俗地讲,就是指能造成事故的人的失误,即能造成事故的人为错误,是人为地使系统发生故障或发生性能不良事件,是违背设计和操作规程的错误行为。

1. 个人的不安全因素

(1)生理上的不安全因素。生理上的不安全因素包括患有不适合作业岗位要求的疾病,年龄不适应工作作业岗位要求、体能不能适应作业岗位要求的因素,疲劳和醉酒或刚睡过觉,感觉朦胧,视觉、听觉等感觉器官不能适应作业岗位要求的因素等。

(2)心理上的不安全因素。心理上的不安全因素指人在心理上具有影响安全的性格、气质和情绪(如急躁、懒散、粗心等)。

(3)能力上的不安全因素。能力上的不安全因素包括知识技能、应变能力、资格等不适应工作环境和作业岗位要求的因素等。

2. 人的不安全行为

(1)产生不安全行为的主要因素。主要有工作上的原因,以及系统、组织上的原因,思想上责任心的原因等。工作上的原因主要有作业的速度不适当、工作知识不足或工作方法不适当,技能不熟练或经验不充分,工作不当等,但又不听或不注意管理提示。

(2)不安全行为在施工现场的表现包括:不安全装束;物体存放不当;造成安全装置失效;冒险进入危险场所;徒手代替机器操作;有分散注意力的行为;操作失误、忽视安全、忽视警告;对易燃易爆等危险物品处理错误;使用不安全设备;攀爬不安全位置;在起吊物下作业、停留;没有正确使用个人防护用品、用具;在机器运转时进行检查、维修、保养等工作。

5.3.1.3　物的不安全状态

物的不安全状态是指会导致事故发生的物质条件,包括机械设备等物资或环境所存在的不安全因素,通常人们将此称为物的不安全状态或物的不安全条件,也有直接称其为不安全状态。

1. 物的不安全状态的内容

安全防护方面的缺陷;作业方法导致的物的不安全状态;外部的和自然界的不安全状态;作业环境场所的缺陷;保护器具信号、标志和个体防护用品的缺陷;物的放置方法的缺陷;物(包括机器、设备、工具、物资等)本身存在的缺陷。

2. 物的不安全状态的类型

防护等装置缺乏或有防护装置但存在缺陷;设备、设施工具、附件有缺陷;个人防护用品用具缺少或有防护用品但存在缺陷;生产(施工)场地环境不良。

5.3.1.4　管理的缺陷

施工现场不安全因素还存在组织管理上的不安全因素,通常也可称为组织管理上的缺陷,它也是事故潜在的不安全因素,是引起事故的间接原因,共有以下几个方面:①技术上的缺陷;②教育上的缺陷;③管理工作上的缺陷;④生理上的缺陷;⑤心理上的缺陷;⑥学校教育和社会、历史上的原因造成的缺陷等。

所以,建筑工程施工现场安全管理人员应从"人"和"物"两个方面入手,在组织管理等方面加大工作力度,消除任何物的不安全因素以及管理上的缺陷,预防各类安全事故的发生。

5.3.2　安全技术措施

(1)作业人员要经安全教育培训,考核合格才能上岗。

(2)工程施工要按规定设置安全防护设施,作业人员配备劳动保护用品,并正确使用。

(3)机械设备防护装置要齐全有效。

(4)架设电源线、线路及安装电器设备必须符合规定,电器设备全部接地接零。

(5)电动机械和电动手持工具要设漏电保护装置。

(6)脚手架的材料和脚手架搭设必须符合规范、规程要求。

(7)各种缆绳、钢丝绳不得起毛,断股不得超过使用标准。

(8)工地必须设有效安全防护装置或指令安全标志。

(9)起重设备必须有限位装置,维修保养时必须停车。

(10)现场的施工孔口、悬空边缘、结构悬臂等危险地段应有安全标志,夜间要亮灯示警。

5.3.3　安全管理措施

施工现场各类安全事故潜在的不安全因素主要有施工现场人的不安全因素和施工现场物的不安全状态,同时管理的缺陷也是不可忽视的重要因素。要做好施工现场伤亡事故预防,就必须消除人和物的不安全因素、弥补管理的缺陷,实现作业行为和作业条件安全化。为了切实达到预防事故发生和减少事故损失,应采取以下措施:

(1)消除人的不安全行为和物的不安全状态,实现作业行为和作业条件安全化。

①开展安全思想教育和安全规章制度教育;

②进行安全知识岗位培训,提高职工的安全技术素质;

③推广安全标准化管理操作,严格按安全操作规程和程序进行各项作业;

④注意劳逸结合,使作业人员保持充沛的精力,从而避免生产不安全行为;

⑤定期对作业条件(机器、设备、工具、用具、附件、场地、防护、环境等)进行安全评价,以便提前采取安全预防措施,保证符合作业的安全要求。

(2)加强对施工现场的安全管理,消除管理的不安全因素。

导致现场安全事故发生的原因,除人的不安全行为、物的不安全状态因素外,管理的缺陷也是重要的因素。因此,实现安全生产的另一重要保证就是加强安全管理:采取有力措施,加强安全施工管理,保障安全生产;建立健全安全生产责任制;严格执行安全生产各项规章制度;开展三级安全教育、经常性安全教育、岗位培训和安全竞赛活动。通过安全检查、监督和切实落实各项防范措施等安全管理工作,消除事故隐患,搞好伤亡事故预防的基础工作。

任务 5.4　建筑施工安全生产方针和原则

5.4.1　安全生产方针

我国的安全生产方针是:"安全第一,预防为主"。

"安全第一"是指安全生产是一切经济部门和生产企业的头等大事。各企业及主管部门的行政领导、各级工会都要十分重视安全生产,应采取切实可能的措施,保障劳动安全,努力防止事故的发生。当生产任务与安全发生矛盾时,应先解决安全问题,使生产在确保安全的前提下顺利进行。

"预防为主"是指在实现"安全第一"的许多工作中,做好预防工作是最主要的。它要求我们防微杜渐,防患于未然,把事故和职业危害消灭在未发生之前。伤亡事故和职业危害不同于其他,一旦发生,往往很难挽回或者根本无法挽回。

5.4.2　安全生产原则

施工现场的安全管理,主要是组织实施企业安全管理规划、计划、检查和决策,同时是保证生产处于最佳安全状态的根本环节。施工现场安全管理的内容,大体可归纳为安全组织管理、场地与设施管理、行为控制和安全技术管理四个方面,分别对生产中的人、物、环境的行为与状态进行具体的管理与控制。为有效地将生产因素的状态控制好,实施安全管理过程中必须坚持基本管理原则。

5.4.2.1 "管生产必须管安全"原则

安全生产是确保企业提高经济效益和促进生产发展的重要前提,直接关系到职工的切身利益,特别是建筑施工过程中,其本身客观存在着许多潜在的不安全因素,一旦发生事故,不仅会给企业造成直接的经济损失,往往还会有人员伤亡,造成不良的社会影响。不难看出,生产必须安全是建筑施工的客观需要,"管生产必须管安全"是安全生产管理的一项基本原则。

"管生产必须管安全"原则的核心是必须牢固树立"安全第一"的思想。应该把安全生产作为一项重要内容,结合企业的工作实际,消除事故隐患,改善劳动条件,切实做到生产必须安全。

5.4.2.2 "五同时"原则

"五同时"原则是指企业生产组织及领导者在计划、布置、检查、总结、评比生产的同时,计划布置、检查、总结、评比安全工作。把安全生产工作落实到每一个生产管理环节中去。"五同时"原则要求企业在管理生产的同时必须认真贯彻执行国家安全生产方针、法律法规,建立健全各种安全生产规章制度。

5.4.2.3 "谁主管谁负责"原则

"谁主管谁负责"是落实安全生产责任制的一项重要原则。企业的各个部门都必须按照"谁主管谁负责"的原则制定本单位、本部门的安全生产责任制,并严格执行,发生事故同样追究主管人员的责任。

5.4.2.4 "安全生产,人人有责"原则

现代建筑施工安全生产是项综合性工作,领导者的指挥、决策稍有失误,操作者在工作中稍有疏忽,都可能酿成重大事故,所以必须强调"安全生产,人人有责"。在充分调动和发挥专职安全技术人员和安全管理人员骨干作用的同时,要充分调动和发挥全体职工的安全生产积极性。在做思想工作和大力宣传安全生产事关企业和职工切身利益的基础上,通过建立健全各级安全生产责任制、岗位安全技术操作规程等制度,把安全与生产从组织领导上统一起来,提高全员安全生产的意识,以实现"全员、全过程、全方位、全天候"的安全管理和监督。依靠全体职工重视安全生产,提高警惕,互相监督,精心操作,认真检查,发现隐患并及时消除,从而实现安全生产。

5.4.2.5 "全员安全生产教育培训"原则

"全员安全生产教育培训"原则是指对企业全体员工(包括临时工)进行安全生产法律、法规和安全专业知识,以及安全生产技能等方面的教育和培训。全员安全生产教育培训的要求在有关安全生产法规中都有相应的规定。住房和城乡建设部要求建筑施工企业所有人员的安全教育培训每年至少一次。有关重要岗位的安全管理人员(包括企业主要负责人)、操作人员还应参加法定的安全资格培训与考核,考试合格后还必须参加每年的安全生产教育培训。企业应当将安全生产教育培训工作计划纳入本单位年度工作计划和中长期工作计划,确保全员教育培训的落实。

5.4.2.6 "三不伤害"原则

"三不伤害"原则是指教育广大职工做到不伤害自己、不伤害他人、不被他人伤害。企业在开展安全生产教育时,应将"三不伤害"原则告诉企业全体职工,使企业职工个个牢记"三不伤害"原则,使"三不伤害"原则深入人心。

5.4.2.7 "四不放过"原则

"四不放过"原则是指发生安全生产事故后对事故进行处理时,事故原因分析不清不放过;事故责任者和群众没有受到教育不放过;没有防范措施不放过;有关领导和责任者没有受到处罚不放过。这是处理安全生产事故的重要原则。企业应将生产安全隐患看作事故,在隐患处理上也应坚持"四不放过"原则。

5.4.2.8 "动态管理,持续改进"原则

坚持全员(一切与生产有关的人)、全过程(从开工到竣工交付的全部生产过程)、全方位、全天候的全面动态管理。生产活动不断变化,产生新的危险因素,安全管理也要不断适应这些变化,并摸索新规律、总结经验、持续改进,不断提高建设工程施工安全管理水平。

复习思考题

一、单选题

1. 不属于十大安全纪律的是(　　　)

　　A.进入工地必须戴安全帽,高处作业时必须系安全带,严禁穿高跟鞋、拖鞋及赤脚进入工地

　　B.必须按图施工,执行施工验收规范

　　C.严禁擅自离开工作岗位,严禁在工作岗位上睡觉、嬉闹

　　D.严禁酒后进入工地作业

2. 我国的安全生产方针是(　　　)。

　　A.安全第一,预防为主　　　　　　B.安全为主,预防第一

　　C.预防为主,防消结合　　　　　　D.安全为主,防消结合

二、判断题

1. 我国的安全生产方针是:"安全第一,控制为主"。(　　　)

2. "三同时"原则强调建设项目中的劳动安全卫生设施必须符合国家规定的标准,必须与主体工程同时设计、同时施工、同时投入生产和使用。(　　　)

3. "五同时"原则是指企业生产组织及领导者在计划、布置、检查、总结、评比生产的同时,计划布置、检查、总结、评比安全工作。(　　　)

三、多选题

1. 事故几乎都是由多种原因交织而形成的,总的来说,是由(　　　)等多方面原因结合而形成的。

　　A.人的不安全因素　　　　B.物的不安全状态　　　　C.管理的缺陷

　　D.安全防护不规范　　　　E.安全经费不到位

2. 个人的不安全因素包括(　　　)。

A. 生理上的不安全因素　　　　　B. 心理上的不安全因素

C. 能力上的不安全因素　　　　　D. 人的不安全行为

E. 人的不安全状态

3. 物的不安全状态的类型包括(　　　)。

　　A. 防护等装置缺少或有防护装置但存在缺陷

　　B. 设备、设施工具、附件有缺陷

　　C. 个人防护用品用具缺少或有防护用品但存在缺陷

　　D. 生产(施工)场地环境不良

　　E. 施工方法不当

4. 施工现场不安全因素还存在组织管理上的不安全因素,通常也可称为组织管理上的缺陷,包括(　　　)。

　　A. 技术上的缺陷　　　　　　　B. 教育上的缺陷

　　C. 管理工作上的缺陷　　　　　D. 学校教育和社会、历史上的原因造成的缺陷等

　　E. 能力上的不安全因素

5. 安全管理措施包括(　　　)。

　　A. 消除人的不安全行为,实现作业行为安全化

　　B. 加强对施工现场的安全管理,消除管理的不安全因素

　　C. 对塔吊操作顶岗人员做好作业交底

　　D. 对无证电工做好岗前作业交底

　　E. 对无证架子工做好岗前作业交底

6. 施工现场安全管理的内容,大体可归纳为(　　　)四个方面。

　　A. 安全组织管理　　　　　　B. 场地与设施管理　　　　　　　C. 行为控制

　　D. 安全技术管理　　　　　　E. 安全制度管理

7. "三不伤害"原则是指教育广大职工做到(　　　)。

　　A. 不伤害自己　　　　　　B. 不伤害他人　　　　　　C. 不被他人伤害

　　D. 不制造伤害事件　　　　E. 不麻木对待伤害事故

8. 建筑施工安全管理所讲"三违"是指(　　　)

　　A. 违章指挥　　　　　　　B. 违章作业　　　　　　C. 违反劳动纪律

　　D. 违反规范标准　　　　　E. 违反合同规定

四、简答题

1. 什么叫安全?

2. 什么叫安全生产?

3. 简述建筑工程施工的特点。

4. 简述建筑工程施工安全管理的特点。

5. 何为"三宝""四口""五临边"?

6. 简述安全事故处理"四不放过"原则内容。

7. 何为建筑施工"五大伤害"?

8. 十项安全技术措施有哪些内容?

学习项目 6　建筑施工安全管理机制

【知识目标】

　　1.掌握安全生产管理体系与管理机构;

　　2.熟悉建筑施工安全生产法律责任;

　　3.掌握工程各方责任主体安全职责;

　　4.熟悉安全生产教育培训;

　　5.掌握安全生产检查与考核;

　　6.熟悉安全事故处理及应急救援。

【能力目标】

　　1.能结合工程实际建立安全生产管理制度与管理机构;

　　2.能编制工程项目安全管理岗位职责、管理程序;

　　3.能分析某一工程实践有关安全生产的法律、法规的符合性;

　　4.能组织安全生产教育培训;

　　5.能组织安全生产检查;

　　6.能组织安全事故处理及应急救援。

　　搞好安全管理,关键是建立起有效的管理机制。首先,管理机制是以客观规律为依据,以组织结构为基础的。依据经济规律,会形成相应的利益驱动机制;依据社会和心理规律,会形成相应的社会推动机制。管理机制的自动作用,是严格按照一定的客观规律的要求施加于管理对象的。违反客观规律的管理行为,必然受到管理机制的惩罚。其次,管理机制以管理结构为基础和载体。一个组织的管理结构主要包括以下方面:组织功能与目标;组织的基本构成方式;组织结构。再次,管理机制本质上是管理系统的内在联系、功能及运行原理。管理机制主要表现为三大机制:①运行机制,是指组织基本职能的活动方式、系统功能和运行原理。其本身还具有普遍性。②动力机制,是指管理系统动力的产生与运作的机制。例如,管理者通过对员工进行人生观教育,调动员工的积极性。③约束机制,是指对管理系统行为进行限定与修正的功能与机制。约束机制主要包括:权力约束、利益约束、责任约束、社会心理约束。安全管理机制的建立,就是形成施工项目各级人员自我约束、自我激励的安全意识和管理行为,人人敬畏安全,人人自觉遵守,人人自我管理。

任务 6.1　安全生产保证体系与管理网络

6.1.1　安全生产保证体系

　　安全生产保证体系是指建立完善以安全生产责任制为核心的各项现场施工安全生产管理制度;建立以项目经理为中心、专职安全生产管理人员为骨干的施工现场安全生产管理网络;确保施工现场安全生产保障资金落实;建立有效的施工现场安全生产监督体系等互相联系、互相制约的组合体,形成有效管理机制。

6.1.1.1　建立安全生产保证体系

建立安全生产保证体系应结合建筑企业和工程项目施工生产管理现状及特点,并适合标准要求。

在建立安全生产保证体系时应考虑以下因素:

(1)工程项目规模的大小。

(2)工程项目的复杂程度。

(3)工程项目工期的长短。

6.1.1.2　建立安全生产保证体系应形成安全体系文件

安全管理是在安全生产保证体系中运作的,为了使体系成为有形的系统、具有较强的操作性和检查性,要求施工现场的安全生产保证体系形成文件,并加以保持。

文件化的安全生产保证体系是安全体系的具体体现,是安全体系运行的法规性依据,通过对安全活动和方法做出规定,使所有与安全生产有关的活动都能做到有章可循、有据可依。安全体系文件化要求的实质是工作有标准、检查有依据、运行有记录,达到责任明确、岗位落实、管理到位的状态。文件的数量及其内容取决于工作的复杂程度、所用方法的难易程度,以及从事活动的人员所需的技能和培训情况,绝不是越多越好、越细越好。

(1)安全保证计划。

(2)工程项目部所属上级单位制定的各项安全管理制度。

(3)相关的国家、行业、地方的法律、法规、规章和标准。

(4)记录、报表和台账等安全管理资料。

6.1.2　安全生产管理网络

6.1.2.1　负责安全管理的组织或者部门

每一个建筑施工企业,都应当建立以企业法人为第一责任人的安全生产保证系统,都必须建立完善的安全生产管理机构。安全生产管理机构是指建筑施工企业及其在建设工程项目中设置的负责安全生产管理工作的独立职能部门,是建筑企业安全生产的重要组织保证。

(1)国家政府安全生产管理机构的职责主要包括:落实国家有关安全生产的法律、法规和标准,编制并适时更新安全施工管理制度,组织开展全员安全教育培训及安全检查等活动,及时整改各种事故隐患,监督安全生产责任制落实等。

(2)公司级安全生产管理机构:公司法人为第一责任人、分工负责的安全管理机构,应根据施工规模及职工人数,设置专职安全管理机构部门,并配备专职安全员。根据规定,特级企业安全员配备不应少于6人,一级企业不应少于4人,二级企业不应少于3人,劳务企业不应少于2人。公司应建立安全生产领导小组,实行领导小组成员轮流安全生产值班制度,以便随时解决和处理生产中的安全问题。

(3)工程项目部安全生产管理机构:工程项目部是施工一线的管理机构,必须依据工程特点,建立以项目经理为首的安全生产领导小组,小组成员由项目经理、项目技术负责人、专职安全员、施工员及各工种班组的领班组成。工程项目部应根据工程规模大小配备专职安全员;应建立安全生产领导小组,实行领导小组成员轮流安全生产值班制度,以便解决和处理施工生产中的安全问题,并进行巡回安全生产监督检查;应建立每周一次的安全生产例会制度和每日班前安全讲话制度。项目经理应亲自主持定期的安全生产例会,协调安全与生产之间的矛盾,督促检查班前讲话及讲话记录。

项目施工现场必须建立安全生产值班制度。24 h 分班作业时,每班必须要有领导值班和安全管理人在现场,应做到只要有人作业就有领导值班。值班领导应认真做好安全生产值班记录。

(4)生产班组安全生产管理:加强班组安全建设是安全生产管理的基础。每个生产班组都要设置不脱产的兼职安全员,协助班组长搞好班组的安全生产管理。班组要坚持班前和班后岗位安全检查、安全值班日和安全日活动制度,同时要做好班组的安全记录。

6.1.2.2　建筑安全管理机构人员设置

住房和城乡建设部于 2008 年颁布了《建筑施工企业安全生产管理机构设置及专职安全生产管理人员配备办法》,要求在工程项目中设置独立的安全专管部门负责安全生产工作。

公司安全管理机构框图如图 6-1 所示。项目安全管理机构框图如图 6-2 所示。

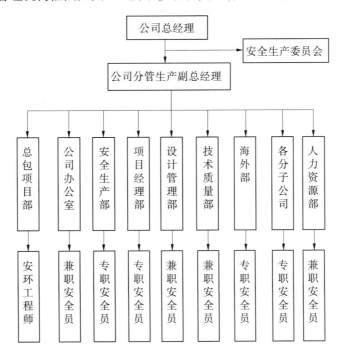

图 6-1　公司安全管理机构框图

项目部专职安全管理人员配备:

(1)建筑工程、装修工程按照建筑面积:

①1 万 m² 及以下工程至少 1 人;

②1 万~5 万 m² 的工程至少 2 人;

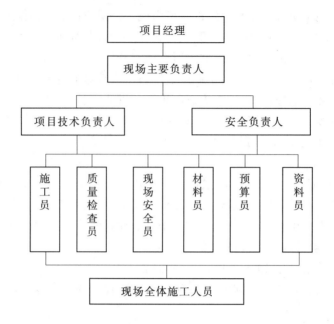

图 6-2 项目安全管理机构框图

③5 万 m² 以上的工程至少 3 人,设安全主管,并按专业设置专职安全员。

(2)土木工程、线路管道、设备按照安装总造价:

①5 000 万元以下工程至少 1 人;

②5 000 万~1 亿元的工程至少 2 人;

③1 亿元以上的工程至少 3 人,设安全主管,并按专业设置专职安全员。

(3)工程项目采用新技术、新工艺、新材料或致害因素多、施工作业难度大的工程,施工现场的专职安全生产管理人员数量应当根据施工实际情况,在规定的标准上增加。

(4)劳务分包企业建设工程项目施工人员 50 人以下的应当设置 1 名专职安全生产管理人员;50~200 人的,应设 2 名专职安全生产管理人员;200 人以上的,应根据所承担的分部分项工程施工危险实际情况增配,并不少于企业总人数的 5‰。

(5)施工作业班组应设兼职安全巡查员,对本班组的作业场所进行安全监督。

6.1.3 建立健全施工现场安全生产管理制度

施工现场安全生产管理制度是安全生产法律法规及企业安全生产管理制度在施工现场的延伸和具体落实的表现。施工现场安全生产应建立完善以安全生产责任制为核心的,包括以下各项现场施工安全生产管理制度的制度体系。

6.1.3.1 施工现场安全生产责任制度

1.基本要求

安全生产责任制是根据"管生产必须管安全""安全工作,人人有责"的原则对企业或项目的所有工作人员和部门制定的相应的安全生产责任制度。搞好安全生产工作的关键在于落实安全生产责任制。

在企业安全生产责任制度下,建立施工现场安全生产责任制度。项目经理为施工现场安全生产第一责任人,代表企业对施工现场进行管理。首先,应根据施工企业安全生产管理的要求落实项目负责人的安全生产责任制;其次,落实代表企业对现场安全生产实施监督管理的专职安全生产管理人员的安全生产责任制,在此基础上全面落实施工现场的各部门、生产班组及所有人员的安全生产责任,实行全员安全生产责任制,做到"横向到边,竖向到底"。在监督施工现场安全生产责任制时应关注各环节是否落实、体系是否能正常运转,防止施工现场安全生产责任制成为停留在"写在纸上、挂在墙上"的形式主义。

要制定和落实与安全管理目标相对应的责任制考核办法,使人的工作行为和结果与经济效益挂钩;同时要搞好安全检查工作。因为只有搞好检查工作,才能督促各级人员和部门落实责任制,搞好本职工作,这是落实考核办法的依据和基础。

2. 项目经理安全职责

项目经理是项目安全生产的第一责任者,负责整个项目的安全生产工作,对所管辖工程项目的安全生产负直接领导责任。项目经理的职责包括:

(1)对合同工程项目施工过程中的安全生产负全面领导责任。

(2)在项目施工生产全过程中,认真贯彻落实安全生产方针政策、法律法规和各项规章制度,结合项目工程特点及施工全过程的情况,制定本项目工程各项安全生产管理办法,或有针对性地提出安全管理要求,并监督其实施,严格执行安全考核指标和安全生产奖惩办法。

(3)在组织项目工程业务承包、聘用业务人员时,必须本着加强安全工作的原则,根据工程特点确定安全工作的管理制度、配备人员,并明确各业务承包人的安全责任和考核指标,支持、指导安全管理人员的工作。

(4)健全和完善用工管理手续,录用外包队必须及时向有关部门申报;严格用工制度与管理,适时组织上岗安全教育,要对外包队人员的健康与安全负责,加强劳动保护工作。

(5)认真落实施工组织设计中的安全技术措施及安全技术管理的各项措施,严格执行安全技术审批制度,组织并监督项目工程施工中的安全技术交底制度和设备、设施验收制度的实施。

(6)领导、组织对施工现场进行定期安全生产检查,若发现施工生产中存在不安全问题,应组织采取相应措施,并及时解决。对上级提出的安全生产与管理方面的问题,要定时、定人、定措施予以解决。

(7)发生事故时,要及时上报,并保护好现场,做好抢救工作,积极配合事故的调查,认真落实纠正,吸取事故教训,做好防范措施。

3. 项目技术负责人安全职责

项目技术负责人对项目工程生产经营中的安全生产负技术责任。项目技术负责人的职责包括:

(1)贯彻落实安全生产方针、政策,严格执行安全技术规程、规范、标准,结合项目工程特点,主持项目工程的安全技术交底。

(2)参加或组织编制施工组织设计;编制、审查施工方案时,要制订、审查安全技术措施,保证其可行性与针对性,并随时检查、监督、落实。

(3)主持制订专项施工方案、技术措施计划和季节性施工方案的同时,制订相应的安全技术措施并监督执行,及时解决执行中出现的问题。

(4)及时组织项目工程应用新材料、新技术、新工艺人员的安全技术培训,认真执行安全技术措施与安全操作规程,预防施工中化学物品引起的火灾、中毒或其新工艺实施中可能造成的事故。

(5)主持安全防护设施和设备的检查验收,发现设备、设施不正常时,应及时采取措施;严格控制不符合标准要求的防护设备、设施投入使用。

(6)参加安全生产检查,对施工中存在的不安全因素,从技术方面给予整改意见和办法,予以消除。

(7)参加、配合工伤及重大未遂事故的调查,从技术上分析事故的原因,提出防范措施。

4. 施工员安全职责

(1)严格执行各项安全生产规章制度,对所管辖单位工程的安全生产负直接领导责任。

(2)认真落实施工组织设计中的安全技术措施,针对生产任务特点,向作业班组进行详细的书面安全技术交底,并履行签认手续,对规程、措施、交底等,要求对其执行情况随时检查,随时纠正违章作业。

(3)随时检查作业范围内的各项防护设施、设备的安全状况,随时消除不安全因素,不违章指挥。

(4)配合项目安全员定期或不定期地组织班组学习安全操作规程,开展安全生产活动,督促、检查工人正确使用个人防护用品。

(5)对分管工程项目应用的新材料、新工艺、新技术严格执行申报和审批制度,发现问题及时停止使用,并报有关部门或领导。

(6)发生工伤事故、未遂事故要立即上报,并保护好现场;参与工伤及其他事故的调查处理。

5. 安全员安全职责

(1)认真贯彻执行劳动保护、安全生产的方针、政策、法令、法规、规范、标准,做好安全生产的宣传教育和管理工作,推广先进经验。对本项目的安全生产负检查、监督的责任。

(2)深入施工现场,负责施工现场生产巡视督察,并做好记录;指导下级安全技术人员工作,掌握安全生产情况,调查研究生产中的不安全问题,提出改进意见和措施,并对执行情况进行监督检查。

(3)协助项目经理组织安全活动和安全检查。

(4)参加审查施工组织设计和安全技术措施计划,并对执行情况进行监督检查。

(5)组织本项目新工人的安全技术培训和考核工作。

(6)制止违章指挥、违章作业,发现现场存在安全隐患时,应及时向企业安全生产管理机构和工程项目经理报告;遇有险情,有权暂停生产,并报告领导处理。

(7)进行工伤事故统计分析和报告,参加工伤事故调查、处理。

(8)负责本项目部的安全生产、文明施工、劳务手续的办理及治安保卫的管理工作。

6. 班组长安全职责

(1)认真执行安全生产规章制度及安全操作规程,合理安排班组人员工作,对本班组人员在生产中的安全及健康负责。

(2)经常组织班组人员学习安全操作规程,监督班组人员正确使用个人劳保用品,不断提高自保能力。

(3)认真落实安全技术交底,做好班前教育工作,不违章指挥、冒险蛮干。

(4)随时检查班组作业现场安全生产状况,发现问题应及时解决,并上报有关领导。

(5)认真做好新工人的岗位教育。

(6)发生工伤及未遂事故时,要保护好现场,并立即上报有关领导。

6.1.3.2　施工现场安全生产资金保障制度

施工现场必须通过建立制度来保障施工现场所需安全生产资金的落实。确认施工现场安全生产资金保障制度是否落实,首先是看施工现场是否有相应的管理文件确认施工现场安全生产资金保障制度,并在文件中将资金保障落实到具体部门和责任人,这样才能确保施工现场安全生产资金的落实;其次是看施工现场的安全生产资金保障制度内容,核查是否能够满足施工现场安全劳动防护、安全教育培训宣传、安全生产技术措施以及安全生产奖励等四个方面的资金需求。

6.1.3.3　施工现场安全生产教育培训制度

施工现场安全生产教育培训是企业安全生产教育培训的重要内容,应在企业安全生产教育培训制度的要求下具体落实施工现场的全员安全生产教育培训,它不仅对施工现场操作工人要进行安全生产教育培训,还应对施工现场所有管理人员包括项目经理、专职安全生产管理人员进行安全生产教育培训。项目经理、专职安全生产管理人员和特殊工种的安全培训应符合有关规定的要求,取得有关合格证书以后还必须参加年度安全生产教育培训。施工现场应针对以上管理要求制定相应的施工现场安全生产教育培训制度,制度中应明确教育培训部门和责任人,有针对性地制订施工现场安全生产教育培训计划。

6.1.3.4　施工现场安全生产检查与评分制度

施工现场安全生产检查与评分制度是企业安全生产检查制度要求的一部分,必须由施工项目部针对施工现场专门制定,而不能以企业安全生产检查来代替施工现场安全生产检查的内容。施工现场安全生产检查与评分制度应包括施工现场日常安全生产检查的管理要求,做到施工现场专职安全生产管理人员每天进行日常安全生产检查,每周、每月、每季度进行安全生产例行检查,危险性较大的专项施工由专人现场监督检查。企业应针对施工现场安全生产检查与评分制度和管理要求进行例行检查和抽查,特别是督促检查企业派驻到施工现场专职安全生产管理人员履行安全监督检查职责的情况,以确保施工现场安全生产检查与评分制度的有效落实。

《建筑施工安全检查标准》(JGJ 59—2011)对安全检查提出了如下要求:

(1)要有定期的检查制度。

(2)安全检查要有记录。

(3)检查出事故隐患要进行整改的,应做到定人、定时间、定措施。

(4)重大事故隐患整改通知书所列之处、所列项目应如期完成。

安全检查后,根据检查结果,按照《建筑施工安全检查标准》(JGJ 59—2011)各检查项目表格进行打分,然后以此来评价建筑施工安全生产情况。

6.1.3.5 安全生产考核奖惩制度

安全生产考核奖惩是指企业的上级主管部门,包括政府主管安全生产的职能部门、企业内部的各级行政领导等,按照国家安全生产的方针政策、法律法规和企业的规章制度的有关规定,对企业内部各级实施安全生产目标控制管理时所下达的安全生产各项指标完成的情况,对企业法人代表及各责任人员执行安全生产考核奖惩的制度。

安全生产考核奖惩制度是建筑行业的一项基本制度。实践表明,只要安全生产的全员意识尚未达到较佳的状态,职工自觉遵守安全法规和制度的良好作风未能完全形成之前,实行严格的考核奖惩制度就是常抓不懈的工作。安全工作不但要责任到人,还要与员工的切身利益联系起来。

6.1.3.6 班前教育(喊话)制度

1. 要建立班前活动制度

班前活动,是安全管理的一个重要环节,是提高工人的安全素质、落实安全技术措施、减少事故发生的有效途径。班前安全活动就是班组长或管理人员在每天上岗前,检查和了解班组的施工环境、设备和工人的防护用品的佩戴情况,总结前一天的施工情况,根据当天施工任务特点和分工情况讲解有关的安全技术措施,同时预知操作中可能出现的不安全因素,提醒大家注意和采取相应的防范措施。

2. 班前安全活动要有记录

每次班前活动均应重点记录活动内容,活动记录应收集为安全管理档案资料,同时加强监督检查和考核。在安全检查中,应按照安全技术措施有关要求,认真对照检查实际施工中是否得到落实,对发生的问题要及时加以整改;要按照有关考核制度,根据落实安全技术措施的情况,及时对有关人员和部门进行奖励或处罚。

6.1.3.7 安全施工方案编审制度

(1)施工组织设计中要有安全技术措施。《建筑工程安全生产管理条例》规定,施工单位应在施工组织设计中编制安全技术措施和施工现场临时用电方案。

(2)施工组织设计必须经审批后才能实施施工。工程技术人员编制的安全专项施工方案,由施工项目技术负责人或施工企业技术部门专业技术人员进行审核,审核合格,报施工企业技术负责人审签后,报项目监理部组织审核,项目总监理工程师签批。无施工组织设计(方案)或施工组织设计(方案)未经审批的,不能开始该项目的施工;未经审批也不得擅自变更施工组织设计(方案)。

(3)对专业性较强的项目,应编制专项施工组织设计(方案)。按规定,对达到一定规模、危险性较大的分部、分项工程,施工前由施工企业专业技术人员编制安全专项施工方案,并附安全验算结果,由施工企业技术部门专业技术人员及专业监理工程师进行审核,审核合格后,由施工企业技术负责人和监理单位的总监理工程师签字,由专职安全生产管理人员监督执行。

对于特别重要的专项施工方案,应组织安全专项施工方案专家组进行论证、审查。

6.1.3.8　安全技术交底制度

安全技术交底制度是安全制度的重要组成部分。为贯彻落实国家安全生产方针、政策、规程、规范、行业标准及企业各种规章制度，及时对安全生产、工人职业健康进行有效预控，提高施工管理与操作人员的安全生产管理与操作技能，努力创造安全生产环境，根据《中华人民共和国安全生产法》《建设工程安全生产管理条例》《建筑施工企业安全检查标准》等有关规定，在进行工程技术交底的同时要进行安全技术交底。

6.1.3.9　"三类人员"考核任职制度

"三类人员"考核任职制度是从源头上加强安全生产监管的有效措施，是强化建筑施工安全生产管理的重要手段。

1."三类人员"考核任职制度的考核对象

"三类人员"考核任职制度的考核对象包括建筑施工企业的主要负责人、项目负责人及专职安全生产管理人员。建筑施工企业主要负责人包括企业法定代表人、经理、企业分管安全生产工作的副经理等。建筑施工企业项目负责人，是指经企业法人授权的项目管理的负责人。建筑施工企业专职安全生产管理人员，是指在企业从事安全生产管理工作的人员，包括企业安全生产管理机构的负责人及其工作人员和施工现场专职安全生产管理人员。

2."三类人员"考核任职制度的主要内容

1) 考核的目的和依据

根据《中华人民共和国安全生产法》、《建设工程安全生产管理条例》和《安全生产许可证条例》等法律法规，实行"三类人员"考核任职制度旨在提高建筑施工企业主要负责人、项目负责人和专职安全生产管理人员的安全生产知识水平和管理能力，保证建筑施工安全生产。

2) 考核范围

在中华人民共和国境内从事建设工程施工活动的建筑施工企业管理人员，必须经建设行政主管部门或者其他有关部门安全生产考核，考核合格取得安全生产考核合格证书后，方可担任相应职务。建筑施工企业管理人员安全生产考核内容包括安全生产知识和管理能力。

6.1.3.10　消防安全责任制度

施工单位应当在施工现场建立消防安全责任制度，确定消防安全责任人，制定用火、用电、使用易燃易爆材料等的各项消防安全管理制度和操作规程，设置消防通道、消防水源，配备消防设施和灭火器材，并在施工现场入口处设置明显标志等。

任务 6.2　工程各方责任主体安全责任

6.2.1　建设单位安全责任

建设单位应当遵守有关安全生产的法律、法规、规章和技术标准的规定，严格执行基本建设程序，按照职责做好并协调各方责任主体的安全生产工作，认真配合安全监督机构进行安全生产监管检查。

（1）建设单位不得对勘察、设计、施工、监理等单位提出不符合工程安全生产法律、法规和强制性标准的要求，不得违法分包，违法肢解发包工程，不得压缩合同约定的合理工期。

（2）按照招标文件和施工合同文件中列支的安全技术、防护设施、劳动保护等用于安全生产的各项费用，不得逾期支付或克扣，对于支付施工单位的款项应保留支付凭证和相关资料备查。

（3）建设单位应向有关的勘察、设计、施工、工程监理等单位提供与建设工程相关的真实、准确、齐全的原始资料，尤其是地下管线、高压电缆、煤气输送管线等资料。对施工活动中可能影响的周边建筑物、构筑物应组织有资质的鉴定单位进行安全鉴定，并制订相应的安全措施。

（4）不得明示或暗示施工单位购买、租赁、使用不符合安全施工要求的安全防护用具、机械设备、施工机具及配件、消防设施和器材。

（5）委托监理合同中应明确安全监理的范围、内容、职责及安全监理专项费用。应将安全监理的委托范围、内容及对工程监理单位的授权，书面告知施工单位。

（6）建设单位在办理安全监督手续时，应当提供危险性较大的分部分项工程清单和安全管理措施；督促施工单位按照《危险性较大的分部分项工程安全管理办法》要求及时组织召开专家论证会；建设单位项目负责人应当参加专家论证会并履行签字手续。

（7）建设单位应当协调组织制订防止多台塔式起重机相互碰撞的安全措施；建设单位接到监理单位关于塔式起重机安装单位、使用单位拒不整改生产安全事故隐患的报告后，应当责令安装单位、使用单位立即停工整改。

（8）接到监理单位发现存在安全隐患、停工整改的报告，应立即要求施工单位整改，施工单位拒不整改的，应及时书面向有关主管部门报告。

（9）建设单位应当监督、检查各参建单位施工现场安全技术资料管理责任制度的落实情况。

（10）建设单位在编制工程概算时，应当确定建设工程安全作业环境及安全施工措施所需费用。

6.2.2 勘察设计单位安全责任

勘察设计单位应按照法律、法规、规章、规定和技术标准进行勘察、设计，按照有关程序完善勘察、设计的资料，认真配合安全监督机构进行安全监督检查。

（1）设计单位应对涉及施工安全的重要部位和环节，如深基坑处理、施工顺序、预留和开凿剪力墙空洞位置等在设计文件中注明，并对防范生产安全事故提出指导意见。

（2）采用新结构、新材料、新工艺的建设工程和特殊结构的建设工程，设计单位应在设计中提出保障施工作业人员安全和预防安全事故的措施建议。

（3）针对施工过程中由于设计原因造成的不安全因素，及时进行设计的修改和完善，满足施工安全作业要求。

（4）勘察单位在进行勘察作业时，应当按照勘察现场实际情况制订可行的勘察作业方案，保证作业安全生产要求。勘察作业队伍必须严格执行操作规程，按照施工项目作业

安全管理程序进行勘察施工,采取有效措施保证各类管线、设施的安全。

(5)勘察单位应当按照法律、法规和工程建设强制性标准进行勘察,提供的勘察文件应当真实、准确,满足建设工程安全生产的需要。

6.2.3　监理单位安全责任

工程监理单位应遵守有关安全监理的法律、法规、规章、规定和技术标准的规定,严格执行安全监理规程。按照职责约定做好安全监理工作,认真配合安全监督机构进行安全生产监督检查。

(1)项目监理机构应根据工程具体情况设置监理人员,所设监理人员与委托监理合同的服务内容、期限、工程环境、工程规模等因素相适应,满足项目安全监理工作的需要。安全监理人员需经安全生产教育培训后方可上岗。

(2)当发现勘察、设计文件有不满足建设工程强制性标准及其他相关规定,或存在较大施工安全风险时,应向建设单位提出。

(3)核查施工总承包单位、专业工程分包单位和劳务分包单位(分包单位)的企业资质和安全生产许可证,检查施工总承包单位与分包单位的安全协议签订情况。

(4)检查施工单位施工现场安全生产保证体系。

(5)监理单位应对施工组织设计中的安全技术措施或专项施工方案是否符合工程建设强制性标准进行审查。施工组织设计中的安全技术措施或专项施工方案未经监理单位审查签字认可施工单位擅自施工的,监理单位应及时下达工程暂停令,并将情况及时书面报告建设单位。

(6)应将危险性较大的分部分项工程、起重机械设备的安全监理等工作列入监理规划和监理实施细则,针对工程特点、周边环境和施工工艺等,制定安全监理工作流程、方法和措施,并应当对专项方案实施情况进行现场监理。

(7)巡视检查施工现场的安全生产设施的搭设情况,对施工单位安全生产设施的验收手续进行核查。

(8)监理单位在监理巡视检查过程中,发现存在安全事故隐患的,应按照有关规定及时下达书面指令要求施工单位进行整改或停止施工;情况严重的,应当要求施工单位暂时停止施工,并及时报告建设单位。

(9)施工单位拒绝按照监理单位的要求进行整改或停止施工的,监理单位应及时将情况向有关部门报告。

(10)监理单位应加强对施工现场的安全防护、文明施工措施费用的控制工作。

(11)做好安全监理的资料并按照有关规定进行归档和保管。

6.2.4　施工单位安全责任

施工单位法定代表人是本单位安全生产第一责任人。施工单位应遵守国家、省、市有关安全生产的法律、法规、规章、规定和技术标准,不得降低安全生产条件,严格执行各种操作规程,应当建立健全安全生产责任制度和各种规章制度,认真配合安全监督机构进行安全生产检查。

（1）施工单位应建立健全"各级安全生产岗位责任制度、各管理部门安全生产管理责任制度和各类安全生产管理制度"，并对其落实的真实性负责。

（2）施工单位安全生产管理机构的设立应符合有关规定，其工作开展的计划、记录、总结等内容要真实、有效；对本企业"三类人员"履行安全职责进行考核、评比，对企业内部开展安全生产检查和事故隐患排查；落实对本企业重大危险源的评定、登记、公示与监控的工作。

（3）施工单位应严格本企业所确定的分包作业队伍安全生产条件的考察、审核和准入程序；分包合同中应当明确各自的安全生产方面的权利、义务。不得以任何形式与从业人员订立协议免除或减轻其对从业人员因生产安全事故伤亡依法承担的责任。

（4）施工单位主要负责人依法对本单位的安全生产工作全面负责。施工单位应当建立健全安全生产责任制度和安全生产教育培训制度，制定安全生产规章制度和操作规程，对所承担的建设工程进行定期和专项安全检查，并做好安全检查记录。要保证本单位安全生产条件所需资金的投入，对于列入建设工程概算的安全作业环境及安全施工措施所需费用，应当说明用于施工安全防护用具及设施的采购和更新、安全施工措施的落实、安全生产条件的改善，不得挪作他用。

（5）施工单位应当在施工现场入口处、施工起重机械、临时用电设施、脚手架、出入通道口、楼梯口、电梯井口、孔洞口、桥梁口、隧道口、基坑边沿、爆破物及有害危险气体和液体存放处等危险部位，设置明显的安全警示标志。安全警示标志必须符合国家标准。

（6）施工单位应当根据不同施工阶段和周围环境及季节、气候的变化，在施工现场采取相应的安全施工措施。施工现场暂时停止施工的，施工单位应当做好现场防护，所需费用由责任方承担，或者按照合同约定执行。

（7）施工单位应当将施工现场的办公、生活区与作业区分开设置，并保持安全距离，办公、生活区的选址应当符合安全性要求。职工的膳食、饮水、休息场所等应当符合卫生标准。

（8）施工单位对安全投入的计划、投入台账、投入管理、核算等应履行合法程序。

（9）施工单位应落实安全生产教育培训计划，并对本企业职工教育的时效性和真实性负责。

（10）施工单位应为施工现场作业人员办理意外伤害保险，并支付保险费。

（11）施工单位应在施工组织设计中编制安全技术措施和施工现场临时用电方案，对下列达到一定规模的危险性较大的分部分项工程编制专项施工方案，并附具安全验算结果，经施工单位相关部门和负责人、总监理工程师签字后实施，由专职安全生产管理人员进行现场的实施监督：

①基坑支护与降水工程；

②土方开挖工程；

③模板工程及支撑系统；

④起重吊装工程及安装拆卸工程；

⑤脚手架工程；

⑥拆除、爆破工程；

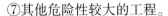

⑦其他危险性较大的工程。

对达到一定规模的深基坑工程、模板工程及支撑体系、起重吊装及安装拆卸工程、脚手架工程、拆除工程、爆破工程等专项施工方案,施工单位应组织专家进行论证、审查。

(12)施工单位应制订本单位生产安全事故应急救援预案,建立应急救援组织或者配备应急救援人员,配备必要的应急救援器材、设备,并定期组织演练。对可能存在的重大危险源应做好辨识,建立重大危险源台账,制订严密的监控措施。

(13)施工单位在使用施工起重机械和整体提升脚手架、模板等自升式架设设施前,应当组织有关企业进行验收,也可以委托具有相应资质的检验检测机构进行验收,使用承租的机械设备和施工机具及配件的,由施工总承包单位、分包单位、出租单位和安装单位共同进行验收。验收合格的方可使用。《特种设备安全监察条例》规定的施工起重机械,在验收前应当经有相应资质的检验机构检验合格。施工企业应当自施工起重机械和整体提升脚手架、模板等自升式架设设施验收合格之日起 30 日内,向建设行政主管部门办理登记和使用登记,登记标志应当置于或者附着于该设备的显著位置。

(14)施工单位接到安全监督机构下达的安全事故隐患整改通知书和停工指令后,必须立即采取措施,并在规定的期限内完成整改工作或者停工。建设工程停工后又复工的,施工企业在复工前,必须采取措施对施工现场的安全设施和机械设备等重新进行检查维修,消除事故隐患。

(15)发生生产安全事故后,按照《生产安全事故报告和调查处理条例》(国务院第493 号令)规定,施工单位应当及时、如实上报,并采取有效措施组织抢救,防止事故扩大。应当妥善保护事故现场,需要移动现场物件时,应当做出标记和书面记录,妥善保管有关物证。

6.2.5　分包单位安全责任

工程分包施工单位负责人是本单位安全生产的第一责任人,对本单位安全生产负全面责任。分包单位应认真执行安全生产的各项法规、标准、制度及安全操作规程,认真执行建设单位、勘察单位和施工单位的安全管理要求,认真配合各级安全监督机构进行安全生产检查。

(1)分包单位应建立健全各级安全生产岗位责任制度和各类安全生产管理制度。对本单位安全员定期进行教育考核。

(2)分包单位应为施工现场作业人员办理意外伤害保险,并支付保险费。严格履行各项劳务用工手续,做到证件齐全。

(3)必须保持本队人员的相对稳定,合理安排组织施工班组人员上岗作业,人员变更须事先向用工单位有关部门申报、批准。

(4)做好本队人员的岗位安全培训、教育工作。新进场人员必须按规定办理各种手续,并经入场和上岗安全生产教育后方准上岗。特种作业持证上岗。监督本队人员遵守劳动、安全纪律。做到不违章指挥,制止违章作业。对本队人员在施工生产中的安全和健康负责。

(5)定期组织开展各项安全生产活动,严格做好安全技术交底。针对当天施工任务、作业环境等情况,做好班前安全教育,施工中发现安全问题及时解决。

（6）定期和不定期组织检查本队施工的作业现场安全生产状况,发现不安全因素及时整改,发现重大事故隐患应立即停止施工。

（7）制订本单位生产安全事故应急救援预案,配备应急救援人员,配备必要的应急救援器材、设备。

（8）分包单位在使用施工起重机械和整体提升脚手架、模板等自升式架设设施前,应当组织有关企业进行验收,也可以委托具有相应资质的检验检测机构进行验收,使用承租的机械设备和施工机具及配件的,由施工总承包单位、分包单位、出租单位和安装单位共同进行验收。验收合格的方可使用。

（9）接到上级下达的安全事故隐患整改通知书和停工指令后,必须立即采取措施,并在规定的期限内完成整改工作或者停工。

（10）发生生产安全事故后,应当及时报告总包单位,并采取有效措施组织抢救,防止事故扩大。

6.2.6 其他有关单位的安全责任

（1）为建设工程提供机械设备和配件的单位,应当按照安全施工的要求配备齐全有效的保险、限位等安全设施和装置。

（2）出租的机械设备和施工机具及配件,应当具有生产（制造）许可证、产品合格证。出租单位应当对出租的机械设备和施工机具及配件的安全性能进行检测,在签订租赁协议时,应当出具检测合格证明。

禁止出租检测不合格的机械设备和施工机具及配件。

（3）在施工现场安装、拆卸施工起重机械和整体提升脚手架、模板等自升式架设设施必须由具有相应资质的单位承担。

安装、拆卸施工起重机械和整体提升脚手架、模板等自升式架设设施,应当编制拆装方案、制订安全施工措施,并由专业技术人员现场监督。

施工起重机械和整体提升脚手架、模板等自升式架设设施安装完毕后,安装单位应当自检,出具自检合格证明,并向施工单位进行安全使用说明,办理验收手续并签字。

（4）施工起重机械和整体提升脚手架、模板等自升式架设设施的使用达到国家规定检验检测期限的,必须经具有专业资质的检验检测机构检测。经检测不合格的,不得继续使用。

（5）检验检测机构对检测合格的施工起重机械和整体提升脚手架、模板等自升式架设设施,应当出具安全合格证明文件,并对检测结果负责。

任务6.3 安全生产教育培训

安全生产教育培训是安全生产管理三大基本措施之一。只有通过安全教育培训才能使安全生产主要负责人及其管理人员、作业人员了解安全生产有关知识,熟悉安全生产管理制度、管理要求及本岗位安全生产管理方式和操作规程,提高安全生产管理能力和防范能力,从而达到安全生产管理的目的。

6.3.1　施工现场安全生产教育培训对象

早在 1997 年 5 月 4 日,建设部就印发了《建筑业企业职工安全培训教育暂行规定》的文件(建教〔1997〕83 号),文件要求:建筑业企业职工每年必须接受一次专门的安全培训。这里的建筑业企业职工是指:

(1)企业法定代表人、项目经理。

(2)企业专职安全管理人员。

(3)企业其他管理人员和技术人员。

(4)企业特殊工种(包括电工、焊工、架子工、司炉工、爆破工、机械操作工、起重工、塔吊司机及指挥人员、人货两用电梯司机等)。

(5)企业其他职工。

(6)企业待岗、转岗、换岗的职工。

(7)企业新进场工人进行实名制基本信息建档管理,内容参见图 6-3。

图 6-3　企业新进场工人实名制基本信息

所以,施工现场安全生产教育培训应是全员安全教育培训,即施工现场所有人员包括项目经理及专职安全生产管理人员都必须每年至少参加一次安全生产教育培训。

纵观生产安全事故可知,所有生产安全事故发生的根本原因是安全生产的意识问题。安全生产意识需要教育培训来提高。尤其是企业负责人、项目负责人和安全生产管理人员,他们的安全生产意识提高了,才能带动其他人员的安全生产意识的提高,才能推动整个企业和施工现场安全生产管理水平的提高。所以,施工现场安全生产教育必须走出只强调对作业人员进行安全生产教育培训的误区,才能扎实开展全员安全生产教育培训工作。

工程监理人员在核查施工单位安全生产教育培训时,不但要看作业人员是否参加了教育培训,还要查项目经理、专职安全生产管理人员及其他人员是否参加了教育培训,督促施工现场开展全员安全生产教育培训。

6.3.2　施工现场安全生产教育培训的内容

《中华人民共和国安全生产法》关于安全生产教育培训的管理规定有:"生产经营单

位的主要负责人和安全生产管理人员必须具备与本单位所从事的生产经营活动相应的安全生产知识和管理能力""危险物品的生产、经营、储存单位以及矿山、金属冶炼、建筑施工、道路运输单位的主要负责人和安全生产管理人员，应当由主管的负有安全生产监督管理职责的部门对其安全生产知识和管理能力考核合格"。

根据培训对象、行业管理、岗位要求及作业工种不同，其安全生产教育培训的内容也不相同，但其目的都是一样的，都是要提高安全生产意识、了解安全生产知识、提高安全生产能力。归纳起来，安全生产教育培训的主要内容有以下4大类：

（1）安全生产的法律法规；

（2）安全生产知识；

（3）安全生产规章制度；

（4）安全生产标准规范及操作规程。

施工现场应根据以上分类确定具体安全生产教育培训的内容。

工程监理人员在检查施工现场安全教育培训内容时要重点审核培训是否具有针对性、是否做到因材施教，督促施工现场实事求是地开展安全生产教育培训，使安全生产教育培训能够真正达到目的。

6.3.3　施工现场安全生产教育培训类型

施工现场开展安全生产教育培训形式多种多样，但归结起来有岗前培训、在岗培训和转岗培训三大类型。安全生产教育培训是我们通常所说的岗位培训的一种特殊形式。岗位培训不同于其他教育培训，岗位培训是从事岗位工作所必需的要求，它与其他教育培训的最大不同点就是它属于本岗位工作内容的范畴，往往需要占据工作时间开展教育培训。为了提高自身的修养与素质或为了选择其他职业而参加的学习虽然是岗位培训的有益补充，但不属于岗位培训范畴。

6.3.3.1　三级安全教育

三级安全教育是指我国企业长期一直采用的企业安全教育培训形式，它们分别是公司级教育、项目经理部级教育和班组教育。其内容如下所述。

1. 公司级教育

对新工人、大中专毕业生在分配到工区（施工队）或工作岗位之前，由公司安全部门进行初步的安全教育。公司级的安全培训教育时间不得少于15学时，主要内容是：

（1）本企业安全生产状况，企业内不安全点的介绍。

（2）国家和地方有关安全生产、劳动保护的方针、政策、法律、法规、规范、标准及规章。

（3）企业及其上级部门印发的安全管理规章制度、文件。

（4）安全生产与劳动保护工作的目的、意义，一般的安全技术知识等。

2. 项目经理部级教育

新工人、大中专毕业生从公司分配到工区（施工队）后，再由工区（施工队）进行安全教育。项目经理部安全培训教育时间不得少于15学时，主要内容是：

（1）建设工程施工生产的特点，施工现场的一般安全管理规定和要求。

(2)施工现场的主要事故类别,常见多发性事故的特点、规律及预防措施、事故教训等。

(3)本工程项目施工的基本情况(工程类型、施工阶段、工艺流程、机械设备、作业特点等),施工中应当注意的安全事项。

3.班组教育

班组教育又称岗位教育,其教育时间不得少于 20 学时,主要内容是:

(1)本工种作业的安全技术操作要求。

(2)本班组施工生产概况,包括本岗位安全生产状况、工作性质、职责、范围等。

(3)本人及本班组在施工过程中所使用及所遇到的各种生产设备、设施、电气设备、机械、工具的性能、作用、操作要求及安全防护要求。

(4)个人使用和保管的各类劳动防护用品的正确穿戴与使用方法,以及其基本原理与主要功能。

(5)岗位工种的安全操作规程,工作点的尘、毒源,危险机件、危险区的控制方法;讲解事故教训,发生伤亡事故或其他事故(如火灾、爆炸、设备及管理事故等)时,应采取的措施(如救助抢险、保护现场、报告事故等)、安全撤退路线等。

现在各施工现场主要开展的是项目经理部级教育,即施工现场教育。公司级教育是对施工现场教育的大力支持,班组教育是对施工现场教育的必要补充和具体化。

6.3.3.2　"三类人员"培训

"三类人员"培训是指建筑施工企业主要负责人、项目负责人及专职安全生产管理人员在经省建设主管部门安全生产考核前的安全生产知识和安全管理能力的培训,因此这种培训是"三类人员"任职前的岗位培训。

6.3.3.3　特种作业人员培训

特种作业人员培训是指特种作业人员在经有关业务主管部门考核合格取得特种作业操作资格证书的职前安全生产知识和安全操作规程的培训。特种指对操作者本人和周围设施的安全有重大危害因素的工种。特种大致包括起重机械作业、金属焊接(气割)作业、电工作业、建筑登高架设作业等。对从事特种作业的人员必须参加培训,培训后经严格的考核合格,由有关业务主管部门颁发特种作业操作资格证书,方准独立上岗操作。

6.3.3.4　进场教育(安全告知)

进场教育(安全告知)是指项目管理部必须保证进入施工现场的所有人员均熟悉和了解本施工现场的安全生产管理要求。这里的所有人员不仅包括施工现场的管理人员、作业人员,还包括与建设工程有关的各方人员。施工现场的管理人员、作业人员的进场教育一般采用进场前的集中教育培训的形式,重点开展安全生产规章制度和落实安全生产责任制的培训教育,其他与建设工程有关的各方人员,可采取安全告知的形式进行,如进场后必须戴好安全帽、行走在安全通道上、听从施工现场安全生产管理人员指挥等安全忠告,必要时可通过在安全告知书上签字确认的形式给予落实。

6.3.3.5　在岗培训

在岗培训是指各类在岗人员生产活动过程中的安全生产教育培训,它既是岗前培训的重要补充,又是落实新技术、新要求的必要手段。岗前培训并不能保证所有经过培训的人员都了解和掌握安全生产知识、具备安全生产能力,必须通过在岗培训再次进行教育,加深了解安全生产知识,不断提高安全生产能力。管理重在创新,在安全生产实践中还不断出现新问题,我们必须通过新的安全生产技术、新的安全生产方法和新的安全生产管理要求加以解决,所以必须通过在岗培训进行贯彻和落实。

在岗培训的形式有以下几种:

(1)三类人员的继续教育。

(2)特种作业人员的再教育。

(3)经常性安全教育。

(4)季节性的教育培训

(5)节假日前后的教育培训

6.3.3.6 转岗(复工)培训

转岗(复工)培训是指经过安全生产教育培训已掌握相应的安全生产知识和具备一定安全生产技能的人员变换工种或长时间离岗又重新上岗的培训。与岗前培训不同的是,他们已基本掌握了安全生产知识,具有一定的安全生产意识,所以在转岗培训中不一定需要进行全面的培训,而是做到缺什么补什么,重点是在新工种的安全生产操作技能的培训。那些离岗3个月以上(包括3个月)的和工伤后上岗前的人员也应进行复工前的教育培训,其目的是要重新唤起复岗人员的安全生产意识、熟悉安全生产操作技能、了解新的安全生产管理要求和规章制度。

工程监理人员在核查施工现场安全生产教育培训开展情况时,重点是检查在岗安全生产教育培训实施情况。"三类人员"、特种作业人员的岗前培训只能通过核查考核合格证书和操作证书来实现。

6.3.4 施工现场安全生产教育培训方法

教育培训是一门学科,它不仅仅限于传统的课堂式教育。教育培训的方法多种多样,各种方法有各自的特点和作用,在应用中应结合实际的知识内容和学习对象,灵活多样。施工现场可以根据不同对象采用不同的方式开展教育培训,如采用讲授法、谈话法、访问法、练习与复习法和宣传娱乐法,也可采用研讨法和读书指导法等。

但无论采用什么方式,都必须因地制宜地开展教育培训,其目的就是要通过各种形式的教育培训来达到安全生产教育培训的目的。占用一定学时的安全生产教育培训必须纳入生产活动中,培训对象在进行安全生产教育培训的同时必须享受正常的工资与福利待遇,其产生的培训费用应由生产单位支付。

6.3.5 施工现场安全生产教育培训绩效

施工现场开展安全生产教育培训的目的是提高管理人员和施工作业人员的安全生产意识及能力。安全生产教育培训组织者不能仅为培训而培训,而应时刻关注安全生产教育培训能达到预期的目的,这就是施工现场安全生产教育培训的绩效管理问题,对此我们必须重视。

首先在制订教育培训计划时,应全面了解培训对象掌握安全生产知识及其能力的情况,明确培训的目的,有的放矢地开展教育培训。施工现场的安全生产教育培训计划应体现循序渐进的原则,分步骤、分阶段地开展,想通过一两次培训就解决所有问题是不可能的。因此,施工现场的安全生产教育培训每次时间不宜太长、内容不宜太多,一次培训能真正解决两三个问题就是非常好的培训效果了。

其次是培训效果的检验。一方面可通过测试题的形式检验培训对象掌握知识和理解的程度;另一方面可通过工作实践进行检验,检查或观察培训对象实际安全生产能力。常用的绩效检验方式是以试卷的形式进行的,也可采用答辩的形式进行。培训效果的检验不但是对培训对象的检验,也是对教学水平的检验,它是安全生产教育培训必不可少的管理程序和有效的管理手段。因此,确定一项科学有效的检验方式非常重要,值得教育培训管理者很好地研究。

工程监理人员可在检查施工现场安全生产教育培训管理时,对有关人员了解和掌握安全生产知识的情况进行必要的测试,以督促施工现场更好地开展安全教育培训工作。

任务6.4　安全生产检查

安全生产检查是落实安全保证计划的重要环节,必须落实施工现场安全生产检查制度,确保施工现场安全生产顺利进行。项目负责人是施工现场安全生产检查的主要领导者和组织者,专职安全生产管理人员是施工现场安全生产检查的主要实施者,必须按照有关规定及标准规范开展施工现场安全生产检查。工程监理人员也必须对施工现场安全生产检查管理要求和方式方法有所了解和掌握,以便能够实施有效的监督管理。

6.4.1　安全生产检查的基本内容

6.4.1.1　安全生产检查的内容

安全生产检查的内容主要是查思想、查制度、查机械设备、查安全设施、查安全教育培训、查操作行为、查劳保用品使用、查伤亡事故的处理等。

6.4.1.2　安全生产检查制度的基本要求

施工现场必须以文件的形式确立安全生产检查制度,确定安全生产检查的组织领导,落实安全生产检查的责任人,对安全生产检查的方式、时间、实施、隐患整改和处置等环节提出要求,其中包括对隐患复查的具体要求,确保隐患能够得到及时有效地消除。安全生产检查必须要有相应的检查记录或安全检查报告以及整改通知单、整改复查验收报告等文件内容的要求。若施工现场涉及分包单位(包括装拆单位、设备材料供应单位),也应对其提出安全生产检查的要求。

项目部的安全生产检查计划不包含企业和上级主管部门等组织的安全生产检查。

6.4.1.3　安全生产检查的方式

(1)企业或项目部定期组织的安全生产检查。

(2)各级管理人员的日常巡回检查、专业安全生产检查。

(3)季节性和节假日、停工后复工前安全生产检查。

(4)班组自我检查、交接检查。

交接检查:上道工序完毕,交给下道工序使用或操作前,应由工地负责人组织工长、安全员、班组长及其他有关人员参加,进行安全生产检查和验收,确认无安全隐患,达到合格要求后,方能交给下道工序使用或操作。表 6-1 是施工现场安全动态管理日检查表。

表 6-1 施工现场安全动态管理日检查表

施工阶段:

工程名称			检查日期		天气情况	
工作内容						
序号	项目	检查内容				存在的主要问题
1	基坑	放坡、护坡、基坑支护、边坡荷载、栏杆、爬梯、斜道				
2	桩基机械、垂直运输机械	基础、卡头、保险绳、就位固定、滑轮、掉点吊绳、保险钩、防坠装置、各安全门、地锚、缆风绳、限位保险、钢丝绳、电箱、卷筒、视觉、防护棚、信号、吊具、防护设施、吊钩保险、附墙装置、指挥、安装、拆卸过程				
3	脚手架	基础、间距、连墙拉接、扫地杆、剪刀撑、水平垂直度、安全网、脚手板(竹笆)、内档防护、防护栏杆、上人斜道				
4	临边、洞口防护	槽(坑)边和屋面、进出料口、楼梯、平台、框架结构四周、电梯井口、预留洞口、通道口、阳台口				
5	模板支撑	立柱稳定、支撑体系、施工荷载、支拆模板、运输道路、作业环境				
6	临时用电	外电防护架、配电房、首末端漏电保护器、电器配置、各种闸具完好、导线、接线、照明、门锁、一机一箱、三相五线、重复接地、线路架空埋地				
7	中小型机械	防护棚、保险限位、接零接地、轮、轴罩、漏电保护器				
8	攀登设施	脚手架、爬梯				
9	电气焊	把线、焊距、二线到位、乙炔瓶、氧气瓶、防护罩、二次侧漏电保护				
10	防护用品使用	安全帽、安全带、防护镜、防滑鞋、口罩、面具				
11	材料堆放	模板、中小构件、钢管、钢筋、水泥、砂、石、易燃易爆物品				
12	消防设施	消防通道、灭火器、桶、警示标志、焊割现场、木工房、仓库				
13	起重吊装	起重机械、钢丝绳与地锚、吊点、司索指挥、地耐力、起重作业、高处作业、作业平台、构件堆放、警戒、操作工				
14	临建设施、文明卫生	安全标志、围挡、大门、主干道、楼层、办公区、生活区、文明卫生状况				
说明	无隐患打√ 有隐患打✕	整改记录:				

施工单位安全员签名:_____　　　　　　监理单位安全员签名:_____

6.4.1.4　安全生产检查的方法

（1）"看"：主要查看管理记录、持证上岗、现场标示、交接验收资料、"三宝"使用情况、"洞口"、"临边"防护情况、设备防护装置等。

（2）"量"：主要是用尺子进行实测实量。例如，脚手架各种杆件间距、塔吊导轨距离、电器开关箱安装高度、在建工程邻近高压线距离等。

（3）"测"：用仪器、仪表实地进行测量。例如，用水平仪测量导轨纵横向倾斜度，用地阻仪遥测地阻等。

（4）"现场操作"：由设备司机对各种限位装置进行实际动作，检验其灵敏度。例如，塔吊的力矩限制器、行走限位、龙门架的超高限位装置、翻斗车制动装置等。总之，能测量的数据或操作试验，不能用目测、步量或"差不多"等来代替，要尽量采用定量方法检查。

6.4.2　安全生产检查的基本要求

（1）各种安全生产检查都应根据检查要求配备足够的资源。应明确检查负责人，选调专业人员，并明确分工、检查内容、标准等要求。

（2）每种安全生产检查都应有明确的检查目的、检查项目、内容及标准。特殊过程、关键部位应重点检查。检查时应尽量采用检测工具，用数据说话。要检查现场管理人员和操作人员是否有违章指挥和违章作业的行为，还应进行应知应会抽查，以便了解管理人员及操作人员的安全素质。

（3）检查记录是安全评价的依据，要做到认真详细、真实可靠，特别是对隐患的检查记录要具体，包括隐患的部位、危险程度及处理意见等。采用安全检查评分表的，应记录每项扣分的原因。

（4）对安全检查记录要用定性和定量的方法，认真进行系统分析，做出安全评价。例如，哪些方面需要进行改进的，哪些问题需要进行整改的，受检部门或班组应根据安全生产检查评价及时制定改进的对策和措施。

（5）整改是安全检查工作的重要组成部分，也是检查结果的归宿，但往往也是被忽略的地方。安全生产检查是否完毕，应根据整改是否到位来决定。不能检查完毕，发一张整改通知书就算了事，而应将整改的执行情况进行跟踪检查并予以落实。

6.4.3　安全生产检查的验收

项目经理部应建立施工安全生产检查验收制度，必须坚持"验收合格才能使用"的原则。施工安全生产检查验收范围如下：

（1）各类脚手架、井子架、龙门架和堆料架。

（2）临时设施及沟槽支撑与支护。

（3）支搭好的水平安全网和立网。

（4）临时电器工程设施。

（5）各种起重机械、路基轨道、施工电梯及中小型机械设备。

（6）安全帽、安全带和护目镜、防护面罩、绝缘手套、绝缘鞋等个人防护用品。

6.4.4　安全生产检查的隐患处理

（1）对检查中发现的隐患应及时进行登记,不仅作为整改的备查依据,而且是提供安全动态分析的重要信息渠道。

（2）对安全检查中查出的隐患,应及时发出"隐患整改通知单"。对凡存在即发性事故危险的隐患,检查人员应责令停工,被查部门和班组应立即进行整改。

（3）对于违章指挥、违章作业、违规操作行为,检查人员应当场指出并立即进行纠正。

（4）被查部门和班组负责人对查出的隐患,应立即研究制订整改方案。按照"三定"(定人、定期限、定措施)限期完成整改。

（5）整改完成,要及时通知有关部门派人员进行复查验证,经复查整改合格后,即可销案。

（6）整改过程必须有记录,并存入安全检查记录中。

6.4.5　《建筑施工安全检查标准》(JGJ 59—2011)安全生产检查评分方法

（1）建筑施工安全检查评定中,保证项目应全数检查。

除高处作业和施工机具外,都设置了保证项目和一般项目;明确规定,保证项目必须全查,即项目和项目中内容全部检查。

①保证项目。检查评定项目中,对施工人员生命、设备设施及环境安全起关键性作用的项目。

②一般项目。检查评定项目中,除保证项目外的其他项目。

（2）建筑施工安全检查评定应符合 JGJ 59—2011 第 3 章中各检查评定项目的有关规定,并应按 JGJ 59—2011 附录 A、B 的评分表进行评分。检查评分表应分为安全管理、文明施工、脚手架、基坑工程、模板支架、高处作业、施工用电、物料提升机与施工升降机、塔式起重机与起重吊装、施工机具分项检查评分表和检查评分汇总表。

（3）各评分表的评分应符合下列规定:

①分项检查评分表和检查评分汇总表的满分分值均应为 100 分,评分表的实得分值应为各检查项目所得分值之和;

②评分应采用扣减分值的方法,扣减分值总和不得超过该检查项目的应得分值;

③当按分项检查评分表评分时,保证项目中有一项未得分或保证项目小计得分不足 40 分,此分项检查评分表不应得分;

④检查评分汇总表中各分项项目实得分值应按下式计算:

$$A_1 = \frac{B \cdot C}{100} \tag{6-1}$$

式中　A_1——检查评分汇总表中各分项项目实得分值;

　　　B——检查评分汇总表中该项应得满分值;

　　　C——该项检查评分表实得分值。

⑤当评分遇有缺项时,分项检查评分表或检查评分汇总表的总得分值应按下式计算:

$$A_2 = \frac{D}{E} \times 100 \tag{6-2}$$

式中 A_2——遇有缺项时总得分值;

D——实查项目在该表的实得分值之和;

E——实查项目在该表的应得满分值之和。

⑥脚手架、物料提升机与施工升降机、塔式起重机与起重吊装项目的实得分值,应为所对应专业的分项检查评分表实得分值的算术平均值。

⑦应按检查评分汇总表的总得分和分项检查评分表的得分,对建筑施工安全检查评定划分为优良、合格、不合格三个等级。

⑧建筑施工安全检查评定的等级划分应符合下列规定:

a. 优良:分项检查评分表无0分,检查评分汇总表得分值应在80分及以上。

b. 合格:分项检查评分表无0分,检查评分汇总表得分值应在80分以下,70分及以上。

c. 不合格:当汇总表得分值不足70分时;当有一分项检查评分表得零0时。

⑨当建筑施工安全检查评定的等级为不合格时,必须限期整改达到合格。

总的来说,对于建筑施工企业,要保证项目生产的安全,为企业生产经营营造良好的安全环境,必须建立起有效的施工安全管理机制,其核心是做到"3到位、4不留"。

(1)3到位。

我们必须做到"三个到位",加强安全生产工作,实现安全、快速、有序施工,为顺利实现全年各项生产经营目标奠定坚实基础。

①制度措施到位。要切实增强责任意识,建立健全隐患排查治理体系和安全事故预防体系,坚持领导带班制度,细化工作方案,落实分部分项施工监管责任和奖惩考核。认真查找可能出现的危险因素,制订应急预案。及时了解各工程项目新进、转岗员工情况,提出针对性的管理措施。

②安全教育到位。各项目部要认真组织从业人员进行安全教育,安全教育从企业和项目部领导开始,首先各级领导要重视,要带头接受安全生产教育培训和考核。

对新进场人员进行三级安全教育,宣讲安全生产方针政策、安全作业规程规定,重点培训操作规程,提高其安全意识和遵章守法的自觉性,并在上岗前按工种、施工特点再进行安全交底并做好记录。

③安全检查到位。对施工现场模板支撑、深基坑、临时施工用电、大型机械设备、施工现场消防、大跨度钢结构、脚手架等进行全面安全排查。

对检查出的安全隐患,跟踪督促项目部整改落实到位,严格按照"谁检查、谁签字、谁负责"的原则,层层落实安全检查责任。

各项目部要根据施工内容及环境的变化,对本项目的危险源进行重新辨识、评价,实现现场风险源的及时公示及动态管理。

(2)4不留。

①安全教育"不留空白"。劳务工人流动大、更新多,安全意识和自我保护能力千差万别。

企业必须制订详细的安全教育计划,设立专门的教育人员、费用,创新体验式的安全教育方式,提升工人安全意识和安全生产能力,杜绝违章指挥、违章作业,逐渐实现工人从"要我安全"到"我要安全"的认识转变。同时,强化管理人员的教育,做到安全教育无差别、无例外。

②安全检查"不留死角"。项目要开展地毯式、拉网式的综合检查,采用不打招呼、随机抽查、暗查暗访方式进行联合检查,不放过任何安全死角,不留下任何安全隐患。

沉下身子,深入到每一个单位、项目、角落,重点排查安全设施、机械设备、人员配备等,做到横向到边、纵向到底,建立隐患档案,制订整改措施,做到不检查不复工、不整改不复工、不签字确认不复工,确保万无一失。

③安全责任"不留盲区"。安全生产是一件一失万无的易碎品,唯有落实全员安全责任才能万无一失。要严格落实党政同责、一岗双责、失职追责、齐抓共管,把安全生产责任分解到岗位、落实到人头,提高项目、分包单位、工人的安全责任意识。同时,建立大安全体系,对事故责任单位和责任人要打到疼处、罚在痛点、触到心底,让事故相关方痛定思痛、痛改前非,防止悲剧重演;做到安全没有"身外人""旁观者",对发现的重大问题和隐患严格追究、严厉问责,形成安全人人有责、人人担责、人人尽责的良好氛围。

④安全管理"不留空档"。响鼓还需重锤敲,安全管理需下苦功。

企业要深入梳理、分析、总结安全生产工作实际,紧跟转型方向,杜绝新业务安全管理"空档期",组织对转型业务专题安全研究,为企业"腾笼换鸟"保驾护航。

任务6.5　安全事故处理及应急救援

6.5.1　安全事故的定义

6.5.1.1　概念

从广义的角度理解,事故是指由于人们不安全的行为、动作或物的不安全状态所引起的、突然发生的、与人的意志相反,造成财产损失、生产中断、人员伤亡,导致行动暂时或永久地停止的意外事件。

从劳动保护角度讲,事故主要是指伤亡性事故,又称伤害,是个人或集体在行动过程中,接触了与周围条件有关的外来能量,致使人身的生理机能部分或全部丧失的现象。

6.5.1.2　特征

1. 事故的因果性

事故的因果性指事故是由相互联系的多种因素共同作用的结果。引起事故的原因是多方面的。研究事故就是要比较全面地了解整个情况,找出直接的和间接的因素。在施工前应制订针对性的施工安全技术措施,然后加以认真实施,防止同类事故的重复发生。

2. 事故的偶然性、必然性和规律性

由于客观上存在的不安全因素没有消除,随着时间的推移,导致了事故的发生。总体而言,事故是随机事件,有一定的偶然性,事故发生的时间、地点、后果的严重程度是偶然的,这就给事故的预防带来一定的困难;但是在一定范围内,用特定的科学仪器手段及科学分析方法,能够从繁多的因素、复杂的事物中找到内部的有机联系,从事故的统计资料中获得其规律性。因此,要从偶然性中找出必然性,认识事故的规律性,并采取针对性措施。

3.事故的潜在性、再现性

无论人的全部活动或是机械系统作业的运动,在其所活动的时间内,不安全的隐患总是潜在的。系统存在着事故隐患,具有危险性。如果这时有一触发因素出现,就会导致事故的发生。人们应认识事故的潜在性,克服麻痹思想。

4.可预防性

现代事故预防应遵循一条原则,即事故是可以预防的。也就是说,任何事故只要采取正确的预防措施都是可以防止的。认识到这一特性,对坚定信心,有利于防止伤亡事故发生。因此,我们必须通过事故调查,找到已发生事故的原因,采取预防事故的措施,从根本上降低伤亡事故发生频率。

6.5.2　建筑施工安全事故的分类

6.5.2.1　按伤害程度的划分

按伤害程度的划分,事故分为轻伤、重伤、死亡三个级别。

(1)轻伤,指损失工作日为1个工作日以上(含1个工作日),105个工作日以下的失能伤害。

(2)重伤,指损失工作日为105个工作日以上(含105个工作日)的失能伤害,重伤的损失工作日最多不超过6 000个工作日。

(3)死亡,其损失工作日定为6 000个工作日,这是根据我国职工的平均退休年龄和平均死亡年龄计算出来的。

6.5.2.2　事故等级划分

根据生产安全事故造成的人员伤亡或者直接经济损失,事故一般分为以下四个等级:

(1)特别重大事故,是指造成30人以上死亡,或者100人以上重伤(包括急性工业中毒,下同),或者1亿元以上直接经济损失的事故。

(2)重大事故,是指造成10人以上30人以下死亡,或者50人以上100人以下重伤,或者5 000万元以上1亿元以下直接经济损失的事故。

(3)较大事故,是指造成3人以上10人以下死亡,或者10人以上50人以下重伤,或者1 000万元以上5 000万元以下直接经济损失的事故。

(4)一般事故,是指造成3人以下死亡,或者10人以下重伤,或者1 000万元以下直接经济损失的事故。

注意:等级划分中,造成的人员伤亡或者直接经济损失含下限值,不含上限值。

6.5.2.3　按事故类别划分

建筑施工企业易发生的事故有10种。

(1)高处坠落。指由于危险重力势能差引起的伤害事故。适用于脚手架、平台、陡壁施工等高于地面的坠落,也适用于山地面踏空失足坠入洞、坑、沟、升降口、漏斗等情况。但排除以其他类别为诱发条件的坠落。当高处作业时,因触电失足坠落应定为触电事故,不能按高处坠落划分。

（2）触电。指电流流经人体，造成生理伤害的事故。适用于触电、雷击伤害。例如，人体接触带电的设备金属外壳或裸露的临时线，漏电的手持电动手工工具；起重设备误触高压线或感应带电；雷击伤害；触电坠落等事故。

（3）物体打击。指失控物体的惯性力造成的人身伤害事故。例如，落物、滚石、锤击、碎裂、崩块、砸伤等造成的伤害，不包括爆炸而引起的物体打击。

（4）机械伤害。指机械设备与工具引起的绞、碾、碰、制截、切等伤害。例如，工件或刀具飞出伤人，切屑伤人，手或身体被卷入，手或其他部位被刀具碰伤，被转动的机构缠压住等。但属于车辆、起重设备的情况除外。

（5）起重伤害。指从事起重作业时引起的机械伤害事故。包括各种起重作业引起的机械伤害，但不包括触电，检修时制动失灵引起的伤害，上下驾驶室时引起的坠落式跌倒。

（6）坍塌。指建筑物、构筑物、堆置物等的倒塌以及土石塌方引起的事故。适用于因设计或施工不合理而造成的倒塌，以及土方、岩石发生的塌陷事故。例如，建筑物倒塌，脚手架倒塌，挖掘沟、坑、洞时土石的塌方等情况。不适用于矿山冒顶片帮事故，或因爆炸、爆破引起的坍塌事故。

（7）车辆伤害。指本企业机动车辆引起的机械伤害事故。例如，机动车辆在行驶中的挤、压、撞车或倾覆等事故。

（8）火灾。指造成人身伤亡的企业火灾事故。不适用于非企业原因造成的火灾，比如居民火灾蔓延到企业。此类事故属于消防部门统计的事故。

（9）中毒和窒息。指人接触有毒物质，如误吃有毒食物或呼吸有毒气体引起的人体急性中毒事故或在暗井、涵洞、地下管道等不通风的地方工作，因为氧气缺乏，有时会发生突然晕倒，甚至死亡的事故称为窒息。两种现象合为一体，称为中毒和窒息事故。不适用于病理变化导致的中毒和窒息的事故，也不适用慢性中毒的职业病导致的死亡。

（10）其他伤害。凡不属于《企业职工伤亡事故分类》（GB 6441—1986）的其他19种伤害的事故均称为其他伤害，如扭伤、跌伤、冻伤、野兽咬伤、钉子扎伤等。

其中，高处坠落、坍塌、机械伤害（包括起重伤害）、物体打击、触电等事故，为建筑业最常发生的事故，占事故总数的85%以上，称为"五大伤害"。高处坠落伤害起数一直占居第一位，为事故总起数的50%左右；坍塌、机械伤害（特别是起重机械伤害）等事故一次死亡人数较多，列为建筑业重大危险源的防范内容。

此外，还可按受伤性质分类。受伤性质是指人体受伤的类型。实质上这是从医学的角度给予创伤的具体名称，常见的有如下一些名称：电伤、挫伤、制伤、擦伤、刺伤、撕脱伤、扭伤、倒塌压埋伤、冲击伤等。

6.5.3　意外伤害保险及工伤保险

为了确保建筑施工企业职工在发生意外伤害时能够得到有效的补偿，建筑施工安全生产管理规定：施工单位应当为施工现场从事危险作业的人员办理意外伤害保险。意外伤害保险费由施工单位支付。实行施工总承包的，由总承包单位支付意外伤害保险费。意外伤害保险期限自建设工程开工之日起至竣工验收合格。意外伤害保险目前属于强制

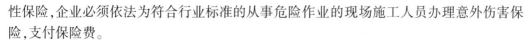

性保险,企业必须依法为符合行业标准的从事危险作业的现场施工人员办理意外伤害保险,支付保险费。

同时,建筑施工企业要严格按照国务院《工伤保险条例》规定,及时为农民工办理参加工伤保险手续,并按时足额缴纳工伤保险费。建筑施工企业农民工受到事故伤害或者患职业病后,按照有关规定依法进行工伤认定、劳动能力鉴定,享受工伤保险待遇。

6.5.4　施工安全事故的处理

严格按照"四不放过"的原则处理建设工程安全事故。

建设工程安全事故发生后,一般按以下程序进行处理:

建设工程安全事故发生后,总监理工程师应签发"工程暂停令",并要求施工单位立即停止施工,施工单位应立即抢救伤员,排除险情,采取必须措施,防止事故扩大,并做好标识,保护好现场。同时,要求发生安全事故的施工总承包单位迅速按安全事故类别和等级向相应的政府主管部门上报,并于 24 h 内写出书面报告。工程安全事故报告应包括以下主要内容:

(1)事故发生的时间、详细地点、工程项目名称及所属企业名称。

(2)事故类别、事故严重程度。

(3)事故的简要经过、伤亡人数和直接经济损失的初步估计。

(4)事故发生原因的初步判断。

(5)抢救措施及事故控制情况。

(6)报告人情况和联系电话。

监理工程师在事故调查组展开工作后,应积极协助,客观地提供相应证据,若监理方无责任,监理工程师可应邀参加调查组,参与事故调查;若监理方有责任,则应予以回避,但应配合调查组做好以下工作:

(1)查明事故发生的原因、人员伤亡及财产损失情况。

(2)查明事故的性质和责任。

(3)提出事故的处理及防止类似事故再次发生所应采取措施的建议。

(4)提出对事故责任者的处理建议。

(5)检查控制事故的应急措施是否得当和落实。

(6)写出事故调查报告。

监理工程师接到安全事故调查组提出的处理意见涉及技术处理时,可组织相关单位研究,并要求相关单位完成技术处理方案,必要时,应征求设计单位的意见。技术处理方案依据必须充分,应在安全事故的部位、原因全部查清的基础上进行,必要时,组织专家进行论证,以保证技术处理方案可靠、可行,保证施工安全。

技术处理方案核签后,监理工程师应要求施工单位制订详细的施工方案,必要时,监理工程师应编制监理实施细则,对工程安全事故技术处理的施工过程进行重点监控,对于关键部位和关键工序应派专人进行监控。

施工单位完工自检后,监理工程师应组织相关各方进行检查验收,必要时进行处理结果鉴定。要求事故单位整理编写安全事故处理报告,并审核签认,进行资料归档。建设工程安全事故处理报告主要包括以下内容：

（1）职工重伤、死亡事故调查报告书。

（2）现场调查资料（如记录、图纸、照片）。

（3）技术鉴定和试验报告。

（4）物证、人证调查材料。

（5）间接和直接经济损失。

（6）医疗部门对伤亡者的诊断结论及影印件。

（7）企业或其主管部门对该事故所做的结案报告。

（8）处分决定和受处理人员的检查材料。

（9）有关部门对事故的结案批复等。

（10）事故调查人员的姓名、职务，并签字。

根据政府主管部门的复工通知，确认具备复工条件后，签发"工程复工令"，恢复正常施工。安全事故处理流程见图 6-4。

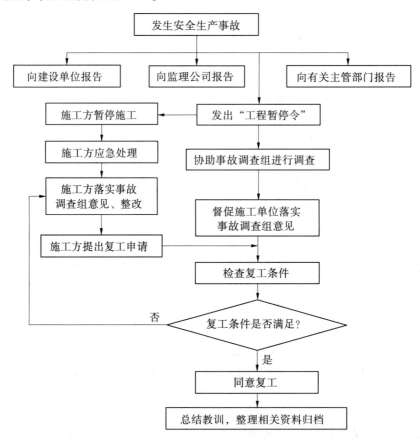

图 6-4　安全事故处理流程

6.5.5　施工安全事故的应急救援

6.5.5.1　应急救援的基本概念及法律规定

应急救援是指在危险源、环境因素等控制措施无效的情况下,为预防和减少可能随之引发的伤害和其他影响所采取的补救措施和抢救行动。应急救援预案是指事先制定的关于重大安全事故发生时进行紧急救援的组织、程序、责任及协调等方面的方案和计划,是事故应急救援工作的全过程。

2014 年版《中华人民共和国安全生产法》明确规定:组织制定并实施本单位的生产安全事故应急救援预案;应当建立应急救援组织,生产经营规模较小的,可以不建立应急救援组织,但应当指定兼职的应急救援人员等。当发生事故后,为及时组织抢救,防止事故扩大,减少人员伤亡和财产损失,建筑施工企业应按照《中华人民共和国安全生产法》的要求编制应急救援预案。

《安全生产许可证条例》明确规定,施工单位应当制订本单位生产安全事故应急救援预案,建立应急救援组织或者配备应急救援人员,配备必要的应急救援器材、设备,并定期组织演练。施工单位应当根据建设工程施工的特点和范围,对施工现场易发生重大事故的部位和环节进行监控,制定施工现场生产安全生产应急预案,实行施工总承包的,工程总承包单位统一组织编制建设工程生产安全事故应急救援。工程总承包单位和分包单位应按照应急救援预案,各自建立应急救援组织或者配备应急救援人员,配备救援器材、设备,并定期组织演练。

应急救援要素关联图见图 6-5。

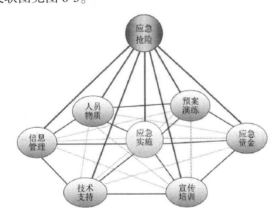

图 6-5　应急救援要素关联图

6.5.5.2　施工安全事故应急救援预案的编制内容要求

1. 基本原则与方针

制定基本原则与方针:①安全第一,安全责任重于泰山;②预防为主、自救为主、统一指挥、分工负责;③优先保护人和优先保护大多数人,优先保护贵重财产等。

2. 工程项目的基本情况

(1)工程项目基本情况介绍。

①项目的工程概况及施工特点和内容；

②项目所在地的地理位置、地形特点，工地外围的地理位置、居民、交通和安全注意事项等；

③气象状况等。

（2）施工现场的临时医务室或保健医药设施及场外医疗机构。

①医务人员名单，联系电话；

②有哪些常用医药和抢救设施；

③附近医院的情况介绍，位置、距离、联系电话等。

（3）工地现场内外的消防、救助设施及人员状况。介绍工地消防组成机构和组成人员，成立义务消防队，消防、救助设施及其分布，消防通道等情况。

（4）施工消防平面布置图（如各楼层不一样，还应分层绘制），画出消火栓、灭火器的设置位置，易燃易爆的位置，消防紧急通道，疏散路线等。

3. 可能发生事故的确定和影响

根据施工特点和任务，分析本工程可能发生较大的事故和发生位置、影响范围等。例如，列出工程中常见的事故：建筑质量安全事故、施工毗邻建筑坍塌事故、土方坍塌事故、气体中毒事故、架体倒塌事故、高空坠落事故、掉物伤人事故、触电事故等，对于土方坍塌、气体中毒事故等应分析和预知其可能对周围的不利影响和严重程度。

4. 应急机构的组成、分工和职责

（1）组成。企业或工程项目部应成立重大事故应急救援"指挥领导小组"，由企业经理或项目经理、有关副经理及生产、安全、设备、保卫等负责人组成，下设应急救援办公室或小组（可设在施工质安部），日常工作由工程部兼管负责。应注意的是，救援队伍必须由经培训合格的人员组成。

（2）分工。写明各机构组成的分工情况。例如，总指挥，组织指挥整个应急救援工作；安全负责人，负责事故的具体处置工作；后勤负责人，负责应急人员、受伤人员的生活必需品的供应工作。

（3）职责。例如，写明指挥领导小组（部）的职责：负责本单位或项目预案的制订和修订；组建应急救援队伍，组织实施和演练；检查督促做好重大事故的预防措施和应急救援的各项准备工作；组织和实施救援行动；组织事故调查和总结应急救援工作的经验教训。

5. 报警信号与通信方式

明确（写出）各救援电话及有关部门、人员的联络电话或方式。例如写出：消防报警：119，公安：110，医疗：120，交通：×××，市县建设局、安监局电话：×××××××，市县应急机构电话：×××××××，公司应急机构电话：×××××××，工地应急机构办公室电话：×××××××，各成员联系电话：×××××××，可提供救援协助临近单位电话：×××××××，附近医疗机构电话：×××××××。工地报警联系地址及注意事项：报警者有时由于紧张而无法把地址和事故状况说清楚，因此最好把工地的联系地址事先写明。例如：××区××路××街××号（××）大厦对面，如果工地确实是不易找到的，还应派人到主要路口接应，并应把以上的报警信号与通信方式贴在办公室，方便紧急报警与联系。

6. 事故应急与救援

发生重大事故时,发现者应首先大声呼救,条件许可时可实施紧急施救,紧急时应立刻报警,拨打救助电话报告联络有关人员,成立指挥部组,做出上报有关部门、保护事故现场等善后处理,必要时可向社会发出救援请求。因此,写明应急程序:报告联络有关人员(紧急时立刻报警、打求助电话)→成立指挥部(组)→必要时向社会发出救援请求→实施应急救援、保护事故现场、上报有关部门等→善后处理。事故的应急救援措施,可根据本工程项目可能发生的事故列表写出事故类别、事故原因、现场救援措施等。具体举例如下。

人工挖孔桩事故:

(1)有毒气体中毒。

(2)孔壁塌方。

(3)未使用安全电压,井下触电。

(4)坠物或坠落伤人等。

(5)最早发现者立即大声呼救,向有关人员报告或报警,原因明确可立即采用正确方法施救,但决不可盲目下去救助。

(6)指挥部门迅速成立,按照应急程序处置。

(7)迅速查明事故原因和判断事故发展状态,采用正确方法施救,如中毒,必须先向井下通风或带好防毒面具才可下井救人;未使用安全电压触电,必须先切断电源。

(8)急救人员按照有关救护知识,立即救护伤员,在等待医生救治或送往医院抢救过程中,不要停止和放弃施救,如采用人工呼吸、清洗包扎或输氧急救等。

(9)现场不具备抢救条件时,立即向社会求救。工地应配备气体检测仪、通风设备、防毒面具、担架、医用氧气瓶等急救用具。

7. 救援有关规定和要求

要写明有关的纪律、救援训练、学习等各种制度和要求。

8. 有关常见事故的自救和急救常识

例如,人工呼吸的方法、火灾逃生常识和常见消防器材的使用方法等。

【例 6-1】　施工安全事故的应急救援案例。

某市世纪花园 A 楼工程施工安全事故应急救援预案。

目录

1. 编制依据

2. 编制目标

3. 编制原则

4. 预防原则

5. 适用范围

6. 基本情况

7. 应急组织机构与职责

8. 抢险及救援力量

9. 应急救援器材

10. 通信联络

11. 防火物资储备与征调

12. 善后处理

根据《建设工程安全生产管理条例》和上级主管部门的要求,项目经理部针对施工现场可能发生的坍塌、火灾、中毒、物体打击、高空坠落、机械伤害、触电等安全事故特点,结合项目经理部的实际情况,对以上安全事故制订人力、物资、技术等方面的应急救援预案。

1. 编制依据

(1)《建设工程安全生产管理条例》;

(2)《中华人民共和国安全生产法》;

(3)《关于特大安全事故行政责任追究的规定》(国务院令第320号);

(4)《省重大安全事故行政责任追究规定》(省人民政府令第148号);

(5)《市重(特)大安全事故应急处理预案》。

2. 编制目标

最大限度地降低安全事故对人民群众生命及财产造成的损失。

3. 编制原则

建立集中、统一的指挥系统,集中人、财、物优势力量,最大限度控制安全事故造成的损失。

4. 预防原则

"安全第一,预防为主""谁主管、谁负责"。

5. 适用范围

适用于某市商住楼工程所有安全事故的应急处理。

6. 基本情况

(1)灾害源及事故特点灾害源;项目部施工现场事故特点:突发性强、危害性大。

(2)事故报告电话:××××××××。

7. 应急组织机构与职责

(1)应急领导小组:由项目经理部建造师张××任该小组组长、李××任副组长。

(2)现场抢救组:由项目部王××任组长、项目部施工员赵××任副组长,施工现场全体职工为现场抢救组成员。

(3)医疗救治组:由项目部赵××任组长、项目部王××任副组长,及时与120急救中心联系,并协助急救中心进行救治。

(4)后勤服务组:由程××任组长、工地项目部泥工组长林××任副组长,两人负责组织人员做好后勤服务工作。

(5)保安组:由文××同志任组长、项目部何××同志任副组长,全体保安人员为组员。

(6)应急组:

①应急领导小组职责:建设工地发生重大安全事故时,负责指挥工地抢救工作,向抢救小组下达抢救指令任务,协调各组之间的抢救工作,随时掌握各组最新动态,并做出最新决策,在接到报案后,第一时间向政府安监部门报告。平时应急领导小组成员轮流值班,手机24 h开通,发生紧急事故时,立即召集应急救援小组成员奔向事故现场。

②现场抢救组职责:采取紧急措施,尽一切可能抢救伤员及被困人员,防止事故进一步扩大。

③医疗组职责:抢救出的伤员视情况采取紧急处理措施,尽快送医院抢救。

④后勤服务组职责:负责交通车辆的调配、紧急救援物资的征集及人员的餐饮供应。

⑤保安组职责:负责事故工地的安全保卫、支援其他抢救组的工作、保护现场。

⑥应急组的分工及人数应根据事故现场需要灵活调配。

8.抢险及救援力量

(1)所有参战员均按各自任务,穿戴好个人防护用品,携带好装备、器材和工具,服从指挥,严守纪律。

(2)进入现场前注意事项。遇到有毒有害气体扩散的事故抢险,所有车辆人员停留在上风向,抢救过程中,尽可能减少人员入围;入场前加强灾情侦察,落实安全措施,严防扩大事态。

(3)组织力量调配:

①工程项目部首先全力投入保护现场,抢救伤员。

②专业队伍充分发挥骨干作用。

③保卫部门担负保护现场、散开人员、护送伤员的职责,对明显违法者进行监控、调查、取证。

④工程项目部负责保护现场,根据需要设立隔离区、隔离带。

⑤抢险救援力量由应急领导小组组长调度。

⑥联系120急救中心和其他医务工作者,现场抢救、运送伤员。

⑦抢救完毕,清理现场,由应急领导小组组长发布撤除警戒。

⑧仍需保留的现场,由工程项目部保安人员看管,由上级调查宣布撤离。

9.应急救援器材

项目部常备如下主要救援器材(除项目部规定救援人员配置与使用外,其他任何人员不得擅自使用,并由专人负责保管,定期对救援器材进行检查与保养):

安全帽:30顶;安全带:10副;防护手套:100双;电缆线:400 m;灭火器:4罐;抽水机:2台;担架:3副;氧气袋:4个;塑料袋:60个;小药箱:4个;鼓风机:2台;爬梯:4架;应急灯:15盏;切割机:2台;手电筒:10个。

10.通信联络

领导小组组长:胡:×××××××;各抢救组组长:王:×××××××,胡:×××××××,赵:××××××××,文:×××××××。应急急救中心电话号码:×××、×××、×××;市卫生局:×××××××;市公安局:×××××××;(值班)市安全监督局:×××××××;市建设局:×××××××;市政府:××××××××;公司:×××××××。

11.防火物资储备与征调

(1)后勤服务组要及时与相关政府、交警等部门联系,确保抢救车辆人员安全畅通。

(2)后勤服务组要及时与相关政府职能部门联系,确保急救药品、器具物资充足。

(3)项目部须常备2万元应急资金,以备不测。

12.善后处理

(1)按照相关规定,配合上级部门的调查处理。

(2)以"四不放过"的原则在项目部范围内及时追究有关人员的责任。

(3)本预案由项目部负责解释。

×××市世纪花园A楼项目部 2018年××月××日

复习思考题

一、单选题

1.劳务分包企业建设工程项目施工人员50~200人的,应设(   )名专职安全生产管理人员。

A.1   B.2   C.3   D.4

2.项目部专职安全管理人员配备,建筑工程、装修工程按照建筑面积1万~5万 m² 的工程至少(   )人。

A.2   B.1   C.3   D.5

3.项目部专职安全管理人员配备,土木工程、线路管道、设备按照安装总造价5 000万~1亿元的工程至少(   )人。

A.2   B.1   C.3   D.5

4.(   )为施工现场安全生产第一责任人。

A.项目总工程师   B.项目经理   C.项目安全主管   D.项目专职安全员

5."三类人员"考核任职制度的考核对象不包括(   )。

A 建筑施工企业的主要负责人   B.项目负责人

C.专职安全生产管理人员   D.施工员

6.建筑业企业职工每年必须接受(   )专门的安全培训。

A.一次   B.两次   C.三次   D.五次

7."三类人员"培训是指建筑施工企业主要负责人、项目负责人及专职安全生产管理人员在经省建设主管部门安全生产考核前的安全生产知识和安全管理能力的培训,因此这种培训是"三类人员"(   )。

A.岗前培训   B.在岗培训   C.转岗培训   D.任后培训

8.三类人员的安全生产考核合格证书有效期为(   )年。

A.3   B.1   C.2   D.5

9.安全生产检查评分表的形式共(   )项分项检查评分表和一张检查评分汇总表。

A.8   B.10   C.5   D.15

10.要求发生安全事故的施工总承包单位迅速按安全事故类别和等级向相应的政府主管部门上报,并于(   )h内写出书面报告。

A.4   B.8   C.12   D.24

11.建设工程安全事故发生后,(   )应签发"工程暂停令"。

A.总监理工程师   B.施工项目经理

C. 施工项目总工程师　　　　　　　　D. 专职安全管理人员

12. 意外伤害保险期限自(　　)。

A. 建设工程开工之日起至竣工验收合格

B. 建设工程开工之日起至工程保修期结束

C. 建设工程施工合同签订之日起至竣工验收合格

D. 建设工程开工之日起至工程交付使用之日

13. (　　)是保障安全生产的最基本的制度。

A. 岗位责任制　　　　　　　　　　　B. 安全生产责任制

C. 安全技术措施计划　　　　　　　　D. 安全检查制度

二、判断题

1. 只强调作业人员的安全生产教育培训,而企业负责人、项目负责人或安全生产管理人员的安全生产意识没有提高,是难以从根本上提高作业人员的安全生产意识的。　　(　　)

2. 离岗 3 个月以上(包括 3 个月)的和工伤后上岗前的人员也应进行复工前的教育培训。　　(　　)

3. 监理单位应当制订生产安全事故应急救援预案。　　(　　)

4. 一般事故,是指造成 3 人以下死亡,或者 10 人以下重伤,或者 5 000 万元以下直接经济损失的事故。　　(　　)

5. "三类人员"的安全生产考核合格证书有效期为 5 年。　　(　　)

6. 班组教育又称岗位教育,其教育时间不得少于 10 学时。　　(　　)

三、多选题

1. 项目部专职安全管理人员配备,建筑工程、装修工程按照建筑面积(　　)。

A. 1 万 m² 及以下工程至少 1 人

B. 1 万~5 万 m² 的工程至少 2 人

C. 5 万 m² 以上的工程至少 3 人,设安全主管,并按专业设置专职安全员

D. 1 万~5 万 m² 的工程至少 3 人

E. 5 万 m² 以上的工程至少 5 人,设安全主管,并按专业设置专职安全员

2. 项目部专职安全管理人员配备,土木工程、线路管道、设备按照安装总造价(　　)

A. 5 000 万元以下工程至少 1 人

B. 5 000 万~1 亿元的工程至少 2 人

C. 1 亿元以上的工程至少 3 人,设安全主管,并按专业设置专职安全员

D. 5 000 万~1 亿元的工程至少 3 人

E. 1 亿元以上的工程至少 5 人,设安全主管,并按专业设置专职安全员

3. 建筑施工企业主要负责人包括(　　)等。

A. 企业法定代表人　　　　　　　　　B. 经理

C. 企业分管安全生产工作的副经理　　D. 企业财务总监

E. 企业成本总监

4. 建筑施工企业专职安全生产管理人员,是指在企业从事安全生产管理工作的人员,包括(　　)。

A. 企业安全生产管理机构的负责人

B. 企业安全生产管理机构的工作人员

C. 施工现场专职安全生产管理人员

D. 机械员

E. 保险员

5. 安全生产教育培训形式多种多样，但归结起来有(　　)三大类型。

　　A. 岗前培训　　　　　　　　　B. 在岗培训

　　C. 季节培训　　　　　　　　　D. 年度培训

　　E. 转岗培训

6. 所谓三级安全教育，即(　　)。

　　A. 公司对新工人进行一级安全教育

　　B. 项目经理部对新工人进行二级安全教育

　　C. 现场施工员及班组长对新工人进行三级安全教育

　　D. 对公司级主要负责人进行一级安全教育

　　E. 对项目经理、现场施工员及班组长分别进行二级、三级安全教育

7. 对新进工人三级安全教育的时间规定:(　　)。

　　A. 公司安全教育的时间不得少于15学时

　　B. 项目经理部安全教育的时间不得少于15学时

　　C. 班组安全教育的时间不得少于20学时

　　D. 公司和项目经理部安全教育的时间不得少于20学时

　　E. 班组安全教育的时间不得少于25学时

8. "三类人员"培训是指建筑施工企业(　　)在经省建设主管部门安全生产考核前的安全生产知识和安全管理能力的培训，因此这种培训是三类人员任职前的岗位培训。

　　A. 主要负责人　　　　　　　　B. 项目负责人

　　C. 专职安全生产管理人员　　　D. 施工员

　　E. 质量员

9. 安全生产检查的方法有(　　)。

　　A. 看　　　　　　　　　　　　B. 量

　　C. 测　　　　　　　　　　　　D. 现场操作

　　E. 检验

10. 安全生产检查的方式有(　　)。

　　A. 企业或项目部定期组织的安全检查

　　B. 各级管理人员的日常巡回检查、专业安全检查

　　C. 季节性和节假日、停工后复工前安全检查

　　D. 班组自我检查、交接检查

　　E. 临时检查

11. 按伤害程度的划分，事故分为(　　)三个级别。

　　A. 轻伤　　　　　　　　　　　B. 重伤

C. 较重伤　　　　　　　　　　D. 死亡

E. 残疾

12. 重大事故,是指造成(　　)。

A. 10 人以上 30 人以下死亡

B. 50 人以上 100 人以下重伤

C. 5 000 万元以上 1 亿元以下直接经济损失的事故

D. 30 人以上死亡

E. 100 人以上重伤

13. 较大事故,是指造成(　　)。

A. 3 人以上 10 人以下死亡

B. 10 人以上 50 人以下重伤

C. 1 000 万元以上 5 000 万元以下直接经济损失的事故

D. 10 人以上 30 人以下死亡

E. 50 人以上 100 人以下重伤

四、简答题

1. 何为施工现场安全生产保证体系?

2. 建立安全生产保证体系时应考虑哪些因素?

3. 项目经理是项目安全生产的第一责任人,其安全职责主要有哪些?

4. 简述施工员安全职责主要内容。

5. 简述项目安全员安全职责主要内容。

6. 施工现场应建立哪些安全生产管理制度?

7. 简述建立施工现场安全生产责任体系的基本要求。

8. 简述建设单位安全的安全责任。

9. 简述工程监理单位的安全责任。

10. 简述施工单位的安全责任。

11. 安全生产教育培训的主要内容有哪四大类?

12. 简述经常性安全教育的形式和内容。

13. 安全生产检查内容主要有哪些?

14. 施工现场安全动态管理日检查表主要检查哪些项目?

15. 安全生产检查评分表的形式分为哪十项分项检查评分表?

16. 按照《建筑施工安全检查标准》(JGJ 59—2011),安全管理检查评分表中保证项目有哪些?

17. 按照《建筑施工安全检查标准》(JGJ 59—2011),文明施工检查评分表中保证项目有哪些?

18. 按照《建筑施工安全检查标准》(JGJ 59—2011),扣件式钢管脚手架检查评分表中保证项目有哪些?

19. 按照《建筑施工安全检查标准》(JGJ 59—2011),塔式起重机检查评分表中保证项目有哪些?

20. 按照《建筑施工安全检查标准》(JGJ 59—2011)，施工用电检查评分表中保证项目有哪些？

21. 建筑施工企业易发生的事故种类有哪10种？

22.《安全生产许可证条例》关于生产安全事故应急救援做了哪些规定？

23. 何为应急救援预案？

五、计算题

1. "文明施工检查评分表"(JFJ 59—2011 中表 B. 2)实得78分，换算在汇总表(JGJ 59—2011)中表 A)中"文明施工管理"分项实得分为多少？

2. 某工地没有塔吊，则塔吊在汇总表中有缺项，其他各分项检查在汇总表实得分为89分，实查项目应得分值之和为90分。该工地检查汇总表实得分为多少？

3. "施工用电检查评分表"(JGJ 59—2011 中表 B. 14)中，"外电防护"缺项(该相应得分值为20分)，其他各项检查实得分为63分，计算该分表实得分。

4. "施工用电检查表"中，外电防护这一保证项目缺项(该项为20分)，另有其他"保证项目"检查实得分合计20分(应得分值为40分)，该分项检查表计多少分？

5. 某工地多种脚手架和多台塔吊，落地式脚手架实得分为86分、悬挑式脚手架实得分为80分；甲塔吊实得分为90分、乙塔吊实得分为85分。计算汇总表中脚手架、塔吊实得分。

学习项目 7　建筑施工安全管理技术

【知识目标】

1. 掌握安全技术措施及专项施工方案相关知识;

2. 掌握安全技术交底相关知识;

3. 掌握建筑施工临边及洞口作业、高处作业、交叉作业安全防护管理知识;

4. 掌握模板及脚手架安全技术管理知识;

5. 掌握起重提升安全技术管理知识;

6. 熟悉主要施工过程安全技术管理知识;

7. 了解主要施工机具安全管理知识。

【能力目标】

1. 能进行安全技术措施及专项施工方案管理;

2. 能组织安全技术交底;

3. 能正确佩戴和使用安全帽、安全带,正确安装安全网,做好"三宝""四口""五临边"的防护;

4. 能进行脚手架安全技术管理;

5. 能进行起重提升安全技术管理;

6. 能进行主要施工过程安全技术管理;

7. 能正确进行施工机具安全操作管理;

8. 能根据现行《建筑施工安全检查标准》(JGJ 59—2011)进行高处作业和"三宝""四口""五临边"安全防护检查评分。

任务 7.1　安全技术措施及专项施工方案

安全技术措施及专项施工方案编制与审核是安全生产管理的重要内容。《建设工程安全生产管理条例》要求,工程监理单位应当审查施工组织设计中的安全技术措施或者专项施工方案是否符合工程建设强制性标准;对达到一定规模的危险性较大的分部分项工程专项施工方案,应经施工单位技术负责人、总监理工程师签字后实施。

7.1.1　安全技术措施

7.1.1.1　概述

安全技术措施是安全生产管理三大基本措施之一。与安全技术措施相关的术语有施工组织设计、施工专项方案等,三者之间有所区别并有紧密的联系。

安全技术措施是指为确保施工安全而采取的技术及其管理措施。从广义上讲,它包含以编制指导施工全过程各项施工活动的技术、经济、组织和控制要求的施工组织设计,也包含以达到一定规模的危险性较大的分部分项工程为对象编制安全施工技术文件的专项施工技术方案。从狭义上讲,它专指单项的施工技术中所要求的安全管理内容,如施工现场临时用电安全技术方案,还包括防火、防毒、防爆、防洪、防尘、防雷击、防物体打击、防机械伤害、防溜车、防高空坠落、防交通事故、防寒、防暑、防疫、防环境污染等方面的措施。

安全技术措施既是施工组织设计和专项施工方案的基本组成部分,也泛指所有专项安全管理中为确保施工安全而采取的技术及其管理措施。所以,安全技术措施文件一般归纳为以下三类:

(1)施工组织设计;

(2)专项施工方案;

(3)施工安全技术措施。

7.1.1.2　施工安全技术措施的一般要求

1. 施工安全技术措施必须在工程开工前制订

施工安全技术措施是施工组织设计的重要组成部分,应在工程开工前与施工组织设计一同编制。为保证各项安全设施的落实,在工程图纸会审时,就应特别注意考虑安全施工的问题,并在开工前制订好安全技术措施,使得用于该工程的各种安全设施有较充分的时间进行采购、制作和维护等准备工作。

2. 施工安全技术措施要具有全面性

按照有关法律法规的要求,在编制工程施工组织设计时,应根据工程特点制订相应的施工安全技术措施。对于大中型工程项目、结构复杂的重点工程,除必须在施工组织设计中编制施工安全技术措施外,还应编制专项工程施工安全技术措施,详细说明有关安全方面的防护要求和措施,确保单位工程或分部分项工程的施工安全。对爆破、拆除、起重吊装、水下、基坑支护和降水、土方开挖、脚手架、模板等危险性较大的作业,必须编制专项安全施工技术方案。

3. 施工安全技术措施要具有针对性

施工安全技术措施是针对每项工程的特点制订的,编制安全技术措施的技术人员必须掌握工程概况、施工方法、施工环境、第一手资料,并熟悉安全法规、标准等,才能制订有针对性的安全技术措施。

4. 施工安全技术措施应力求全面、具体、可靠

施工安全技术措施应把可能出现的各种不安全因素考虑周全,制订的对策措施方案应力求全面、具体、可靠,这样才能真正做到预防事故的发生。但是,全面、具体不等于罗列一般的操作工艺、施工方法以及日常安全工作制度安全纪律等。这些制度性规定,安全技术措施中不需要再做抄录,但必须严格执行。

5. 施工安全技术措施必须包括应急预案

由于施工安全技术措施是在相应的工程施工实施之前制订的,所涉及的施工条件和危险情况大都是建立在可预测的基础上的,而建筑工程施工过程是开放的过程,在施工期间的变化是经常发生的,还可能出现预测不到的突发事件或灾害(如地震、火灾、台风、洪水等)。所以,施工安全技术措施计划必须包括面对突发事件或紧急状态的各种应急设施、人员逃生和救援预案,以便在紧急情况下能及时启动应急预案,减少损失,保护人员安全。

6.施工安全技术措施要有可行性和可操作性

施工安全技术措施应能够在每个施工工序之中得到贯彻实施,既要考虑保证安全要求,又要考虑现场环境条件和施工技术条件能够做得到。

7.1.1.3　安全技术措施的计划与实施

安全技术措施计划是指企业从全局出发编制的年度或数年间在安全技术工作上的规划。安全技术措施计划应包括下列内容:①措施名称及所在项目;②目前安全生产状况及拟订采取的措施;③所需资金、设备、材料及来源;④项目完成后的预期效果;⑤涉及施工单位或负责人;⑥开工及竣工日期。

有效实施安全技术措施计划,才能使有计划的改善劳动条件成为现实,才能真正起到保护劳动者安全和健康的作用。在安全技术措施计划执行过程中,有些企业不认真执行计划,措施年年定,年年不落实;相同内容的措施项目连续几年出现在安全技术措施计划中,总是借口资金短缺,或技术、物资不落实,使计划成为一纸空文,致使企业劳动条件无法改善,工人长期在不安全、不卫生的条件下工作。为了纠正这一现象,必须做到:

(1)凡当年未竣工或未动工的项目,应提出理由,报请上级主管部门同意后,方可转入下年计划;凡未经审查同意结转或当年未列项目的安全技术措施专款,由企业上级主管部门的安全技术部门汇入生产计划,财务部门于次年集中收缴,用于解决本部门的其他重大问题。

(2)要经常检查安全技术措施计划的实施情况。对挪用、占用安全技术措施经费的企业和有关责任者要进行批评教育。对性质严重或因此造成事故的责任者要追究有关人员的法律责任。

(3)对不认真编制安全技术措施计划,经常挪用安全技术措施经费的企业要进行经济处罚,或强行调出其未使用的安全技术措施经费。

(4)对改善劳动条件任务繁重、安全技术措施经费不足、无力自筹资金的企业,可由企业提出措施项目的具体方案,报请上级部门审查、平衡,给予补助或发放低息贷款来解决。

(5)安全技术措施项目竣工后,企业的安全技术部门、工会组织要会同有关部门共同进行竣工验收。投产后的措施设备应纳入企业正常维修管理计划中,统一管理维护。当年完成的措施项目要在计划中注明完成日期,当年完不成的要定出完成期限和责任人。

7.1.2　专项施工方案

7.1.2.1　专项施工方案编制

(1)专项施工方案是指施工单位在编制施工组织设计的基础上,针对危险性较大的分部分项工程单独编制的安全技术措施文件。

(2)危险性较大的分部分项工程是指房屋建筑和市政基础设施工程在施工过程中存在的、可能导致作业人员群死群伤或造成重大不良社会影响的分部分项工程。

(3)施工单位应当在危险性较大的分部分项工程施工前编制专项施工方案;对于超过一定规模的危险性较大的分部分项工程,施工单位应当组织专家对专项施工方案进行论证。

(4)房屋建筑和市政基础设施工程实行施工总承包的,专项施工方案应当由施工总承包单位组织编制。其中，起重机械安装拆卸工程、深基坑工程、附着式升降脚手架等专业工程实行分包的，其专项施工方案可由专业承包单位组织编制。

（5）专项施工方案应当由项目技术负责人主持编制，并由施工单位技术部门组织本单位施工技术、安全、质量等部门的专业技术人员进行审核。经审核合格的，由施工单位技术负责人签字。实行施工总承包的，专项施工方案应当由施工总承包单位技术负责人及相关专业承包单位技术负责人签字。不需专家论证的专项施工方案，经施工总承包单位审核合格后报项目监理机构，由项目总监理工程师审核签字。

（6）专项施工方案编制应当包括以下内容：

①工程概况：危险性较大的分部分项工程概况、施工平面布置、施工要求和技术保证条件；

②编制依据：相关法律、法规、规范性文件、标准、规范及图纸（国标图集）、施工组织设计等；

③施工计划：包括施工进度计划、材料与设备计划；

④施工工艺技术：技术参数、工艺流程、施工方法、检查验收等；

⑤施工安全保证措施：组织保障、技术措施、应急预案、监测监控等；

⑥劳动力计划：专职安全生产管理人员、特种作业人员等；

⑦计算书及相关图纸。

（7）应编制专项施工方案的分部分项工程。

专项施工方案一般由施工企业研究和把握，但对如下危险性较大的分部分项工程必须由施工企业专业工程技术人员编制专项施工方案，并附具安全验算结果，经施工单位技术负责人、总监理工程师签字后实施，由专职安全生产管理人员进行现场监督。

①基坑支护与降水工程。

基坑支护与降水工程是指开挖深度超过5 m（含5 m）的基坑（槽）并采用支护结构施工的工程；或基坑虽未超过5 m，但地质条件和周围环境复杂、地下水位在坑底以上等工程。

②土方开挖工程。

土方开挖工程是指开挖深度超过5 m（含5 m）的基坑（槽）的土方开挖。

③模板工程。

各类工具式模板工程，包括滑模、爬模、大模板等；水平混凝土构件模板支撑系统及特殊结构模板工程。

④起重吊装工程。

⑤脚手架工程：高度超过24 m的落地式钢管脚手架；附着式升降脚手架，包括整体提升与分片式提升；悬挑式脚手架；门式脚手架；挂脚手架；吊篮脚手架；卸料平台。

⑥拆除、爆破工程。

采用人工、机械拆除或爆破拆除的工程。

⑦其他危险性较大的工程：建筑幕墙的安装施工；预应力结构张拉施工；隧道工程施工；桥梁工程施工（含架桥）；特种设备施工；网架和索膜结构施工；6 m以上的边坡施工；大江、大河的导流、截流施工；港口工程、航道工程施工；采用新技术、新工艺、新材料，可能影响建设工程质量安全，已经行政许可，尚无技术标准的施工。

7.1.2.2　专项施工方案报审程序

（1）施工单位应当在危险性较大的分部分项工程施工前编制专项施工方案，并向项目监理机构报送编制的专项施工方案；对超过一定规模的危险性较大的分部分项工程，专项施工方案应由施工单位组织专家进行论证，并将论证报告作为专项施工方案的附件报送项目监理机构。

（2）项目监理机构对专项施工方案进行审查，总监理工程师审核并签署意见。当需要施工修改时，应由总监理工程师签署书面意见要求施工单位修改后再报。

（3）对超过一定规模的危险性较大的分部分项工程，专项施工方案应经建设单位审批并签署意见。

7.1.2.3　专项施工方案审查内容

（1）编审程序应符合相关规定。

（2）安全技术措施应符合工程建设强制性标准。

（3）对超过一定规模、危险性较大的分部分项工程专项施工方案，应检查施工单位组织专家进行论证、审查的情况，以及是否附具安全验算结果。

7.1.2.4　常见专项施工方案审查要点

1. 土方工程

（1）地上障碍物的防护措施是否可行；

（2）地下隐藏物、相邻建筑物的保护措施是否可行；

（3）场区的排水防洪措施是否可行，是否具有针对性；

（4）土方开挖时的施工组织及施工机械的安全措施是否完整，是否具有针对性；

（5）基坑的边坡稳定支护措施和计算书是否完整和计算正确；

（6）基坑四周的安全防护措施是否完整，是否具有针对性；

（7）土方开挖施工方案是否经过审批。

2. 脚手架

（1）脚手架设计方案是否完整、具有针对性和可操作性；

（2）脚手架设计计算书是否完整、计算方法是否正确；

（3）脚手架施工方案、使用安全措施、拆除方案是否完整，是否具有针对性和可操作性；

（4）脚手架施工方案是否经过审批。

3. 模板施工

（1）楼板结构设计计算书的荷载取值是否符合工程实际，计算方法是否正确；

（2）模板设计图中细部构造的大样图、材料规格、尺寸、连接件等是否完整；

（3）模板设计中安全措施是否具有针对性和可操作性；

（4）模板施工方案是否经过审批。

4. 高处作业

（1）临边作业、洞口作业、悬空作业的防护措施是否满足安全要求；

（2）高处作业施工方案是否经过审批。

5.塔式起重机

（1）塔式起重机的基础是否满足要求；

（2）塔式起重机安装、拆卸的安全措施是否完整，是否具有可操作性；

（3）塔式起重机操作人员的特种作业资格是否有效；

（4）塔式起重机使用时班前检查和使用制度是否健全；

（5）塔式起重机安装、拆卸方案是否经过审批。

6.临时用电

（1）电源的进线、总配电箱的装设位置和线路走向是否合理；

（2）负荷计算是否正确；

（3）选择的导线截面和电气设备的类型规格是否正确；

（4）电气平面图、接线系统图是否正确；

（5）施工用电是否采用 INS 接零保护系统；

（6）是否实行"一机、一闸、一漏、一箱"制，是否满足分级分段漏电保护；

（7）临时用电方案是否经过审批。

7.1.3 专项施工方案的专家论证审查

建筑施工企业应当组织专家组对如下工程的专项施工方案进行论证审查：

（1）深基坑工程：开挖深度超过 5 m（含 5 m）或地下室 3 层以上（含 3 层），或深度虽未超过 5 m（含 5 m），但地质条件和周围环境及地下管线极其复杂的工程。

（2）地下暗挖工程：地下暗挖及遇有溶洞、暗河、瓦斯、岩爆、涌泥、断层等地质复杂的隧道工程。

（3）高大模板工程。

（4）水平混凝土构件模板支撑系统高度超过 8 m，或跨度超过 18 m；施工总荷载大于 10 kN/m²，或集中线荷载大于 15 kN/m 的模板支撑系统。

（5）30 m 及以上高空作业的工程。

（6）大江、大河中深水作业的工程。

（7）城市房屋拆除爆破和其他土石大爆破工程。

专家组成员应不少于 5 人。专家组应提出书面论证审查报告，施工企业应根据论证审查报告进行完善，施工企业技术负责人、总监理工程师签字后，方可实施。专家组书面论证审查报告应作为安全专项施工方案的附件，在实施过程中，施工企业应严格按照安全专项方案组织施工。

任务 7.2　安全技术交底

无论是施工组织设计，还是专项施工方案，或者是各项安全技术措施都必须以一定的程序和方式进行落实，这就是安全技术交底的要求。各层次技术负责人应会同方案编制人员对施工组织设计或专项施工方案或各项安全技术措施等实施逐级交底，施工现场的项目技术负责人和方案编制人员必须参与方案实施的验收和检查，专职安全生产管理人

员应对安全技术交底的实施情况进行督查。同样,工程监理单位人员在检查安全生产时对安全技术交底情况进行督查。

7.2.1　安全技术交底概念

安全技术,原意为"技术的安全可靠",演变为确保安全所需要的技术,即研究建筑施工中各种特定工程项目各个环节中的不安全因素和安全保证要求,相应采取消除隐患以及警示、限控、保险、防护、救助等措施,以预防和控制安全事故的发生及减少其危害的技术。

安全技术交底是指将上述预防和控制安全事故发生及减少其危害的技术以及工程项目、分部分项工程概况,向作业人员做出说明,即工程项目在进行分部分项工程作业前和每天作业前,工程项目的技术人员和各施工班组长将工程项目、分部分项工程概况、施工方法、安全技术措施以及要求向全体施工人员进行说明。安全技术交底制度是施工单位有效预防违章指挥、违章作业,杜绝伤亡事故发生的一种有效措施。

7.2.2　安全技术交底的主要内容

(1)工程项目和分部工程的概况;

(2)工程项目和分部分项工程的危险部位;

(3)危险部位采取的具体预防措施;

(4)作业中应注意的安全事项;

(5)作业人员应遵守的安全操作规程和规范;

(6)作业人员发现事故隐患应采取的措施和发生事故后应及时采取的躲避和急救措施。

7.2.3　安全技术交底的基本要求

(1)逐级交底制度,承包单位向分包单位、分包单位工程项目的技术人员向施工班组长、施工班组长向作业人员分别进行交底。

(2)交底必须具体明确、针对性强。

(3)技术交底的内容应针对分部分项工程给施工作业人员带来的潜在危险因素和存在的问题。

(4)应优先采用新的安全技术措施。

(5)每天作业前,各施工班组长应当针对当天的工作任务、作业条件和作业环境,就作业要求和施工中应注意的安全事项向作业人员进行交底,并将参加交底的人员名单和交底内容记录在活动记录中。

(6)各工种的安全技术交底一般与分部分项安全技术交底同时进行。对施工工艺复杂、施工难度较大或作业条件危险的情况,应当进行各工种的安全技术交底。

(7)双方在书面安全技术交底上签字确认,主要是防止走过场,并有利于各自责任的确定。

7.2.4 安全技术交底的具体措施

7.2.4.1 施工企业必须制定安全技术的有关规定

安全技术交底是安全技术措施实施的重要环节。施工企业必须制定安全技术分级交底职责管理要求、职责权限和工作程序,以及分解落实、监督检查的规定。

7.2.4.2 安全技术交底必须得到有效落实

(1)专项施工项目及企业内部规定的重点施工工程开工前,企业的技术负责人及安全管理机构应向参加施工的施工管理人员进行安全技术方案交底。

(2)各分部分项工程,关键工序、专项方案实施前,项目技术负责人、安全员应会同项目施工员将安全技术措施向参加施工的施工管理人员进行交底。

(3)承包单位向分包单位、分包单位工程项目的安全技术人员向作业班组进行安全技术措施交底。

(4)安全员及各条线管理员应对新进场的工人开展岗前的安全生产教育培训以及本工种安全操作规程的教育。

(5)作业班组应对作业人员进行班前交底。

(6)交底应细致全面、讲求实效,不能流于形式。

7.2.4.3 安全技术交底必须手续齐全

所有安全技术交底除口头交底外,还必须有书面交底记录,交底双方应履行签名手续,交底双方各有一套书面交底。

书面交底记录应在技术、施工、安全三方备案。

任务 7.3 建筑施工安全防护

安全帽、安全带、安全网("三宝"),是施工中必须使用的最基本的防护用品。建筑施工现场存在诸多的安全隐患,其中,楼梯口、电梯口、预留洞口、通道口("四口"),以及施工现场内无围护设施或围护设施高度低于 0.8 m 的楼层周边、楼梯侧边、平台或阳台边、屋面周边和沟、坑、槽、深基础周边等危及人身安全的边沿("五临边")最易发生安全事故,施工中必须切实做好这些部位的安全防护。

"三宝""四口""五临边"的防护检查评定应符合现行行业标准《建筑施工高处作业安全技术规范》(JGJ 80—2016)的规定。

检查评定的项目包括安全帽、安全网、安全带、临边作业防护、洞口作业防护、基坑防护、悬空作业防护、操作平台防护、交叉作业防护、高处作业安全防护设施的验收。

7.3.1 基坑防护

基坑防护是基础施工期间地面以下作业和坑边的防护工作。编制安全技术措施(文案)时,应根据现场情况有针对性地考虑人员上下基坑及坑边防护。基坑防护的要求是:

(1)深度超过 2 m 的基坑施工,其临边应设置防止人及物体滚落基坑的措施并设警示标志,必要时应配专人监护。

（2）开挖深度超过 2 m 的基坑周边应设置搭设的临边防护栏杆，防护栏杆距坑边不小于 0.5 m 处固定［见图 7-1(a)］，其杆件的规格、栏杆的连接、搭设方式等必须符合现行行业标准《建筑施工高处作业安全技术规范)（JGJ 80—2016）等的规定。

（3）应根据施工设计设置供基坑交叉作业和施工人员上下的专用梯子［见图 7-1(b)］和安全通道，不得攀登固壁支撑上下。

(a)基坑周边搭设的防护栏杆　　　　(b)施工人员上下的专用梯子

图 7-1　基坑防护设施

（4）夜间施工时，施工现场应根据工程实际情况安设照明设施，在危险地段应设置红灯警示。

（5）基坑内作业、攀登作业及悬空作业均应有安全的立足和防护设施。

7.3.2　临边作业防护

在建筑工程施工中，施工人员大部分时间处在未完成建筑物的各层、各部位或构件的边缘或洞口处作业。临边与洞口处是施工过程中人员、物料极易发生坠落事故的场合，不得缺少安全防护设施。

7.3.2.1　防护栏的设置场合

（1）分层施工的楼梯口和楼段边，必须设防护栏杆；顶层楼梯口应随工程结构的进度安装正式栏杆或临时栏杆；楼梯休息平台上尚未堵砌的洞口边也应设防护栏杆［见图 7-2(a)、(b)］。

（2）尚未装栏板的阳台、料台，各种平台周边，雨篷与挑檐边，无外脚手架的屋面和楼层边，以及水箱周边，必须设防护栏杆［见图 7-2(c)］。

（3）井架、施工用的电梯、脚手架与建筑物通道的两边，各种垂直运输接料平台等，除两侧设置防护栏杆外，平台口还应设置安全门或活动防护栏杆；地面通道上部应装设安全防护棚。双笼井架通道中间，应分隔封闭。

（4）栏杆的横杆不应有悬臂，以免坠落时横杆头撞击伤人。

（5）在建工程的地面入口处和施工现场人员流动密集的通道上方应设置防护棚，防止因落物产生物体打击事故。

(a)楼梯临边防护

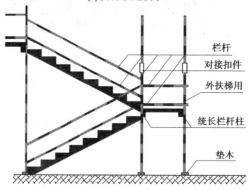

说明:踢脚杆、护身杆距离楼板分别为300 mm、1 200 mm

(b)楼梯及平台防护

(c)楼层临边防护

图7-2　楼梯防护

（6）施工现场大的坑槽、陡坡上部临边等处除需设置防护设施与安全警示标牌外,夜间还应设红灯示警。

7.3.2.2　防护栏杆设置要求

临边防护用的栏杆由栏杆立柱和上、下两道横杆组成(见图 7-3),上横杆称为扶手。栏杆的材料应按规范、标准的要求选择,选材时除需要满足力学条件外,其规格尺寸和连接方式还要符合构造上的要求,应坚固而不动摇,能够承受突然冲击,阻挡人员在可能状态下的下跌和防止物料的坠落,有一定的耐久性。

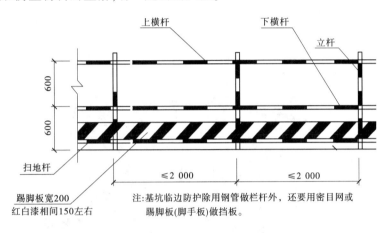

图 7-3　防护栏杆设置　(单位:mm)

搭设临边防护栏杆时,上杆离地高度为 1.0~1.2 m,下杆离地高度为 0.5~0.6 m,坡度大于 1∶2.2 的屋面,防护栏杆应高于 1.5 m,并加挂安全立网。除经设计计算外,横杆长度大于 2 m 时,必须加设栏杆立柱。栏杆立柱的固定及其与横杆的连接,其整体构造应使防护栏杆上杆的任何部位能经受任何方向的 1 000 N 外力。当栏杆所处位置有发生人群拥挤、车辆冲击或物件碰撞的可能时,应加大横杆截面或加密柱距。防护栏杆必须自上而下用安全立网封闭。

栏杆立柱的固定应符合下列要求:

（1）在基坑四周固定时,可采用钢管并打入地面 50~70 cm 深;钢管离边口的距离不应小于 50 cm,当基坑周边采用板桩时,钢管可打在板桩外侧。

（2）在混凝土楼面、屋面或墙面固定时,可用预埋件与钢管或钢筋焊牢。采用竹、木栏杆件时,可在预埋件上焊接 30 cm 长的∟50×5 角钢,其上、下各钻一孔,用 10 mm 螺栓与竹、木杆件拴牢。

（3）在砖或砌块等砌体上固定时,可预先砌入规格相应的 80 mm×6 mm 弯转扁钢作为预埋铁的混凝土块,以作为固定件。

7.3.3　洞口作业防护

在建工程施工现场往往存在着各式各样的洞口,在洞口旁的作业称为洞口作业。在水平的楼面、屋面、平台等上面,短边尺寸小于 25 cm、大于 2.5 cm 的称为孔,短边尺寸大于或等于 25 cm 的称为洞。在垂直于楼面、地面的垂直面上,高度小于 75 cm 的称为孔,高度大于或等于75 cm、宽度大于45 cm的均称为洞。凡在深度为2 m及2 m以上的桩孔、人孔、沟槽与管道等孔洞边沿上的高处作业都属于洞口作业范围。进行洞口作业以及在因工程和工序需要而产生的使人与物体有坠落危险和有人身安全危险的其他洞口进行高处作业时，必须设置防护设施。

7.3.3.1 防护栏杆的设置场合

（1）各种板与墙的洞口，应按其大小和性质分别设置牢固的盖板、防护栏杆、安全网或其他防坠落的防护设施。

（2）电梯井口，应根据具体情况设防护栏杆或固定栅门与工具式栅门（见图7-4），高度不小于1.5 m，门栅网格不应大于15 cm，且上部须与两侧墙体用膨胀螺栓等固定牢固；电梯井内每隔两层或最多10 m设一道安全平网（见图7-5），也可以按当地习惯在井口设固定的格栅或采取砌筑坚实的矮墙等措施。

(a)防护栏采用刚性材料并固定牢固　　(b)防护栏放置太随意，无有效固定

图7-4　电梯井口防护栏杆或固定栅门

刚性与柔性防护并用　　　　　　　电梯井内无水平安全网

(a)

图7-5　电梯井内安全平网设置

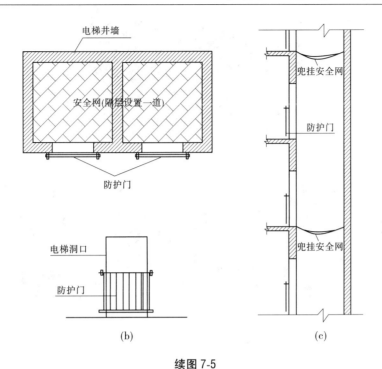

续图 7-5

（3）钢管桩、钻孔桩等桩孔口，柱基、条基等上口，未填土的坑、槽口，以及天窗和化粪池等处，都要作为洞口采取符合规范的防护措施。

（4）施工现场与场地通道附近的各类洞口、深度在 2 m 以上的敞口等处，除设置防护设施与安全标志外，夜间还应设红灯示警。

（5）物料提升机上料口应装设有联锁装置的安全门，同时采用断绳保护装置或安全停靠装置；通道口走道板应平行于建筑物满铺并固定牢靠，两侧边应设置符合要求的防护栏杆和挡脚板，并用密目式安全网封闭两侧。

7.3.3.2 洞口安全防护措施要求

洞口作业时，要根据具体情况采取设置防护栏杆、加盖件、张挂安全网与装栅门等措施（见图 7-6）。

（1）楼板面的洞口，可用竹、木等做盖板。盖板需保证四周搁置均衡，并有固定其位置的措施。

（2）短边边长为 50～150 cm 的洞口，必须设置以扣件扣接钢管而成的网格，并在其上满铺竹芭或脚手架；也可采用贯穿于混凝土板内的钢筋构成防护网，钢筋网格间距不得大于 20 cm。

（3）边长在 150 cm 以上的洞口，四周设防护栏杆，洞口下张设安全平网。

（4）墙面等处的竖向洞口，凡落地的洞口应加装开关式、工具式或固定式的防护门，门栅网格的间距不应大于 15 cm，也可采用防护栏杆，下设挡脚板（芭）。

（5）下边沿至楼板或底面低于 80 cm 的窗台等竖向的洞口，若侧边落差大于 2 m，则应加设 1.2 m 高的临时护栏。

(a)

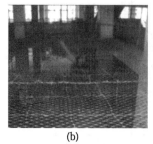

(b)

(c)

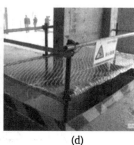

(d)

图 7-6　洞口安全防护

7.3.4　悬空作业防护

（1）悬空作业处应有牢靠的立足处，并必须视具体情况，配置防护栏网、栏杆或其他安全设施。

（2）悬空作业所用的索具、脚手板、吊篮、吊笼、平台等设备，均需经过技术鉴定或检证方可使用。

（3）构件吊装和管道安装时的悬空作业，必须遵守下列规定：

①钢结构的吊装，构件应尽可能在地面组装，并应搭设进行临时固定、电焊、高强螺栓连接等工序的高空安全设施，随构件同时上吊就位。拆卸时的安全措施，亦应一并考虑和落实。高空吊装预应力钢筋混凝土屋架、桁架等大型构件前，也应搭设悬空作业中所需的安全设施。

②悬空安装大模板、吊装第一块预制构件、吊装单独的大中型预制构件时，必须站在操作平台上操作。吊装中的大模板和预制构件及石棉水泥板等屋面板上，严禁站人和行走。

③安装管道时必须有已完工结构或操作平台作为立足点，严禁在安装中的管道上站立和行走。

（4）模板支撑和拆卸时的悬空作业，必须遵守下列规定：

①支模应按规定的作业程序进行，模板未固定前不得进行下道工序。严禁在连接件和支撑件上攀登上下，并严禁在上下同一垂直面上装、拆模板。结构复杂的模板，装、拆应严格按照施工组织设计的措施进行。

②支设高度在 3 m 以上的柱模板，四周应设斜撑，并应设立操作平台，低于 3 m 的可使用马凳操作。

③支设悬挑形式的模板时,应有稳固的立足点。支设临空构筑物模板时,应搭设支架或脚手架。模板上有预留洞时,应在安装后将洞盖没。混凝土板上拆模后形成的临边或洞口,应按相关规范进行防护。

④拆模高处作业,应配置登高用具或搭设支架。

(5)钢筋绑扎时的悬空作业,必须遵守下列规定:

①绑扎钢筋和安装钢筋骨架时,必须搭设脚手架和马道。

②绑扎圈梁、挑梁、挑檐外墙和边柱等钢筋时,应搭设操作台架和张挂安全网。悬空大梁钢筋的绑扎,必须在满铺脚手板的支架或操作平台上操作。

③绑扎立柱和墙体钢筋时,不得站在钢筋骨架上或攀登骨架上下。绑扎 3 m 以内的柱钢筋,可在地面或楼面上绑扎,整体竖立;绑扎 3 m 以上的柱钢筋,必须搭设操作平台。

(6)混凝土浇筑时的悬空作业,必须遵守下列规定:

①浇筑离地 2 m 以上框架、过梁、雨篷和小平台时,应设操作平台,不得直接站在模板或支撑件上操作。

②浇筑拱形结构,应自两边拱脚对称地相向进行。浇筑储仓下口,应先行封闭,并搭设脚手架以防人员坠落。

③特殊情况下,若无可靠的安全设施,则必须系好安全带,并扣好保险钩或架设安全网。

(7)进行预应力张拉的悬空作业时,必须遵守下列规定:

①进行预应力张拉时,应搭设站立操作人员和设置张拉设备用的牢固可靠的脚手架或操作平台。雨天张拉时,还应架设防雨篷。

②预应力张拉区域应标示明显的安全标志,禁止非操作人员进入。张拉钢筋的两端必须设置挡板,应距所张拉钢筋的端部 1.5~2 m,且应高出最上一组张拉钢筋 0.5 m,其宽度应距张拉钢筋两外侧各不小于 1 m。

③孔道灌浆应按预应力张拉安全设施的有关规定进行。

(8)悬空进行门窗作业时,必须遵守下列规定:

①安装门、窗、玻璃及刷油漆时,严禁操作人员站在樘子、阳台栏板上操作。门、窗临时固定,封填材料未达到强度,以及电焊时,严禁手拉门、窗进行攀登。

②在高处外墙安装门、窗,无外脚手架时,应张挂安全网。无安全网时,操作人员应系好安全带,其保险钩应挂在操作人员上方的可靠物件上。

③进行各项窗口作业时,操作人员的重心应位于室内,不得在窗台上站立,必要时应系好安全带进行操作。

7.3.5　操作平台防护

7.3.5.1　移动式操作平台必须符合的规定

(1)操作平台应由专业技术人员按现行的相应规范进行设计,计算书及图纸应编入施工组织设计。

(2)操作平台的面积不应超过 10 m²,高度不应超过 5 m,还应进行稳定验算,并采取措施减小立柱的长细比。

(3)装设轮子的移动式操作平台,轮子与平台的接合处应牢固可靠,立柱底端离地面不得超过80 mm。

(4)操作平台可采用ϕ(48~51)mm×3.5 mm钢管以扣件连接,亦可采用门架式或承插式钢管脚手架部件,按产品使用要求进行组装。平台的次梁,间距不应大于40 cm,台面应满铺3 cm厚的木板或竹笆。

(5)操作平台四周必须按临边作业要求设置防护栏杆,并应布置登高扶梯。

7.3.5.2 悬挑式钢平台必须符合的规定

(1)悬挑式钢平台应按现行的相应规范进行设计,其结构构造应能防止左右晃动,计算书及图纸应编入施工组织设计。

(2)悬挑式钢平台的搁支点与上部拉结点必须位于建筑物上,不得设置在脚手架等施工设备上。

(3)斜拉杆或钢丝绳构造上,宜两边各设前后两道,两道中的每道均应做单道受力计算。

(4)应设置4个经过验算的吊环。吊运平台时应使用卡环,不得使用吊钩直接钩挂吊环,应用甲类3号沸腾钢制作。

(5)钢平台安装时,钢丝绳应采用专用的挂钩挂牢,采用其他方式时,卡头的卡子不得少于3个。建筑物锐角利口围系钢丝绳处应加衬软垫物,钢平台外口应略高于内口。

(6)钢平台左右两侧必须装置固定的防护栏杆(见图7-7)。

(7)卸料平台应独立设置,平台的搁支点和上部拉结点,必须牢固固定于建筑结构上,严禁设置在脚手架等施工设施上。

(8)卸料平台底部应用花纹钢板焊接固定,与外架之间的间隙也应封闭良好;或平台上满铺厚度不小于5 cm的木板或模板,且必须固定牢固。平台两侧及前方用模板竖向封闭,防止杂物坠落。

(9)卸料平台两侧面设置固定的防护栏杆,其立杆与主挑梁焊接固定。防护栏杆高度不低于1.5 m,下设180 mm高挡脚板,平台两侧及前方应采用硬质材料封闭(见图7-7)。

(10)钢平台吊装,需待横梁支撑点电焊固定,接好钢丝绳,调整完毕,经过检查验收,方可松卸起重吊钩,上下操作。

(11)钢平台使用时,应有专人进行检查,发现钢丝绳有锈蚀损坏应及时调换,焊缝脱焊应及时修复。

7.3.6 交叉作业防护

所谓交叉作业,就是在施工现场的上下不同层次,于空间贯通状态下同时进行的高处作业。

(1)支模、粉刷、砌墙等各工种进行上下立体交叉作业时,不得在垂直方向上操作。下层作业的位置,必须处于依据上层高度确定的可能坠落范围半径之外。不符合以上条件时,应设置安全防护层(见图7-8)。

(2)钢模板、脚手架等拆除时,下方不得有其他操作人员。

（3）钢模板部件拆除后，临时堆放处离楼层边沿不应小于 1 m，堆放高度不得超过 1 m。楼层边口、通道口、脚手架边缘等处，严禁堆放任何拆下物件。

（4）结构施工自二层起，凡人员进出的通道口（包括井架、施工用电梯的进出通道口），均应搭设安全防护棚。高度超过 24 m 层次上的交叉作业，应设双层防护棚（见图 7-9、图 7-10）。

（5）由于上方施工可能坠落物件或处于起重机把杆（吊臂）回转范围之内的通道，在其受影响的范围内，必须搭设顶部能防止穿透的双层防护廊。

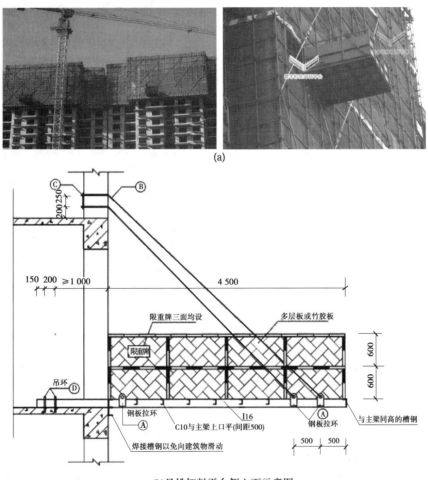

(a)

(b)悬挑卸料平台侧立面示意图

图 7-7   悬挑卸料钢平台   （单位：mm）

7.3.7   高处作业安全防护

7.3.7.1   高处作业的概念

按照现行《建筑施工高处作业安全技术规范》（JGJ 80—2016）规定：坠落高度基准面 2 m 及以上有可能坠落的高处进行的作业称为高处作业。其含义有两个：一是相对概念，可能坠落的底面高度大于或等于 2 m，也就是不论在单层、多层还是高层建筑物作业，即使

图 7-8　上下交叉作业安全防护

图 7-9　施工电梯通道口安全防护

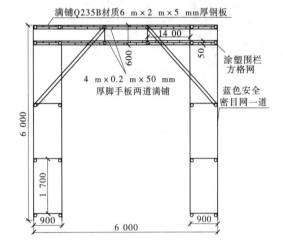

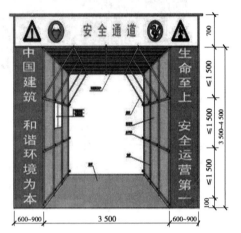

图 7-10　安全通道（口）防护　（单位：mm）

是在平地，只要作业处的侧面有可能导致人员坠落的坑、井、洞或空间，其高度达到 2 m 及其以上，都属于高处作业；二是高低差距标准定为 2 m，一般情况下，当人在 2 m 以上的高度坠落时，就很可能会造成重伤、残废甚至死亡，因此高处作业需按规定进行安全防护（见图 7-11～图 7-14）。

图 7-11　全身式双绳安全带

图 7-12　高处作业安全防护

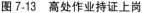

图 7-13　高处作业持证上岗

图 7-14　高处作业无防护

7.3.7.2　高处作业安全防护措施

（1）进行高处作业时，必须使用脚手架、平台、梯子、防护围栏、挡脚板、安全带和安全网等。作业前，应认真检查所用的安全设施是否牢固、可靠。

（2）从事高处作业人员应接受高处作业安全知识的教育；特殊高处作业人员应持证上岗，上岗前应依据有关高度进行专门的安全技术交底。采用新工艺、新技术、新材料和新设备的，应按规定对作业人员进行相关安全技术教育。

（3）高处作业人员应经过体检，合格后方可上岗。施工单位应为作业人员提供合格的安全帽、安全带等必备的个人安全防护用具，作业人员应按规定正确佩戴和使用。

（4）施工单位应按类别有针对性地将各类安全警示标志悬挂于施工现场各相应部位，夜间应设红灯示警。

（5）高处作业所用工具、材料等严禁投掷，上下立体交叉作业确有需要时，中间需设隔离设施。

（6）高处作业应设置可靠扶梯，作业人员应沿着扶梯上下，不得沿着立杆与栏杆攀登。

（7）雨雪天应采取防滑措施，在风速为 10.8 m/s 以上和雷电、暴雨、大雾等气候条件下，不得进行露天高处作业。

（8）高处作业的上下应设置联系信号或通信装置，并指定专人负责。

（9）高处作业前，工程项目部应组织有关部门对安全防护设施进行验收，经验收合格签字后方可作业。需要临时拆除或变动安全设施的，应经项目技术负责人审批签字，并组织有关部门验收，经验收合格签字后方可实施。

7.3.7.3　高处作业安全防护设施的验收

（1）建筑施工进行高处作业之前，应进行安全防护设施的逐项检查和验收。验收合格后，方可进行高处作业，验收也可分层进行或分阶段进行。

（2）安全防护设施，应由单位工程负责人验收，并组织有关人员参加。

（3）安全防护设施的验收，应具备下列资料：

①施工组织设计及有关验算数据。

②安全防护设施验收记录。

③安全防护设施变更记录及签证。

（4）安全防护设施的验收,主要包括以下内容:

①所有临边、洞口等各类技术措施的设置状况;

②技术措施所用的配件、材料和工具的规格和材质;

③技术措施的节点构造及其与建筑物的固定情况;

④扣件和连接件的紧固程度;

⑤安全防护设施用品及设备的性能与质量是否合格的验证。

（5）安全防护设施的验收应按类别逐项查验,并做验收记录。凡不符合规定的,必须修整合格后再行查验。施工工期内还应定期进行抽查。

7.3.8 安全帽、安全带、安全网

建筑施工现场是高危险性的作业场所,所有进入施工现场的人员必须戴安全帽,登高作业必须系安全带,安全防护必须按规定架设安全网。建筑工人称安全帽、安全带、安全网为救命"三宝"。目前,这三种防护用品都有产品标准,使用时也应选择符合建筑施工要求的产品。

7.3.8.1 安全帽

（1）进入施工现场的人员必须戴安全帽,调好帽箍,系好帽带,帽衬与帽壳有 2~4 cm 的间隙,禁止使用劣质安全帽;施工现场各参建方的安全帽应分色佩戴(见图 7-15)。

图 7-15 安全帽

（2）要正确使用安全帽,不准使用缺衬及破损的安全帽。

（3）安全帽应符合国家现行标准《安全帽》(GB 2811—2007)的规定。

7.3.8.2 安全带

（1）建筑施工中的攀登作业、独立悬空作业,如搭设脚手架,吊装混凝土构件、钢构件及设备等都属于高空作业,操作人员都应系安全带(见图 7-16)。

（2）安全带应选用符合标准要求的合格产品。

（3）使用安全带时要注意:

①安全带应高挂低用,挂在牢固可靠处,不准将绳打结使用,防止援动和碰撞,安全带上的各种部件不得任意拆掉。

②安全带使用两年以后,使用单位应按购进批量的大小,选择一定比例的数量做一次抽检,用 80 kg 的砂袋做自由落体试验,若未破断,可继续使用,但抽检的样带应更换新的挂绳后才能使用;若试验不合格,购进的这批安全带就应报废。

③安全带外观有破损或发现有异味时,应立即更换。

④安全带使用 3~5 年即应报废。

图 7-16　高空作业

7.3.8.3　安全网

目前,建筑工地所使用的安全网,按其形式及作用可分为平网和立网两种。由于这两种网在使用中的受力情况不同,因此其规格、尺寸和强度要求等也有所不同。平网,指其安装平面平行于水平面,主要用来承接人和物的坠落;立网,指其安装的平面垂直于水平面,主要用来阻止人和物的坠落。

1.安全网的构造和材料

安全网的材料,要求密度小、强度高、耐久性好、延伸率大和耐久性较强。此外,还应有一定的耐气候性能,潮湿后期强度下降不太大。目前,安全网以化学纤维为主要材料,一张安全网上所有的网绳都要采用相同材料,所有材料的湿、干强力比不得低于 75%。通常多采用维纶和尼龙等合成化纤做网绳。丙纶性能不稳定,禁止使用。此外只要符合国家有关规定的要求,亦可采用棉、麻、棕等植物材料做网绳原料。不论采用何种材料,每张安全平网的质量一般不宜超过 15 kg,并要能承受 800 N 的冲击力。

2.密目式安全网

根据《建筑施工安全检查标准》(JGJ 59—2011)的规定,P–3×6 的大网眼的安全平网就只能在电梯井、外脚手架的跳板下方、脚手架与墙体间的空隙等处使用。

密目式安全网(见图 7-17)的目数为网上任意一处 10 cm×10 cm 的面积上应大于2 000 目。目前,生产密目式安全网的厂家很多,品种也很多,产品质量参差不齐,为了保证使用合格的密目式安全网,施工单位采购回来以后,可以做现场试验,除对外观、展开尺寸、质量、目数等检查外,还要做以下两项试验。

1)贯穿试验

将 1.8 m×6 m 的安全网与地面呈 30°夹角放好,四边拉直固定。在网中心上方 3 m高度的地方,用一根 ϕ 18 mm×3.5 mm 的 5 kg 钢管自由落下,网不贯穿即为合格,网贯穿即为不合格。

2)冲击试验

将密目式安全网水平放置,四边拉紧固定。在网中心上方 1.5 m 高度处,用一个 100

图 7-17　密目式安全网

kg 的砂袋自由落下，网边撕裂的长度小于 200 mm 即为合格。

用密目式安全网将在建工程外围及外脚手架的外侧全封闭，使得施工现场用大网眼的平网作为水平防护的敞开式防护，用栏杆或小网眼立网作为防护的半封闭式防护，实现了全封闭式防护。

3. 安全网防护

（1）高处作业点下方必须设安全网。凡无外架防护的施工，必须在高度 4~6 m 处设一层水平投影外挑宽度不小于 6 m 的固定的安全网，每隔四层楼再设一道固定的安全网，并同时设一道随墙体逐层上升的安全网。

（2）施工现场应积极使用密目式安全网，架子外侧、楼层临边井架等处用密目式安全网封闭栏杆，安全网放在栏杆内侧。

（3）单层悬挑架一般只搭设一层脚手板为作业层，需在紧贴脚手板下部挂一道平网做防护层；当脚手板下挂平网有困难时，可沿外挑斜立杆的密目网内侧斜挂一道平网，作为人员坠落的防护层。

（4）单层悬挑架包括防护栏杆及斜立杆部分，全部用密目网封严。多层悬挑架上搭设的脚手架，用密目网封严。

（5）架体外侧用密目网封严。

（6）安全网做防护层时，必须封挂严密、牢靠；水平防护时，必须采用平网，不准用立网代替平网。

（7）安全网应绷紧、扎牢，拼接严密，不得使用破损的安全网。

（8）安全网必须有产品生产许可证和质量合格证，不准使用无证和不合格产品。

任务 7.4　模板与脚手架安全技术管理

模板是新浇混凝土成形用的模型。在拆模之前，模板承受着浇筑过程中施工人员与施工机具等施工荷载和钢筋与混凝土的自重。因此，如果模板体系选择不当、模板设计不合理、模板安装不符合有关规定等，均有可能造成支撑杆件失稳、模板系统倒塌等安全事故。

7.4.1　模板工程安全技术

7.4.1.1　模板设计

模板及其支架应根据工程结构形式、荷载大小、地基土类别、施工设备和材料供应等条件进行设计。模板及其支架应具有足够的承载能力、刚度和稳定性,能可靠地承受浇筑混凝土的重量、侧压力及施工荷载,拼缝严密不漏浆,搭拆方便,满足构件几何尺寸及标高要求。

根据现行《混凝土结构工程施工规范》(GB 50666—2011)、《建筑施工模板安全技术规范》(JGJ 162—2008)等规范标准规定,模板及其支架设计时考虑的荷载包括永久荷载和可变荷载两类。

(1)永久荷载标准值包括模板及支架自重标准值、新浇筑混凝土自重标准值、钢筋自重标准值及新浇筑混凝土对模板侧面的压力标准值。

(2)活荷载标准值取值包括施工人员及设备荷载标准值、倾倒或振捣混凝土时产生的荷载标准值取值。支架立柱或桁架应保持稳定,并用撑位杆件固定。验算模板及其支架在自重和风荷载作用下的抗倾覆稳定性时,应符合相应的规定。

(3)荷载组合的分项系数,对于永久荷载为1.2,对于可变荷载为1.4。

7.4.1.2　施工方案

(1)模板支撑支架施工必须具有针对性,有能指导施工的施工方案,并按有关程序进行审批。

施工方案内容应该包括模板及支撑的设计、制作、安装和拆除的施工程序、作业条件,以及运输、堆放的要求等。模板工程施工应针对混凝土的施工工艺(如采用混凝土喷射机、混凝土泵送设备、塔吊浇筑罐、小推车运送等)和季节施工特点(如冬季施工保温措施等)制订出安全、防火措施,并纳入施工方案之中。

(2)危险性较大的模板工程应编制专项方案,并由施工单位技术、安全、质量等专业部门进行审核,施工单位技术负责人签字,超过一定规模危险性较大的模板工程,施工单位应组织专家进行论证。

(3)模板工程专项安全施工组织设计(方案)的主要内容如下:

①工程概况:要充分了解设计图纸、施工方法和作业特点,以及作业的环境、相关的技术资源、施工现场与模板工程相关的高处作业临边防护措施和季节性施工特点等。

②模板工程安装和拆除的技术要求:主要是对模板及其支撑系统的安装和拆除的顺序,作业时应遵守的规范、标准和设计要求,有关施工机具设备的要求,作业时对施工荷载的控制措施,模板及其支撑系统安装后的验收要求,浇捣混凝土时应注意的事项,浇捣大型混凝土时对模板支撑系统及模板进行变形和沉降观测的要求,模板拆除前混凝土强度应达到的标准,模板拆除前应例行的手续等做出的明确具体的规定。

③模板工程安全技术措施编制:模板工程的安全技术措施要和现场的实际情况(如现场已有的安全防护设施)相配合。重点是登高作业的防护和操作平台的设置,立体交叉作业的隔离防护,作业人员上下作业面通道的设置或登高用具的配置,洞口及临边作业的防护,悬空作业的防护,有关施工机具设备的使用安全,有关施工用电的安全和高层大钢模板的防雷,夜间作业时的照明问题等。

④绘制有关支撑系统的施工图纸:主要有支撑系统的平面图、立面图,有关关键、重点部位细部构造的节点详图等施工图纸。若对支撑模板及其支撑系统的楼、地面有加强措施的,也应按要求绘制相应的施工图纸。

7.4.1.3　模板安装

模板安装是以模板工程施工设计为依据，按预定的方案和程序进行的。在模板安装之前及安装过程中应注意如下安全技术问题：

（1）进入施工现场的操作人员必须戴好安全帽，扣好帽带。操作人员严禁穿硬底鞋及高跟鞋作业。

（2）高处和临边洞口作业应设护栏，张挂安全网，如无可靠防护措施，必须系安全带，扣好带扣。高空、复杂结构模板的安装与拆除，事先应有切实的安全措施。

（3）工作前应先检查使用的工具是否牢固，扳手等工具必须用绳链系挂在身上，钉子必须放在工具袋内，以免掉落伤人。工作时要思想集中，防止钉子扎脚和空中滑落。

（4）安装模板时操作人员应有可靠的落脚点，并应站在安全地点进行操作，避免上下在同一垂直面工作。操作人员要主动避让吊物，增强自我保护和相互保护的安全意识。

（5）支模应按规定的作业程序进行，模板未固定前不得进行下一道工序。严禁在连接件和支撑件上攀登上下。

（6）支模时，操作人员不得站在支撑上，而应设置立人板，以便操作人员站立。立人板应用木质板为宜，并适当绑扎固定。不得用钢模板或5 cm×10 cm的木板。

（7）支模过程中，如需中途停歇，应将支撑搭头、柱头板等钉牢。拆模间歇时，应将已活动的模板、牵杠、支撑等运走或妥善堆放，防止因踏空、扶空而坠落。模板上有预留洞者，应在安装后将洞口盖好，混凝土板上的预留洞口，应在模板拆除后即将洞口盖好。

（8）模板安装高度在2 m及以上，应有相应的安全措施；当模板高度大于或等于3 m时，应符合高空作业的有关规定，当工人必须站立在脚手架或工作平台上作业时，周围应设有防护栏和安全网等。

（9）在雷雨季节施工，当模板高度超过15 m时，要考虑安设避雷设施，避雷设施的接地电阻不得大于4 Ω；风力≥5级时，不宜进行预拼大块钢模板、台模板等大件模板的露天吊装作业；遇有大雨、下雪、大雾及6级以上大风等恶劣天气时，应停止露天的高空作业，雨、雪停止后要及时清除模板、支架及地面的冰雪和积水。

（10）模板拆除区域应设置警戒线并设专人监护，悬空模板必须拆除。

7.4.1.4　支撑系统

（1）模板支撑支架（见图7-18）的支撑系统必须进行设计计算。模板支撑系统设计与计算主要包括：对模板及其支撑系统材质的选用、材料应达到的等级及规格尺寸、制作的方法、接头的方法、有关杆件设置和间距、剪刀撑的设置等。

（2）支撑支架构造。模板支撑支架必须按模板方案要求进行施工，应符合以下规定：

①立柱底部必须设置扫地杆；

②立柱接长应采用同心对接的连接方式；

③立柱顶部应设置可调支托；

④立柱底部应设置符合要求的垫板；

⑤搭设高度超过5 m及以上，模板支撑支架与建筑物应有固定节点；

⑥模板支撑支架应按规定设置剪刀撑。

立柱材料可用钢管、门式架、木杆，其材质和规格应符合设计要求。

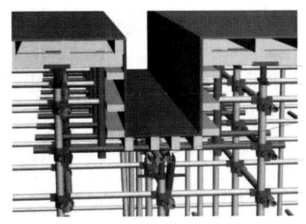

图 7-18 模板支撑设置示意图

立柱底部支撑结构必须具有支撑上层荷载的能力,上下层立柱应对准。为合理传递荷载,立柱底部应设置木垫板,木楞应钉牢。禁止使用砖及脆性材料铺垫。当支撑在地基上时,应验算地基土的承载力。

立柱的间距应经计算确定,并按照施工方案要求进行。当使用 ϕ 48 mm 钢管时,间距应不大于 1 m。

7.4.1.5 模板安全检查

模板安装完工后,在绑扎钢筋、浇筑混凝土及养护等过程中,须有专职人员进行安全检查,若发现问题,应立即整改。遇有险情,应立即停工并采取应急措施,修复或排除险情后,方可恢复施工。一般对模板工程的安全检查内容有以下几点:

(1)模板的整体结构是否稳定。

(2)各部位的结合及支撑着力点是否有脱开和滑动等情况。

(3)连接件及钢管支撑的机件是否有松动、滑丝、崩裂、位移等情况,灌注混凝土时,钢模板是否有倾斜、弯曲、局部鼓胀及裂缝漏浆等情况。

(4)模板支撑部位是否坚固,地基是否有积水或下沉。

(5)其他工种作业时,是否有违反模板工程的安全规定,是否有损模板工程的安全。

(6)施工中突遇大风大雨等恶劣气候时,模板及其支架的安全状况是否存在安全隐患等。

7.4.1.6 模板验收

(1)支拆模板前应进行安全技术交底。

(2)模板工程完成后应进行模板验收,应有量化验收内容和签字手续。

(3)模板拆除应有申请审批,并严格执行拆模令。

7.4.1.7 模板拆除

(1)模板拆除应按施工设计及安全技术措施规定的施工方法和顺序进行,同时必须遵守安全技术操作规程的有关规定。

(2)模板的底板及其支架拆除时,混凝土的强度必须符合设计要求。当设计无具体要求时,混凝土强度应符合现行《混凝土结构工程施工质量验收规范》(GB 50204—2015)的规定。

(3)现浇混凝土模板拆除之前,应对照拆除的部位查阅混凝强度试验报告,必须达到拆模强度时方可进行;滑升模板提升时的混凝土强度必须达到方案的要求方可进行;承重结构应按照不同的跨度确定其拆模强度(见表7-1);预应力结构必须达到张拉强度,待张拉、灌浆完毕后,方可拆模。对后张法预应力混凝土结构构件,侧模宜在预应力张拉前拆除,而其底模支架的拆除应按施工技术方案执行。当无具体要求时,不应在结构构件建立预应力前拆除。

表7-1 底模支架拆除时的混凝土要求

构件类型	构件跨度(m)	达到设计强度的百分比(%)
板	≤2	≥50
	>2、≤8	≥75
	>8	≥100
梁、拱、壳	≤8	≥75
	>8	≥100
悬臂结构		≥100

(4)拆除模板的周围应设安全网,在临街或交通要道地区设有警示牌、警戒线,并有专人维持安全,防止伤及行人。高空作业拆除模板时,作业人员必须系好安全带,拆下的模板、扣件等应及时运至地面,严禁从空中抛下。若临时放置在脚手架或平台上,要控制其重量不得超过脚手架或工作平台的设计控制荷载,并放置稳固,防止滑落。拆模时若间歇片刻,应将已松扣的钢模板、支撑件拆下运走后方能休息,以避免其坠落伤人或使操作人员扶空坠落。

7.4.2 脚手架搭设工程安全技术

7.4.2.1 脚手架工程安全生产的一般要求

(1)脚手架搭设前,必须根据工程特点及有关规范、规定的要求,制订施工方案和搭设的安全技术措施。

(2)脚手架搭设和拆除人员必须符合《特种作业人员安全技术培训考核管理规定》,经考核合格,并领取"特种作业人员操作证"。

(3)操作人员应持证上岗,操作时必须佩戴安全帽、安全带,穿防滑鞋。

(4)脚手架搭设的交底与验收要求:

①脚手架搭设前,工地施工员或安全员应根据施工方案及外脚手架检查评分表检查项目及其扣分标准,并结合《建筑安装工人安全技术操作规程》的相关要求,写成书面交底资料,向持证上岗的架子工进行交底。

②通常脚手架是在主体工程基础完工时才开始搭设,即分段搭设、分段使用。脚手架分段搭设完毕后,必须经施工负责人组织有关人员,按施工方案及有关规范的要求进行检

查验收。

③经验收合格,办理验收手续,填写"脚手架底层搭设验收表""脚手架中段验收表""脚手架顶层验收表",有关人员签字后方准使用。

(5)大雾及雨、雪天气和 6 级以上大风时,不得进行脚手架上的高处作业。雨、雪天气以后作业,必须采取安全防滑措施。

(6)脚手架搭设作业时,应按形成基本构架单元的要求逐排、逐跨进行搭设,矩形周边脚手架宜从其中一个角开始向两个方向延伸搭设,并确保已搭部分稳定。

(7)门式脚手架以及其他纵向竖立面刚度较差的脚手架,在连墙点设置层宜加设纵向水平长横杆与连接件连接。

(8)搭设作业时,应按以下要求做好自我保护,保证现场作业人员的安全:

①架上作业人员应穿防滑鞋和佩挂安全带。为保证作业安全,作业层脚手架应铺设脚手板,且铺设要平稳,不得有探头板。

②架上作业人员应做好分工和配合,传递杆件时要掌握好重心,平稳传递,不要用力过猛,以免引起人身或杆件失衡;每完成一道工序,都要相互询问并确认后才能进行下一道工序。

③作业人员应佩戴工具袋,工具用后装于袋中,不要放在架子上,以免掉落伤人。

④架上材料要随上随用,以免放置不当时掉落。

⑤每次收工前,所有上架材料应全部搭设好,不要存留在架子上,而且一定要形成稳定的构架,不能形成稳定构架的部分应采取临时撑拉措施予以加固。

⑥在搭设作业中,地面上的配合人员应避开可能落物的区域。

(9)钢管脚手架的高度超过周围建筑物或在雷暴较多的地区施工时,应安设防雷装置,其接地电阻应不大于 4 Ω。

(10)架上作业应执行规范或设计规定的允许荷载,严禁超载。较重的施工设备(如电焊机等)不得放置在脚手架上。严禁将模板支撑、缆风绳、泵送混凝土及砂浆的输送管等固定在脚手架上及任意悬挂起重设备。

(11)架上作业时,不要随意拆除基本结构杆件和连墙体,因作业的需要必须拆除某些杆件和连墙点时,必须取得施工主管和技术人员的同意,并采取可靠的加固措施后方可拆除。

(12)架上作业时,不要随意拆除安全防护设施,未设置或设置不符合要求时,必须补设或改正后才能上架作业。

7.4.2.2　室内满堂脚手架搭设安全技术与要求

根据现行《建筑施工安全检查标准》(JGJ 59—2011)等标准、规范的规定,满堂脚手架(见图 7-19)检查评定保证项目应包括施工方案、架体基础(见图 7-20)、架体稳定、杆件锁件、脚手板、交底与验收;一般项目应包括架体防护、构配件材质、荷载、通道。

(1)室内满堂脚手架应严格按施工组织设计要求搭设。

(2)满堂脚手架的纵、横距不应大于 2 m。

(3)满堂脚手架应设登高设施,保证操作人员上下安全。

(4)操作层应满铺竹笆,不得留有空洞;必须留空洞时,应设围栏保护。

图 7-19　满堂脚手架

纵向扫地杆距地200 mm——　┌—50 mm厚脚手板

(a)架体基础做法效果图

(b)架体基础做法实物图(应设垫板)

图 7-20　架体基础

（5）大型条形内脚手架，操作层两侧应设防护栏杆保护。

（6）满堂脚手架步距应控制在 2 m 内、必须高于 2 m 时，应有技术措施保护。

（7）满堂脚手架的稳固，应采用斜杆（剪刀撑）保护。

（8）满堂脚手架不宜采用钢、竹混设。

7.4.2.3　扣件式钢管脚手架搭设安全技术与要求

（1）单位工程负责人应按施工组织设计中有关脚手架的要求，向架设和使用人员进行技术交底。

（2）应按《建筑施工扣件式钢管脚手架安全技术规范》（JGJ 130—2011）的最新规定和施工组织设计的要求（见图 7-21）对钢管、扣件、脚手板等进行检查验收，不合格产品不得使用。

（3）经检验合格的构配件应按品种、规格分类，堆放整齐、平稳，堆放场地不得有积水。

（4）应清除搭设场地杂物，平整搭设场地，设置排水沟并使排水畅通（见图 7-22）。

（5）当脚手架基础下有设备基础、管沟时，在脚手架使用过程中不应开挖，否则必须采取加固措施。

（6）脚手架底座标高宜高于自然地坪 50 mm。

（7）脚手架基础经验收合格后，应按施工组织设计的要求放线定位。

（8）脚手架必须配合施工进度搭设，一次搭设高度不应超过相邻连墙件以上两步。

（9）每搭完一步脚手架后，应按现行规范《建筑施工扣件式钢管脚手架安全技术规范》（JGJ 130—2011）的规定，校正步距、纵距、横距及立杆的垂直度。

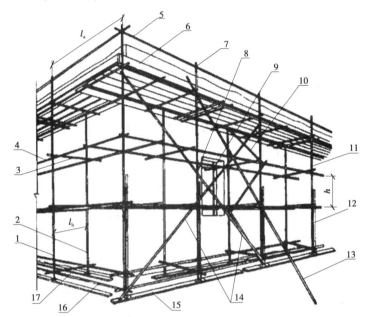

1—外立杆；2—内立杆；3—横向水平杆；4—纵向水平杆；5—栏杆；6—挡脚板；
7—直角扣件；8—旋转扣件；9—连墙件；10—横向斜撑；11—主立杆；12—副立杆；
13—抛撑；14—剪刀撑；15—垫板；16—纵向扫地杆；17—横向扫地杆；
l_a—纵距（跨距）；l_b—横距；h—步距

图 7-21　扣件式钢管脚手架支撑设置及构造示意图

（10）底座安放应符合下列规定：

①底座、垫板均应准确地放在定位线上（见图 7-23）；

②垫板宜采用长度不少于 2 跨、厚度不小 50 mm 的木垫板，也可采用槽钢。

 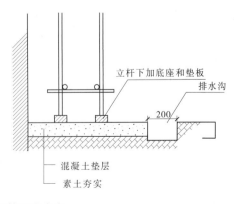

图 7-22　脚手架基础排水沟

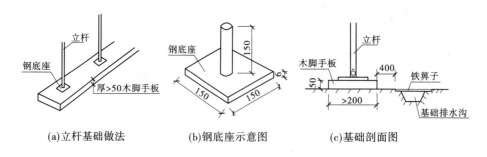

(a)立杆基础做法 　　(b)钢底座示意图 　　(c)基础剖面图

图 7-23　基础示意图　（单位:mm）

（11）立杆搭设应符合下列规定:

①严禁将外径 48 mm 与 51 mm 的钢管混合使用;

②相邻立杆的对接扣件不得在同高度内,错开距离应符合现行《建筑施工扣件式钢管脚手架安全技术规范》(JGJ 130—2011)的规定;

③开始搭设立杆时,应每隔 6 跨设置一根抛撑,直至连墙件安装稳定后,方可根据情况拆除;

④当搭至有连墙件的构造点时,在搭设完该处的立杆、纵向水平杆、横向水平杆后,应立即设置连墙件(见图 7-24);

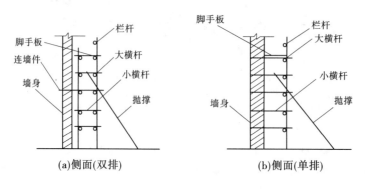

(a)侧面(双排) 　　　　　　　　(b)侧面(单排)

图 7-24　立杆搭设

⑤顶层立杆搭接长度与立杆顶端伸出建筑物的高度应符合现行《建筑施工扣件式钢管脚手架安全技术规范》(JGJ 130—2011)的规定。

（12）纵向水平杆搭设应符合下列规定:

①纵向水平杆搭设应符合现行《建筑施工扣件式钢管脚手架安全技术规范》(JGJ 130—2011)的构造规定。

②在封闭型脚手架的同步中,纵向水平杆应四周交圈,用直角扣件与内外角部立杆固定。

（13）横向水平杆搭设应符合下列规定:

①搭设横向水平杆应符合现行《建筑施工扣件式钢管脚手架安全技术规范）(JGJ 130—2011)的构造规定。

②双排脚手架横向水平杆的靠墙一端至墙装饰面的距离不宜大于 100 mm。

③双排脚手架的连墙杆件、单排脚手架的横向水平杆(小横杆)不应设置在下列部位:设计上不允许留脚手眼的部位;过梁上与过梁两端成60°的三角形范围内及过梁净跨度1/2的高度范围内;宽度小于1 m的窗间墙;梁或梁垫下及其两侧各500 mm的范围内;砖砌体的门窗洞口两侧200 mm和转角处450 mm的范围内,其他砌体的门窗洞口两侧300 mm和转角处600 mm的范围内;独立或附墙砖柱。

当脚手架施工操作层高出连墙件两步时,应采取临时稳定措施,直到上一层连墙件搭设完后方可根据情况拆除。

(14)剪刀撑、横向斜撑搭设应随立杆、纵向和横向水平杆等同步搭设,各底层斜杆下端均必须支承在垫块或垫板上。

(15)扣件安装应符合下列规定:

①扣件规格必须与钢管外径(48 mm或65 mm)相同;

②螺栓拧紧扭力矩不应小于40 N·m,且不应大于65 N·m;

③在主节点处固定横向水平杆、纵向水平杆、剪刀撑、横向斜撑等用的直角扣件、旋转扣件(见图7-25)的中心点的相互距离不应大于150 mm;

④对接扣件开口应朝上或朝内;

⑤各杆件端头伸出扣件盖板边缘的长度不应小于100 mm。

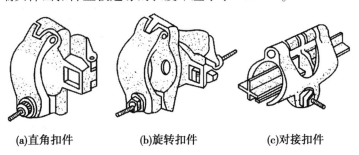

(a)直角扣件   (b)旋转扣件   (c)对接扣件

图7-25 扣件形式

(16)作业层、斜道的栏杆和挡脚板的搭设应符合下列规定:

①栏杆和挡脚板均应搭设在外立杆的内侧(见图7-26);

②上栏杆上皮高度应为1.2 m;

③挡脚板高度不应小于180 mm;

④中栏杆应居中设置。

(17)脚手板的铺设应符合下列规定:

①脚手板应铺满、铺稳,离开墙面120~150 mm;

②采用对接或搭接时均应符合规定:脚手板探头应用直径3.2 mm的镀锌钢丝固定在支承杆件上;

③在拐角斜道平台口处的脚手板,应与横向水杆可靠连接,防止滑动;

④自顶层作业层的脚手板往下计,宜每隔12 m满铺一层脚手板。

7.4.2.4 落地式脚手架搭设安全技术与要求

扣件式钢管脚手架检查评定应符合现行行业标准《建筑施工扣件式钢管脚手架安

技术规范》(JGJ 130—2011)的规定,检查评定的保证项目包括:施工方案、立杆基础、架体与建筑结构拉结、杆件间距与剪刀撑、脚手板与防护栏杆、交底与验收;一般项目应包括:小横杆设置、杆件搭接、架体内封闭、脚手架材质、通道、卸料平台。

碗扣式钢管脚手架检查评定应符合现行行业标准《建筑施工碗扣式钢管脚手架安全技术规范》(JGJ 166—2016)的规定。检查评定的保证项目包括:施工方案、架体基础、架体稳定、杆件锁件、脚手板、交底与防护验收;一般项目应包括:架体防护、构配件材质、荷载、通道。碗扣接头见图 7-27。

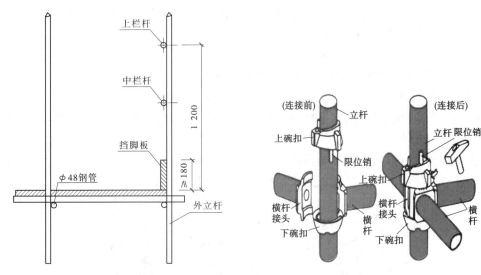

图 7-26　脚手板及防护栏杆里面　(单位:mm)

图 7-27　碗扣接头

(1)落地式脚手架的基础应坚实、平整,并定期检查。立杆不埋设时,立杆底部均应设置垫板或底座,并设置纵、横向扫地杆(见图 7-28)。

图 7-28　落地式脚手架

(2)落地式脚手架连墙件应符合下列规定:

①扣件式钢管脚手架双排架高在 50 m 以下或单排架高在 24 m 以下,按不大于 40 m²(或三步三跨)设置一处;双排架高在 50m 以上,按不大于 27 m²(或两步三跨)设置一处。

②门式钢管脚手架的架高在 45 m 以下,基本风压不大于 0.55 kN/m²,按不大于 48 m² 设置一处;架高在 45 m 以上,基本风压大于 0.55 kN/m²,按不大于 24 m² 设置一处。

③一字形、开口形脚手架的两端,必须设置连墙件。连墙件必须采用可承受拉力和压力的构造,并与建筑结构连接(见图 7-29)。

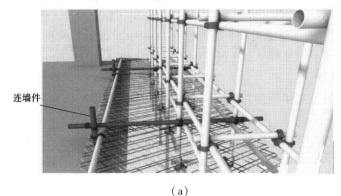

(a)

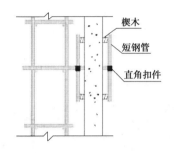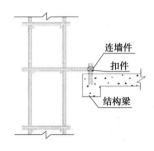

(b)

图 7-29　对排外架件设置及连墙杆示意图

(3)落地式脚手架剪刀撑及横向斜撑应符合下列规定:

①扣件式钢管脚手架应沿全高设置剪刀撑。架高在 24 m 以下时,沿脚手架长度间隔不大于 15 m 设置剪刀撑;架高在 24 m 以上时,沿脚手架全长连续设置剪刀撑(见图 7-30),并设置横向斜撑;横向斜撑由架底至架顶呈"之"字形连续布置,沿脚手架长度间隔 6 跨设置一道(见图 7-31)。

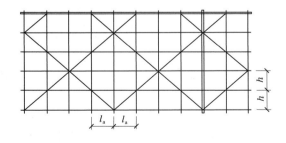

l_a—立杆纵距;h—立杆步距

图 7-30　高度 24 m 以上落地式脚手架、悬挑脚手架外立面连续设置剪刀撑

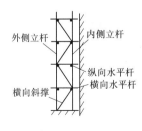

图 7-31　外脚手架

②碗扣式钢管脚手架的架高在24 m以下时,按外侧框格总数的1/5设置斜杆;架高在24 m以上时,按框格总数的1/3设置斜杆。

③门式钢管脚手架的内外两个侧面除满设交叉支撑杆外,当架高超过20 m时,还应在脚手架外侧沿长度和高度连续设置剪刀撑,剪刀撑钢管与门架钢管规格一致。当剪刀撑钢管直径与门架钢管直径不一致时,应采用异型扣件连接。

满堂扣件式钢管脚手架除沿脚手架外侧四周和中间设置竖向剪刀撑外,当脚手架高于4 m时,还应沿脚手架每两步高度设置一道水平剪刀撑。

(4)立杆与大横杆交叉处为主节点,扣件式钢管脚手架的主节点处必须设置横向水平杆(见图7-24),且在脚手架使用期间严禁拆除。单排脚手架横向水平杆插入墙内长度不应小于180 mm。

(5)扣件式钢管脚手架立杆接长时(除顶层外),相邻杆件的对接接头不应设在同步内,相向纵向水平杆对接接头不宜设置在同步同跨内。扣件式钢管脚手架立杆接长(除顶层外)应采用对接。木脚手架立杆接头的搭接长度应跨两根纵向水平杆,且不得小于1.5 m。竹脚手架立杆接头的搭接长度应超过一个步距,并不得小于1.5 m。

(6)外层架内侧满挂密目式安全网,安全网随施工层升高,应高出施工层1.5~1.8 m,并固定在护身栏杆上,若有破损、老化应及时更换(见图7-32)。

图7-32 外层架内侧满挂密目式安全网

7.4.2.5 悬挑扣件式钢管脚手架搭设安全技术与要求

根据现行《建筑施工安全检查标准》(JGJ 59—2011)等标准规范的规定,悬挑式脚手架检查评定保证项目应包括:施工方案、悬挑钢梁、架体稳定、脚手板、荷载、交底与验收;一般项目应包括:杆件间距、架体防护、层间防护、构配件材质。

(1)斜挑立杆应按施工方案的要求与建筑结构连接牢固,禁止与模板系统的立柱连接。

(2)悬挑式脚手架是将全高的脚手架分成若干段,每段搭设高度不超过20 m,悬挑式脚手架应根据施工方案按施工图搭设;特殊情况超高(>20 m)时,其施工方案应组织专家论证。

①悬挑梁是悬挑式脚手架的关键构件,对悬挑式脚手架的稳定与安全使用起至关重要的作用。因此,悬挑梁应按立杆的间距布置,设计图纸对此应明确规定。

②当采用悬挑架结构时,支撑悬挑架架设的结构构件应足以承受悬挑架传给它的水平力和垂直力的作用;若根据施工需要只能设置在建筑结构的薄弱部位时,应加固结构,并设拉杆或压杆,将荷载传递给建筑结构的坚固部位。悬挑架与建筑结构的固定方法必须经计算确定。

(3)每根立杆的底部必须支撑在牢固的悬挑梁上,并采取措施防止立杆底部发生位移。

(4)为确保架体的稳定,应按落地式外脚手架的搭设要求将架体与建筑结构拉结牢固。

(5)悬挑梁、悬挑架的用材应符合钢结构设计方面规范的有关规定,并应有验收报告。其中,悬挑梁的断面高度不得小于 160 mm,预埋固定悬挑梁的 U 形箍应采用 HPB 级圆钢筋,严禁使用螺纹钢;固定悬挑梁的混凝土构件强度应提高一个等级,混凝土凝期不应小于 3 d 才永许搭设外架,其搭设高度不能大于 1 层(见图 7-33)。

图 7-33　悬挑式脚手架、悬挑钢梁及其 U 形箍

(6)悬挑梁必须有效固定在结构梁板上,并在悬挑端向上斜拉钢钢丝绳加强受力(见图 7-34);悬挑梁固定段长度 L 应大于或等于悬挑段长度 L_e 的 1.25 倍,即 $L \geq 1.25 L_e$。

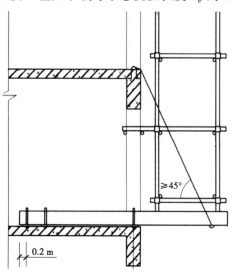

图 7-34　悬挑脚手架构造与安装图

7.4.2.6 附着式升降脚手架安装和使用安全技术与要求

根据现行《建筑施工工具式脚手架安全技术规范》(JGJ 202—2010)、《建筑施工安全检查标准》(JGJ 59—2011)等规范标准的规定,附着式升降脚手架检查评定保证项目应包括:施工方案、安全装置、架体构造、附着支座、架体安装、架体升降;一般项目应包括:检查验收、脚手板、架体防护、安全作业(见图7-35)。

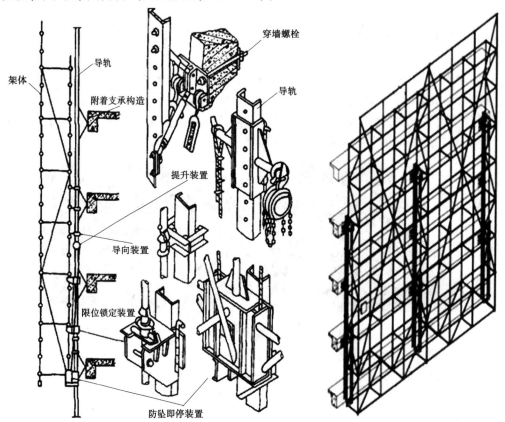

图 7-35 附着升降式脚手架

1.使用条件

(1)国务院建设行政主管部门对从事附着式升降脚手架工程的施工单位实行资质管理,未取得相应资质证书的不得施工;对附着式升降脚手架实行认证制度,即所使用的附着式升降脚手架必须经过国务院建设行政主管部门组织鉴定或者委托具有资格的单位进行认证。

(2)附着式升降脚手架工程的施工单位应当根据资质管理有关规定到当地建设行政主管部门办理相应审查手续。

(3)附着式升降脚手架处于研制阶段和在工程上使用前,应提出该阶段各项安全措施,经使用单位的上级部门批准,并到当地安全监督管理部门备案。

(4)附着式升降脚手架应由专业队伍施工,对承包附着式升降脚手架工程任务的专业施工队伍进行资格认证,合格者发给证书,不合格者不准承接工程任务。

(5)附着式升降脚手架的结构构件在各地组装后,在有建设行政主管部门发放的生

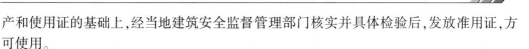

产和使用证的基础上,经当地建筑安全监督管理部门核实并具体检验后,发放准用证,方可使用。

(6)附着式升降脚手架的平面布置,附着支承构造和组装节点图,防坠和防倾安全措施,提升机具、吊具及索具的技术性能和使用要求等,从组装、使用到拆除的全过程,应有专项施工组织设计。施工组织设计包括附着式升降脚手架的设计、施工、检查、维护和管理等全部内容,对附着式升降脚手架使用过程中的安全管理做出明确规定,建立健全质量安全保证体系及相关的管理制度。

2. 附着式升降脚手架使用条件及安装使用一般规定

(1)附着式升降脚手架安装、每一次升降、拆除前均应根据专项施工组织设计要求组织技术人员与操作人员进行技术、安全交底。

(2)附着式升降脚手架安装、使用过程中使用的计量器具应定期进行计量检定。

(3)遇 6 级以上(包括 6 级)大风、大雨、大雪、浓雾等恶劣天气时禁止上附着式升降脚手架作业,遇 6 级以上(包括 6 级)大风时还应事先对脚手架采取必要的加固措施或其他应急措施并撤离架体上的所有施工活荷载。夜间禁止进行附着式升降脚手架的升降作业。

(4)附着式升降脚手架施工区域应有防雷措施。

(5)附着式升降脚手架在安装、升降、拆除过程中,在操作区域及可能坠落范围均应设置安全警戒。

(6)采用整体式附着式升降脚手架时,施工现场应配备必要的通信工具,以加强通信联系。

(7)在附着式升降脚手架使用全过程中,施工人员应遵守《建筑施工高处作业安全技术规范》(JGJ 80—2016)、《建筑安装工人安全技术操作规程》的有关规定。各工种操作人员应基本固定,并按规定持证上岗。

(8)附着式升降脚手架施工用电应符合《施工现场临时用电安全技术规范》(JGJ 46—2005)的要求。

(9)在单项工程中使用的升降动力设备、同步及限载控制系统、防坠装置等设备应分别采用同一厂家、同一规格型号的产品,并应编号使用。

(10)动力设备、控制设备、防坠装置等应有防雨、防尘等措施,对一些保护要求较高的电子设备还应有防晒、防潮、防电磁干扰等方面的措施。

(11)整体式附着式升降脚手架的控制中心应由专人负责操作,并应有安全防备措施,禁止闲杂人员入内。

(12)附着式升降脚手架在空中悬挂时间超过 30 个月或连续停用时间超过 10 个月时必须予以拆除。

(13)附着式升降脚手架上应设置必要的消防设施。

7.4.2.7　脚手架拆除安全要求

(1)脚手架拆除作业前,应制订详细的拆除施工方案和安全技术措施,并应由单位工程负责人对参加作业的全体人员进行技术交底,在统一指挥下按照确定的方案进行拆除作业。

（2）全面检查脚手架的扣件连接及连墙件、支撑体系的拆除等是否符合构造要求。

（3）应根据检查结果补充完善施工组织设计中的拆除顺序和措施，经主管部门批准后方可实施。

（4）应清除脚手架上杂物及地面障碍物。

（5）拆除脚手架时，应划分作业区，周围设围护或设立警戒标志，地面设专人指挥，禁止非作业人员入内。

（6）拆除作业必须由上而下逐层进行，严禁上下同时作业；按先外后里、先架面材料后构架材料、先铺件后结构件和先结构件后附墙件的顺序，一件一件地松开连接，取出并随即吊下（集中到毗邻未拆的架面上扎捆后吊下）。

（7）拆卸脚手板、杆件、门架及其他较长、较重、有两端连接的部件时，必须两人或多人一组进行，禁止单人进行拆卸作业，防止把持杆件不稳、失衡而发生事故。拆除水平杆件时，松开连接后，水平托取下；拆除立杆时，在把稳上端后，再松开下端连接取下。

（8）多人或多组进行拆卸作业时，应加强指挥，并相互询问和协调作业步骤，严禁不按程序进行任意的拆卸。

（9）连墙件必须随脚手架逐层拆除，严禁先将连墙件整层或数层拆除后再拆脚手架；分段拆除高差不应大于两步；拆抛撑前，应设立临时支柱。

（10）当脚手架拆至下部最后一根长立杆的高度（约 6.5 m）时，应先在适当位置搭设临时抛撑加固后，再拆除连墙件。

（11）因拆除上部或一侧的附墙拉结而使架子不稳时，应加设临时撑拉措施，以防架子晃动影响作业安全。

（12）严禁将拆卸下的杆部件和材料向地面抛掷，已吊至地面的架设材料应随时运出拆卸区域。

（13）拆除时严禁碰撞附近电源线，防止事故发生。

（14）拆下的材料用绳索拴牢，利用滑轮放下，严禁抛扔。

（15）在拆架过程中，不能中途换人，当需要中途换人时，应将拆除情况交接清楚后可离开。

（16）脚手架具的外侧边缘与外电架空线路的边线之间的最小安全操作距离如表 7-2 所示。

表 7-2　脚手架具的外侧边缘与外电架空线路的边线之间的最小安全操作距离

外电线路电压（kV）	<1	1~10	35~110	150~220	330~500
最小安全操作距离（m）	4	6	8	10	15

（17）运至地面的构配件应按规定及时检查、整修与保养，并按品种、规格随时码堆存放。

7.4.2.8　吊篮脚手架工程安全技术

根据现行行业标准《建筑施工工具式脚手架安全技术规范》（JGJ 202—2010）、《建筑施工安全检查标准》（JGJ 59—2011）等的规定，高处作业吊篮检查评定保证项目应包括：

施工方案、安全装置、悬挂机构、钢丝绳、安装作业、升降作业;一般项目应包括:交底与验收、安全防护、吊篮稳定、荷载。吊篮构造示意图见图 7-36。

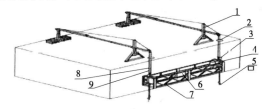

1—悬挂机构;2—行程限位块;3—安全锁;4—提升机;5—重锤;
6—电器箱;7—悬吊平台;8—工作钢丝绳;9—安全钢丝绳

图 7-36　吊篮构造示意图

1. 制作与组装

吊篮组装后应经加载试验,确认合格后方可使用,有关参加试验人员需在试验报告上签字。脚手架上需标明允许载重量。

2. 安全装置

(1)使用手动葫芦时应设置保险卡,保险卡要能有效地限制手动葫芦的升降,防止吊篮平台发生下滑。

(2)吊篮组装完毕,经检查合格后,接上钢丝绳,同时将提升钢丝绳和保险绳分别插入提升机构及安全锁中。使用中,必须有两根直径为 12.5 mm 以上的钢丝绳作为保险绳,接头卡扣不少于 3 个,不准使用有接头的钢丝绳。

(3)使用吊钩时,应防止钢丝绳骨脱的保险装置(卡子)将吊钩和吊索卡死。

(4)吊篮内作业人员必须系安全带,安全带挂钩应挂在作业人员上方固定的物体上,不准挂在吊篮工作钢丝绳上,以防工作钢丝绳断开。

3. 防护

(1)吊篮脚手架外侧应设高度为 1.2 m 以上的两道防护栏杆及 18 cm 高的挡脚板,内侧应设置高度不小于 80 cm 的防护栏杆。防护栏杆及挡脚板材质要符合要求,安装要牢固。

(2)吊篮脚手架外侧应用密目式安全网整齐封闭。

(3)单片吊篮升降时,两端应加设防护栏杆,并用密目式安全网封闭严密。

4. 升降操作注意事项

(1)升降作业属于特种作业。作业人员须经培训合格后颁发上岗证,持证上岗,且应固定岗位。

(2)升降时,不得超过 2 人同时作业。其他非升降操作人员不得在吊篮内停留。

(3)单片吊篮升降时,可使用手动葫芦;两片或多片吊篮连在一起同步升降时,必须采用电动葫芦,并有控制同步升降的装置。

7.4.2.9　电动吊篮作业安全技术交底

(1)操作人员必须身体健康,并经过专业培训,考试合格,在取得有关部门颁发的操作证后方可独立操作。学员必须在师傅的指导下进行操作。

(2)安装后进行下列各项检查试验,确认正常后,方可交付使用:

①检查屋面机构的安装,应配合良好,锚固可靠;悬臂长度及连接方式均正确。

②钢丝绳无扭结、挤伤、松散、磨损、断丝不超限,悬挂、绕绳方式及悬重均正确。

③防坠落及外旋转机构的安全保护装置齐全可靠。

④电机无异响、过热,启动正常,制动可靠。

⑤吊篮应做额定起重量125%的静超载试验和110%的动超载试验,要求升降正常,限位装置灵敏可靠。

(3)作业前应进行下列检查:

①屋面结构、悬重及钢丝绳符合要求。

②电源电压应正常,接地(接零)保护良好。

③机械设备正常,安全保护装置齐全可靠。

④吊篮内无杂物,吊篮脚手架的设计施工荷载为 1 kN/m²,严禁超载。

(4)启动后,进行升降吊篮运转试验,确认正常后方可作业。

(5)作业中发现运转不正常时,应立即停机,并采取安全保护措施。未经专业人员检验修复前不得继续使用。

(6)利用吊篮进行电焊作业时,必须对吊篮、钢丝绳进行全面防护,不得用它作为接线回路。

(7)作业后,吊篮应清扫干净,悬挂离地面 3 m 处,切断电源,撤梯子。

任务 7.5　施工机具安全管理基本要求

建筑工程的施工机具主要涉及塔式起重机、施工升降机、土方机械、混凝土机械、平刨、圆盘锯、手持电动工具、钢筋机械、电焊机、搅拌机、气瓶、翻斗车、潜水泵、打桩机械等机具类型。

7.5.1　施工场地及临时设施准备

(1)施工场地要为机械使用提供良好的工作环境。需要构筑基础的机械要预先构筑好符合规定要求的轨道基础或固定基础。一般机械的安装场地必须平整坚实,四周要有排水沟。

(2)设置为机械施工必需的临时设施,主要有停机场、机修所、油库以及固定使用的机械工作棚等。其设置位置要选择得当,布置要合理,便于机械施工作业和使用管理,符合安全要求、建造费用低以及交通运输方便等条件。

(3)根据施工机械作业时的最大用电量和用水量,设置相应的电、水输入设施,保证机械施工用电、用水的需要。

(4)电力拖动的机械要做到一机、一闸、一箱,一个开关箱控制一台机械设备;实行三级配电两级漏电保护装置,漏电保护装置灵敏可靠,电气元件、接地、接零和布线符合规范要求,电缆卷绕装置灵活可靠。

(5)现场机械的明显部位或机棚内要悬挂切实可行的简明安全操作规程和岗位责任标牌。

（6）进入现场的机械要进行作业前的检查和保养，以确保作业中安全运行。刚从其他工地转来的机械，可按正常保养级别及项目提前进行。停放机械应进行使用前的保养，封存机械应进行启封保养。新机械或刚大修出厂的机械，应按规定进行磨合期保养。

7.5.2　施工机械安全管理

（1）建立健全安全生产责任制。

机械安全生产责任制是企业岗位责任制的重要内容之一。由于机械的安全直接影响施工生产的安全，所以机械的安全指标应列入企业经理的任期目标。企业经理是企业机械的总负责人，应对机械安全负全责。机械管理部门要有专人管理机械安全，基层也要有专职或兼职的机械安全员，形成机械安全管理网。

（2）编制安全施工技术措施。

编制机械施工方案时，应有保证机械安全的技术措施。对于重型机械的拆装、重大构件的吊装，超重、超宽、超高物件的运输以及危险地段的施工等，都要编制安全施工、安全运行的技术方案，以确保施工、生产和机械的安全。

在机械保养、修理中，要制订安全作业技术措施，以保障人身和机械安全。在机械及附件、配件等保管中也应制定相应的安全制度。特别是油库和机械库要制定更严格的安全制度和安全标志，确保机械和油料的安全保管。

（3）贯彻执行机械使用安全技术规程。

《建筑机械使用安全技术规程》（JGJ 33—2012）是建设部制定和颁发的标准。它是根据机械的结构和运转特点以及安全运行的要求，规定机械使用和操作过程中必须遵守的事项、程序及动作等基本规则，是机械安全运行、安全作业的重要保障。机械施工和操作人员认真执行 JGJ 33—2012，可保证机械的安全运行，防止事故的发生。

（4）开展机械安全教育。

机械安全教育是企业安全生产教育的重要内容，主要是针对专业人员进行具有专业特点的安全教育工作，所以也叫专业安全教育。对各种机械的操作人员必须进行专业技术培训和机械使用安全技术规程的学习，作为取得操作证的主要考核内容。

（5）认真开展机械安全检查活动。

机械安全检查的内容：一是机械本身的故障和安全装置的检查，主要是消除机械故障和隐患，确保安全装置灵敏可靠；二是机械安全施工生产的检查，主要是检查施工条件、施工方案、措施是否能确保机械安全施工生产。

（6）机械设备应按其技术性能的要求正确使用。缺少安全装置或安全装置已失效的机械设备不得使用。

（7）机械设备的操作人员必须经过专业培训考试合格，取得有关部门颁发的操作证后，方可独立操作。机械作业时，操作人员不得擅自离开工作岗位或将机械交给非本机操作人员操作；严禁无关人员进入作业区和操作室内；工作时思想要集中，严禁酒后操作。

任务 7.6 起重提升安全技术管理

7.6.1 塔式起重机

塔式起重机(见图 7-37),又称塔机或塔吊,是用于修建高层建筑时使用的一种起重设备,是常见的建筑机械之一。

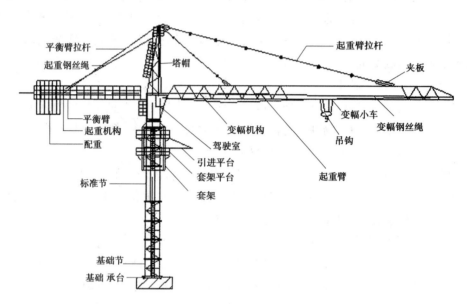

图 7-37 塔式起重机

塔式起重机的技术性能是用各种参数表示的,其主要参数包括:幅度、起重量、起重力矩、自由高度、最大高度等;其一般参数包括:各种速度、结构重量、尺寸、尾部尺寸及轨距、轴距等。

塔式起重机应符合《塔式起重机安全规程》(GB 5144—2006)、《建筑施工塔式起重机安装、使用、拆卸安全技术规程》(JGJ 196—2010)、《建筑施工安全检查标准》(JGJ 59—2011)等规范标准的规定。

塔式起重机检查评定保证项目应包括:载荷限制装置、行程限位装置、保护装置、吊钩、滑轮、卷筒与钢丝绳、多塔作业、安拆、验收与使用;一般项目应包括:附着装置、基础与轨道、结构设施、电气安全。

7.6.1.1 塔式起重机使用安全技术要求

塔式起重机使用安全技术要求,仅就分轨道式与附着式、爬升式分别进行介绍。

1.轨道式塔式起重机的安全技术要求

为保证轨道式塔式起重机(见图 7-38)的使用安全和正常作业,起重机的路基和轨道的铺设必须严格按以下规定执行:

(1)路基施工前必须经过测量放线,定好平面位置和标高。

(2)路基范围内如有洼坑、洞穴、渗水井、垃圾堆等,应先消除干净,然后用素土填平

图 7-38　轨道式塔式起重机

并分层压实,土壤的承载能力要达到规定的要求。中型塔吊的路基土壤承载能力为 80 ~ 120 kN/m²,而重型塔吊的则为 120 ~ 160 kN/m²。

(3)为保证路基的承载能力,使枕木不受潮,应在压实的土壤上铺一层 50~100 mm 厚含水少的黄砂并压实,然后铺设厚度为 250 mm 左右、粒径为 50~80 mm 的道渣层(碎石或卵石层)并压实。路基应高出地面 250 mm 以上,上宽 1 850 mm 左右。路基旁应设置排水沟。

(4)轨距偏差不得超过其名义值的 1/1 000,在纵横方向上,钢轨顶面的倾斜度不大于 1/1 000。

(5)距轨道终端 1 m 处必须设置极限位置阻挡器,其高度应不小于行走轮半径。

(6)起重机安装好后,要按规定先进行检验和试吊,确认没有问题后,方可进行正式吊装作业。起重机安装后,在无荷载情况下,塔身与地面的垂直度偏差值不得超过 3/1 000。

(7)塔吊作业前,专职安全员除认真进行轨道检查外,还应重点检查起重机各部件是否正常,是否符合标准和规定。

(8)作业后,起重机应停放在轨道中间位置,壁杆应转到顺风方向,并放松回转制动器。小车及平衡重应移到非工作状态位置,吊钩应提升到离臂杆顶端 2 ~ 9 m 处。将每个控制开关拨至零位,依次断开各路开关,切断电源总开关。最后锁紧夹轨器,使起重机与轨道固定。

2. 附着式塔式起重机、爬升式塔式起重机的安全技术要求

附着式塔式起重机(见图 7-39)、爬升式塔式起重机(见图 7-40)除需满足塔吊的通用安全技术要求外,还应遵守以下规定:

(1)附着式塔式起重机或爬升式塔式起重机的基础和附着的建筑物,其受力强度必

三维效果图

图 7-39　附着式塔式起重机防护

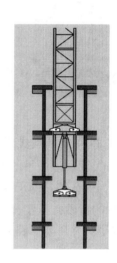

图 7-40　爬升式塔式起重机

须满足塔式起重机的设计要求。

（2）附着式塔吊安装时，应用经纬仪检查塔身的垂直情况，并用撑杆调整垂直度，附着装置的撑杆布置方式、相互间隔和附墙距离应符合附着式塔吊制造厂的要求。

（3）附着装置在塔身和建筑物上的框架必须固定可靠，不得有任何松动。

（4）起重机载人专用电梯断绳保护装置必须可靠，电梯停用时，应降至塔身底部位置，不得长期悬在空中。

（5）若风力达到4级以上，不得进行顶升、安装、拆卸等作业。

（6）塔身顶升时，必须使吊臂和平衡臂处于平衡状态，并将回转部分制动住。顶升到规定高度后，必须先将塔身附着在建筑物上后，方可继续顶升。

（7）塔身顶升完毕后，各连接螺栓应按规定的力矩值紧固，爬升套架滚轮与塔身应吻合良好。

7.6.1.2　安装与拆卸

塔吊的安装与拆卸应满足以下要求。

（1）出租单位在建筑起重机械首次出租前，自购建筑起重机械的使用单位在建筑起重机械首次安装前，应持建筑起重机械特种设备制造许可证、产品合格证和制造监督检验证明,到本单位工商注册所在地县级以上地方人民政府建设主管部门办理备案。应当在签订的建筑起重机械租赁合同中,明确租赁双方的安全责任,并出具建筑起重机械特种设备制造许可证、产品合格证、制造监督检验证明、备案证明和自检合格证明,提交安装使用说明书。

（2）有下列情形之一的建筑起重机械,不得出租、使用:

①属于国家明令淘汰或者禁止使用的;

②超过安全技术标准或者制造厂家规定使用年限的;

③经检验达不到安全技术标准规定的;

④没有完整安全技术档案的;

⑤没有齐全有效的安全保护装置的。

（3）建筑起重机械安装完毕后,使用单位应当组织出租（供货）、安装、监理等有关单位进行验收,或者委托具有相应资质的检验检测机构进行验收。塔吊属于特种设备,塔吊安装完毕,经安装单位自检并调试合格后,报特检所（特种设备检验检测机构）验收,并向当地的安监站申报检验。

建筑起重机械经验收合格后方可投入使用,未经验收或者验收不合格的不得使用。使用单位应当自建筑起重机械安装验收合格之日起 30 日内,将建筑起重机械安装验收资料、建筑起重机械安全管理制度、特种作业人员名单等,上报给工程所在地县级以上地方人民政府建设主管部门,办理建筑起重机械使用登记,登记标志置于或者附着于该设备的显著位置,监理单位方能批准使用。

（4）使用单位应当履行下列安全职责:

①根据不同施工阶段、周围环境及季节、气候的变化,对建筑起重机械采取相应的安全防护措施。

②制订建筑起重机械生产安全事故应急救援预案。

③在建筑起重机械活动范围内设置明显的安全警示标志,对集中作业区做好安全防护。

④设置相应的设备管理机构或者配备专职的设备管理人员。

⑤指定专职设备管理人员、专职安全生产管理人员进行现场监督检查。

⑥建筑起重机械出现故障或者发生异常情况的,应立即停止使用,消除故障和事故隐患后,方可重新投入使用。使用单位应当对在用的建筑起重机械及其安全保护装置、吊具、索具等进行经常性、定期的检查、维护和保养,并做好记录。

（5）使用单位在建筑起重机械租期结束后,应当将定期检查、维护和保养记录移交出租单位。建筑起重机械在使用过程中需要附着顶升的,使用单位应当委托原安装单位或者具有相应资质的安装中心按照专项施工方案实施,验收合格后方可投入使用。验收表中需要有实测数据的项目,如垂直度偏差、接地电阻等,还必须附有相应的测试记录或报告。

验收单位、安装单位、使用单位负责人都在验收表中签字确认后,验收表才算正式有效。

塔吊使用必须有完整的运转记录,这些记录作为塔吊技术档案的一部分,应归档保存。

标志牌挂设应整齐美观,具体要求如下:

①操作规程牌:主要警示塔吊操作人员按规范操作。

②验收合格牌:一定要标明塔吊验收的单位和时间。

③限载标志牌:标明塔吊的最大载荷量。

④安全警示牌:在塔吊下方悬挂"禁止攀登""当心落物"等安全标志牌,提醒人们注意安全。

⑤定人定机责任牌:标明该塔吊的责任人。

7.6.1.3 起重吊装"十不吊"规定

(1)起重臂和吊起的重物下面有人停留或行走时不准吊。

(2)起重指挥应由技术培训合格的专职人员担任,无指挥或信号不清不准吊。

(3)钢筋、型钢、管材等细长和多根物件必须捆扎牢靠,多点起吊。单头"千斤"或捆扎不牢靠不准吊。

(4)多孔板、积灰斗、手推翻斗车不用四点吊或大模板外挂板不用卸甲不准吊。预制钢筋混凝土楼板不准双拼吊。

(5)吊砌块必须使用安全可靠的砌块夹具,吊砖必须使用砖笼,并堆放整齐。木砖、预埋件等零星物件要用盛器堆放稳妥,叠放不齐不准吊。

(6)楼板、大梁等吊物上站人不准吊。

(7)埋入地面的板桩、井点管等,以及黏连、附着的物件不准吊。

(8)多机作业,应保证所吊重物距离不小于3 m,在同轨道上多机作业,无安全措施不准吊。

(9)6级以上强风区不准吊。

(10)斜拉重物或超过机械允许荷载不准吊。

7.6.2 物料提升机

本书仅介绍井架和龙门架,按照现行行业标准《龙门架及井架物料提升机安全技术规范》(JGJ 88—2010)、《建筑施工安全检查标准》(JGJ 59—2011)等的规定,物料提升机检查评定保证项目应包括:安全装置、防护设施、附墙架与缆风绳、钢丝绳、安拆、验收与使用;一般项目应包括:基础与导轨架、动力与传动、通信装置、卷扬机操作棚、避雷装置。

物料提升机包括井式提升架又称井架、龙门式提升架又称龙门架,其共同特点是:

(1)提升卷扬机设于架体外。

(2)安全设备一般只有防冒顶、防坐冲和停层保险装置,只允许用于物料提升,不得载运人员。

(3)用于10层以下时,多采用缆风绳固定;用于超过10层的高层建筑施工时,必须采用附墙方式固定,成为无缆风绳高层物料提升架,并可在顶部设液压顶升构造,实现井架或塔架标准节的自升提高。

7.6.2.1 龙门架、井架的安全管理

(1)使用由专业单位生产的龙门架(见图7-41)、井架(见图7-42)时,产品必须通过有关部门组织鉴定,产品的合格证、使用说明书、产品铭牌等必须齐全。产品铭牌必须注

明产品型号、规格、额定起重量、最大提升高度、出厂编号、制造单位等;产品铭牌必须悬挂于架体醒目处。专业单位生产的无产品合格证、使用说明书、产品铭牌的龙门架、井架,不得向施工现场销售。

图 7-41　龙门架　　　　　　　　　　　　　图 7-42　施工井架

(2)自制、改制的龙门架、井架,必须符合《龙门架及井架物料提升机安全技术规范》(JGJ 88—2010)的规定,有设计计算书、制作图纸,并经企业技术负责人审核批准,同时必须编制使用说明书。

(3)施工现场的龙门架、井架使用说明书必须依照《龙门架及井架物料提升机安全技术规范》(JGJ 88—2010),明确龙门架、井架的安装、拆卸工作程序及井架基础、附墙架、缆风绳的设计、设置等具体要求。

(4)安装、拆卸龙门架、井架前,安装、拆卸单位必须依照产品使用说明书编制专项安装或拆卸施工方案,明确相应的安全技术措施,以指导施工。专项安装或拆卸施工技术方案必须经企业技术负责人审核批准。

(5)龙门架、井架采用租赁形式或由专业施工单位进行安装、拆卸时,其专项安装或拆卸施工方案及相应计算资料须经发包单位技术复审。

(6)使用单位应根据井架的类型,建立相关的管理制度、操作规程、检查维修制度,并将井架管理纳入企业的设备管理,不得对卷扬机和架体分开管理。

7.6.2.2　龙门架、井架的安装验收管理

(1)井架的安装验收采用分段验收的方式,必须符合《龙门架及井架物料提升机安全技术规范》(JGJ 88—2010)和专项安装施工方案的要求。

(2)基础验收的内容包括:

①高架井架的基础应符合设计和产品使用的规定。

②低架井架基础必须达到下列要求,土层压实后的承载力不小于 80 kPa;混凝土强度等级不小于 C20,厚度不小于 300 mm,浇筑后基础表面应平整,水平度偏差不大于

10 mm,基础地梁(基础杆件)与基础及预埋件安装连接牢固。

(3)龙门架、井架专项安装验收范围包括:结构连接、垂直度、附着装置及缆风绳、机构、安全装置、吊篮、层楼通道、防护门、电气控制系统等。井架安装后需要升节时,每次升节后必须重新进行支座验收。

(4)龙门架、井架专项安装施工方案的编制人员必须参与各阶段的验收,确认符合要求并签署意见后,方可进入后续的安装、使用。

(5)检查验收中发现龙门架、井架不符合设计和规范规定的,必须落实整改。检查验收的结果及整改情况应按时记录,并由参加验收人员签名后留档保存。

(6)龙门架、井架的基础及预埋件的验收,应按隐蔽工程验收程序进行,基础的混凝土应有强度试验报告,并将这些资料存入安保体系管理资料中;井架的其他验收,应严格以《龙门架及井架物料提升机安全技术规范》(JGJ 88—2010)为指导,按照施工现场安全生产保证体系对龙门架与龙门架搭设的验收内容进行验收及扩项验收。

(7)采用租赁形式或由专业施工单位进行龙门架、井架的安装时,安装单位除必须履行上述分段安装验收手续外,使用前必须办理验收和移交手续,由安装单位和使用单位双方签字认可。

(8)龙门架、井架验收合格后,应在架体醒目处悬挂验收合格牌、限载牌和安全操作规程。

(9)提升机安装后,应由主管部门组织,按照《龙门架及井架物料提升机安全技术规范》(JGJ 88—2010)和设计规定进行检查验收,确认合格并发给使用证后,方可交付使用。

(10)卷扬机安装位置距施工作业区较近时,其操作棚的顶部应按《龙门架及井架物料提升机安全技术规范》(JGJ 88—2010)规定中防护棚的要求架设。安装时,基座应平稳牢固、周围排水畅通、地锚设置可靠,并应搭设工作棚。操作人员的位置应能看清指挥人员和拖动或起吊的物件。

(11)固定卷扬机的锚杆应牢固可靠,不得以树木、电杆代替锚桩。

(12)当钢丝绳在卷筒中间位置时,架体底部的导向滑轮应与卷筒轴心垂直,否则应设置辅助导向滑轮,并用地梁、地锚、钢丝绳拴牢。

(13)钢丝绳应与卷筒及吊笼连接牢固,钢丝绳提升运动中应架起,不得与机架或地面摩擦,不得拖于地面和被水浸泡。钢丝绳必须穿越主要干道时,应挖沟槽并加保护措施,严禁在钢丝绳穿行的区域内堆放物料。

(14)作业前,应检查卷扬机与地面的固定,弹性联轴器不得松旷。应检查安全装置、防护设施、电气线路、接零或接地线、制动装置和钢丝绳等,全部合格后方可使用。

(15)作业中,任何人不得跨越正在作业的卷扬钢丝绳。

(16)作业完毕,应将提升吊笼或物件降至地面,并应切断电源,锁好开关箱。

7.6.3 施工电梯

施工电梯(施工升降机)(见图7-43)是指在建筑施工中做垂直运输使用,运载物料和人员的人货两用电梯。施工电梯经常附着在建筑物的外侧,所以亦称外用电梯。

施工升降机检查评定应符合《建筑施工升降机安装、使用、拆卸安全技术规程》(JGJ

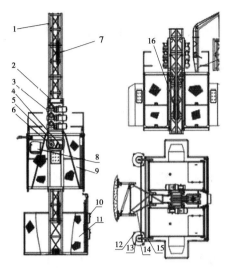

1—导轨架；2—驱动体；3—驱动单元；4—电气系统；
5—安全器座板；6—防坠安全器；7—限位装置；
8—上电气箱；9—吊笼；10—下电气箱；11—底架护栏；
12—电缆卷筒；13—电缆导架；14—附着装置；
15—电缆臂架；16—手动装置

(a)SC200/200 施工升降机总图

(b) 实物图片

图 7-43　施工电梯

215—2010)、《建筑施工安全检查标准》(JGJ 59—2011)等标准规范的规定。

施工升降机检查评定保证项目应包括：安全装置、限位装置、防护设施、附墙架、钢丝绳、滑轮与对重、安拆、验收与使用；一般项目应包括：导轨架、基础、电气安全、通信装置。

7.6.3.1　安全装置

1. 制动器

施工电梯在施工中经常载人上下，其运行的可靠性直接关系着施工人员的生命安全。制动器是保证电梯运行安全的主要安全装置。由于电梯启动、停止频繁及作业条件的变化，制动器容易失灵，进而梯笼下滑，导致事故，所以应加强维护，经常保持自动调节间隙机构的清洁，发现问题及时修理。安全检查时，应做动作试验验证。

2. 限速器

限速器是电梯的保险装置，每次电梯安装后进行检验时，应同时进行坠落试验，试验时，将梯笼升离地面 4 m 处，放松制动器，操纵坠落按钮，使梯笼自由降落，其制动距离为 1~1.5 m，确认制动效果良好；然后，上升梯笼 20 cm，放松摩擦锥体离心块(以上试验分别按空载及额定荷载进行)。

按要求，限速器每两年标定一次(由指定的资质单位进行标定)；安全检查时，应检查标定日期和结果。

3. 门联锁装置

门联锁装置是确保梯笼关闭严密时梯笼方可运行的安全装置。当梯笼门未按规定关闭严密时，梯笼不能投入运行，以确保梯笼内人员的安全。安全检查时，应做动作试验验证。

4. 上、下限位装置

梯笼运行时，必须确认上极限限位位置和下极限限位位置的正确及装置灵敏可靠。安装检查时，应做动作试验验证。

7.6.3.2 安全保护

（1）电梯底笼周围2.5 m范围内必须设置牢固的防护栏杆，进出口处的上部需搭设足够尺寸的防护栏（按坠落半径要求）。

（2）防护棚必须具有防护物体打击的能力，可用5 cm厚木板或相当于5 cm木板强度的其他材料搭设。

（3）电梯与各层站过桥和运输通道，除应在两侧设置两道护身栏及挡脚板并用立网封闭外，进出口处尚应设置常闭型的防护门。防护门在梯笼运行时处于关闭状态，当梯笼运行到某一层站时，该层站的防护门方可开启。

（4）防护门构造应安全可靠，平时全部处于关闭状，不能使门全部打开。

（5）各层站的运行通道或平台，必须采用5 cm厚木板搭设平整、牢固，不准采用竹板及厚度不一的板材，板与板应进行固定，沿梯笼运行一侧不允许有局部板伸出的现象。

7.6.3.3 司机

（1）外用电梯司机属特种作业人员，应经正式培训考核并取得合格证书，持证上岗。

（2）电梯每班首次作业前，应检查试验各限位装置、梯笼门等处的联锁装置是否良好，各层站台的门是否关闭，并进行空车升降试验和测定制动器的效能。

电梯在每班首次载重运行时，必须从最低层上升，严禁自上而下。当梯笼升离地面1 m处时，要停车试验制动器的可靠性。

（3）多班作业的电梯司机应按照规定进行交接班，并认真填写交接班记录。

7.6.3.4 荷载

（1）外用电梯一般均未装设超载限制装置，所以施工现场要有明显的标志牌，对载人或载物做出明确限载规定，要求施工人员与司机共同遵守，并要求司机每次启动前先检查，确认符合规定时，方可运行。

（2）"未加对重不准载人"主要是针对原设计有对重的电梯而规定的。安装或拆除电梯过程中，往往出现对已被拆除而梯笼仍在运行的情况，此时，梯笼的制动力矩大大增加，如果仍按正常情况载人、载物，很容易发生事故。

7.6.3.5 安装与拆除

（1）安装或拆卸之前，由主管部门根据说明书要求及施工现场的实际情况制订详细的作业方案，并在班组作业之前向全体工作人员进行交底和指定监护人员。

（2）按照住房和城乡建设部规定，安装和拆卸的作业人员，应由专业队伍中取得市级有关部门核发的资质证书的人员担任，并设专人指挥。

（3）安装与拆除作业必须由有相关资质的专业安装队伍及有特种设备安拆岗位操作

证的专业人员进行,应根据现场工作条件及设备情况编制安拆施工方案;要对作业人员进行分工和技术交底,确定指挥人员,划定安全警戒区域并设监护人员。

（4）按照安全部门的规定,防坠器必须由具有相应资质的检测部门每两年检测一次。

7.6.3.6　验收安装

（1）电梯安装后应按规定进行验收。验收的内容包括:基础的制作、架体的垂直度、附墙距离、顶端的自由高度、电气及安全装置的灵敏度检查测试,并就空载及额定荷载的试验运行进行验证。

（2）如实记录检查测试结果和对不符合高度问题的改正结果,确认电梯各项指标均符合要求。

（3）参加验收的单位:安装完毕后应由施工单位、安装单位、出租单位、监理单位共同验收并经当地劳动安全部门登记,办理鉴定等相关手续后,方可交付使用。

（4）作业前重点检查项目应符合下列要求:

①各部结构无变形,连接螺栓无松动;

②齿条与齿轮、导向轮与导轨均接合正常;

③各部钢丝绳固定良好,无异常磨损;

④运行范围内无障碍。

（5）启动前,应检查并确认电缆、接地线完整无损,控制开关在零位。电源接通后,应检查并确认电压正常,应测试无漏电现象。应试验并确认各限位装置、梯笼、围护门等处的电器联锁装置良好可靠、电器仪表灵敏有效。启动后,应进行空载升降试验,测定各传动机构制动器的效能,确认正常后,方可开始作业。

任务 7.7　主要施工过程安全技术管理

7.7.1　基坑(槽)开挖与支护施工

基坑工程是基坑的开挖、基坑的排水与降水、基坑支护、土方回填的统称。基坑工程的安全检查评定应符合《建筑基坑支护技术规程》(JGJ 120—2012)、《建筑施工安全检查标准》(JGJ 59—2011)等标准规范规定及设计组织施工,保证施工安全。

基坑工程安全检查评定保证项目包括施工方案、临边防护、基坑支护及支撑拆除、基坑降排水、坑边荷载;一般项目包括上下通道、土方开挖、基坑支护变形监测、作业环境。

7.7.1.1　基坑(槽)土方开挖施工的一般安全技术与要求

施工前,应对施工区域内影响施工的各种障碍物,如建筑物、道路、各种管线、旧基础、坟墓、树木等进行拆除、清理或迁移,确保安全施工。必要时应进行工程施工地质勘探,根据土质条件、地下水位、开挖深度、周边环境及基础施工方案等制订基坑(槽)安全边坡或固壁施工支护方案。基坑(槽)施工支护方案必须经上级审批。基坑(槽)设置安全边坡或固壁施工支护的做法必须符合施工方案的要求。

当地质情况良好、土质均匀、地下水位低于基坑(槽)底面标高时,挖方深度在 5 m 以内可不加支撑,这时的边坡最陡坡度根据现行《建筑地基基础工程施工质量验收规范》

（GB 50202—2018）规定按表7-3确定。

表7-3　基坑（槽）边坡的最陡坡度规定

土的类别	边坡坡度（高∶宽）		
	坡顶无荷载	坡顶有荷载	坡顶有动载
中密砂土	1∶1	1∶1.25	1∶1.5
中密的碎石类土（填充物为砂土）	1∶0.75	1∶1	1∶1.25
硬塑的黏质粉土	1∶0.67	1∶0.75	1∶1
中密的碎石类土（填充物为黏性土）	1∶0.5	1∶0.67	1∶0.75
硬塑的粉质黏土、黏土	1∶0.33	1∶0.5	1∶0.67
老黄土	1∶0.1	1∶0.25	1∶0.33
软土（经井点降水后）	1∶1	—	—

（1）当天然冻结的速度和深度能确保挖土的安全操作时，深度4 m以内的基坑（槽）开挖可以采用天然冻结法垂直开挖而不加设支撑，干燥的砂土严禁采用冻结法施工。

（2）不加支撑的基坑（槽）土壁最大垂直挖深参照表7-4的规定，黏性土不加支撑的基坑（槽）最大垂直挖深可根据坑壁的重量、内摩擦角、坑顶部的均布荷载及安全系数等进行计算。

表7-4　不加支撑的基坑（槽）土壁最大垂直挖深规定

土的类别	深度（m）
密实、中密的砂土和碎石类土（充填物为砂土）	1.0
硬塑、可塑的粉土及粉质黏土	1.25
硬塑、可塑的黏土和碎石类土（充填物为黏性土）	1.50
坚硬的黏土	2.0

（3）基坑深度超过5 m时，必须进行专项支护设计；施工单位专项支护设计必须按照专项施工方案报审程序审批并签署审批意见：

①施工单位应当在危险性较大分部分项工程施工前编制专项施工方案，并向项目监理机构报送编制的专项施工方案；对超过一定规模的危险性较大的分部分项工程，专项施工方案应由施工单位组织专家进行论证，并将论证报告作为专项施工方案的附件报送项目监理机构。

②项目监理机构对专项施工方案进行审查，总监理工程师审核并签署意见。

（4）人工开挖时，两个人操作间距应保持2~3 m，并应自上而下逐层挖掘，严禁采用掏洞的挖掘操作方法。

（5）基坑内作业人员必须有足够的安全立足之地，以保证作业安全。脚手架搭设必须符合规范规定，临边防护应符合要求。

（6）深基坑内光线不足时，不论白天还是夜间施工，均应设置足够的电气照明，电气照明应符合《施工现场临时用电安全技术规范》（JGJ 46—2005）的有关规定。其电箱的设置、周围的环境，以及各种电气设备的架设使用，均应符合电气规范规定。

（7）挖土时，要随时注意土壁的变异情况，如发现有裂纹或部分塌落现象，要及时进行支撑或改缓放坡，并注意支撑的稳固和边坡的变化。

（8）应先对挖好上下坑沟的阶梯设木梯，不应踩土壁及其支撑上下。

（9）用挖土机施工时，挖土机的作业范围内不得进行其他作业，且应至少保留 0.3 m 厚不挖，最后由人工修挖至设计标高。

（10）在靠近建筑物旁挖掘基槽或深坑，其深度超过原有建筑物基础深度时，应分段进行，每段不得超过 2 m。

（11）载重汽车与坑、沟边沿距离不得小于 3 m；马车与坑、沟边沿距离不得小于 2 m，塔式起重机等振动较大的机械与坑、沟边沿距离不得小于 6 m。

（12）挖掘土方时，发现文物及不能辨认的物品时，应立即停止工作，报有关部门，禁止擅自处理。

7.7.1.2　基坑及管沟工程防坠落的安全技术与要求

（1）深度超过 2 m 的基坑施工，其临边应设置防止人及物体滚落基坑的安全防护措施，必要时，应设置警示标志，配备监护人员。

（2）基坑周边应搭设防护栏杆，防护栏杆的规格、杆件连接、搭设方式等必须符合《建筑施工高处作业安全技术规范》（JGJ 80—2016）的规定。

（3）人员上下基坑、基坑作业应根据施工设计设置专用通道，不得攀登固壁支撑。人员上下基坑作业，应配备梯子作为上下的安全通道，在坑内作业，可根据坑的大小设置专用通道。

（4）夜间施工时，施工现场应根据需要安设照明设施，危险地段应设置红灯警示。

（5）在基坑内，无论是在坑底作业，还是攀登作业、悬空作业，均应有安全的立足点和防护措施。

（6）基坑较深、需要上下垂直同时作业的，应根据垂直作业层搭设作业架，各层用钢、木、竹板隔开，或采取其他有效的隔离防护措施，防止上层作业人员、土块或其他工具坠落伤害下层作业人员。

7.7.1.3　基坑降水的安全技术与要求

当基坑无支护结构防护时，通过降低地下水位保证基坑边坡稳定，防止地下水涌入坑内，阻止流砂现象发生。此时，降水会同时降低基坑内外的局部水位，对基坑外周围建筑物、道路、管线会造成不利影响，设计时应充分考虑。降水过程中应注意：

（1）土方开挖前，要保证一定时间的预抽水。

（2）降水深度必须考虑隔水帷幕的深度，防止产生管涌现象。

（3）降水过程中，必须与坑外观测井的监测密切配合，用观测数据来指导降水施工，避免隔水帷幕渗漏影响周围环境。

（4）注意施工用电安全。

7.7.1.4 基坑支护的安全技术与要求

根据有关部门统计,在建筑施工安全中坍塌事故近几年来呈上升趋势,而土方工程中塌方伤害事故占坍塌事故总数的 65%。土壁支护施工过程中常遇到挡土结构超规定位移、支护结构向基坑内侧产生位移、管涌及流砂、塌方等现象。为防止这些现象的产生,土壁支护施工中需提出以下安全要求:

(1)支护结构应考虑结构的空间效应和基坑的特点,选择有利于支护的结构形式或采用几种形式相结合。

(2)当采用悬壁式结构支护,基坑深度不宜大于 6 m 时,可选用单支点的支护结构。

(3)寒冷地区基坑支护设计应考虑土体冻胀的影响。

(4)支撑安装必须按设计位置进行,严禁施工过程中随意变更,并应切实使围檩与挡土桩墙结合紧密。挡土板或板桩与坑壁间的回填土应分层回填、夯实。

(5)支撑的安装和拆除顺序必须与设计工况相符合,与土方开挖和主体工程的施工顺序相配合。分层开挖时,应先支撑后开挖;同层开挖时,应边开挖边支撑。支撑拆除前,应采取换撑措施,防止边坡卸载过快。

(6)钢筋混凝土支撑的强度达到设计要求(或达到 75%)后,方可开挖支撑面以下土方;钢结构支撑必须严格进行材料检验和保证节点的施工质量,严禁在负荷状态下进行焊接。

7.7.1.5 基坑开挖与支护的施工监测

1.基坑工程监测内容

(1)支护体系变化情况,包括水平位移和沉降。

(2)挡土结构墙体的变形。

(3)基坑外地面沉降或隆起变形。

(4)邻近建(构)筑物动态。

(5)周围道路的沉降。

(6)支护结构的开裂、位移。重点监测桩位、护壁墙面、主要支撑杆、连接点,以及渗漏情况。

(7)坑外地下水位的变化。

2.基坑支护施工的监测要求

(1)基坑工程均应进行基坑工程监测,开挖深度大于 5 m 时,应由建设单位委托具备相应资质的第三方实施监测。

(2)基坑开挖前,应做出系统的开挖监控方案。监控方案应包括监控目的、监控项目、监控警报值、监控方法及精度要求、观测周期、工序管理、记录制度及信息反馈系统等。

(3)总包单位应自行安排基坑监测工作,并与第三方监测资料定期对比分析,指导施工作业。

(4)监控点的布置应满足监控要求。基坑边线外 1~2 倍开挖深度范围内的、需要保护的物体均应作为监控对象。

(5)位移观测基准点数量不少于两点,且应设在影响范围以外。

(6)基坑开挖前,应测得监测项目的初始值,且不应少于 2 次,基坑监测项目的监控

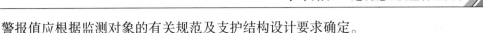

警报值应根据监测对象的有关规范及支护结构设计要求确定。

（7）各项监测的时间可根据工程施工进度确定。当变形超过允许值，且变化速率较大时，应增加观测次数；当有事故征兆时，应连续监测。

（8）基坑开挖监测过程中，应根据设计要求提供阶段性监测结果报告。工程结束时，应提交完整的监测报告，报告内容包括工程概况、监测项目、各监测点的平面和立面布置图、采用的仪器设备和监测方法、监测数据的处理方法和监测结果过程曲线、监测结果评价等。

（9）基坑开挖监测过程中，应根据设计要求提交阶段性监测报告。工程结束时，应提交完整的监测报告，报告内容应包括：

①工程概况；

②监测项目和各测点的平面和立面布置图；

③采用的仪器设备和监测方法；

④监测数据处理方法和监测结果过程曲线；

⑤监测结果评价。

7.7.2　人工挖孔桩施工安全技术与要求

人工挖孔桩必须遵照《建筑桩基技术规范》（JGJ 94—2008）、《建筑施工安全检查标准》（JGJ 59—2011）等标准规范规定，依据设计单位的设计和经批准的施工方案施工，不得擅自改变方案，保证施工安全。安全风险主要有高处坠落、窒息、触电、有毒有害气体中毒、物体打击、起重伤害、坍塌、机械伤害、透水、爆破伤害等危险源。

（1）孔口操作平台应自成稳定体系，防止使用电动葫芦、吊笼等机械设备时被拉垮。

（2）使用的电动葫芦、吊笼等必须是合格的机械设备，同时应配备自动卡紧保险装置，以防突然停电。电动葫芦宜用按钮式开关，上班前、下班后均应有专人严格检查并且每天加足润滑油，保证开关灵活、准确，铁链无损、有保险扣且不打死结，钢丝绳无断丝。支撑架应牢固稳定，使用前必须检查其安全起吊能力。

（3）挖孔桩的孔深一般不宜超过 40 m。当桩间净距小于 4.5 m 时，必须采用间隔开挖。排桩跳挖的最小施工净距也不得小于 4.5 m。

（4）工作人员上下桩孔必须使用钢爬梯，不得用电动葫芦、吊笼、人工拉绳子等运送工作人员和脚踩护壁凸缘上下桩孔。桩孔内壁设置尼龙保险绳，并随挖孔深度放长至工作面，作为救急时备用。

（5）挖孔桩护壁混凝土强度等级应不低于 C15，护壁每节高度视土质情况而定，一般不得大于 1 m。

（6）桩孔开挖后，现场人员应注意观察地面和建（构）筑物的变化。当桩孔靠近旧建筑物或危房时，必须对旧建筑物或危房采取加固措施后才能施工。加强对孔壁土层涌水情况的观察，发现异常情况，及时采取处理措施。

（7）挖出的土石方应及时运走，孔口四周 2 m 范围内不得堆放淤泥杂物。机动车辆通行时，应做出预防措施和暂停孔内作业，以防挤压塌孔。

（8）当桩孔开挖深度超过 5 m 时，每天开工前应用气体检测仪进行有毒气体的检测，确认孔内气体正常后,方可下孔作业。

（9）场地及四周应设置排水沟、集水井,并制订泥浆和废渣的处理方案。施工现场的出土路线应畅通。

（10）每天开工前,应将孔内的积水抽干,并用鼓风机或大风扇向孔内送风5 min,使孔内混浊空气排出,才准下人。孔深超过10 m时,地面应配备向孔内送风的专门设备（见图7-44）,风量不宜小于25 L/s。孔底凿岩时尚应加大送风量。

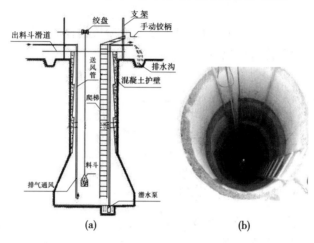

图7-44　送风专门设备及钢爬梯

（11）在施工图会审和桩孔挖掘前,都应认真研究钻探资料,分析地质情况,对可能出现流砂、管涌、涌水以及有害气体等情况应予重视,并应制订有针对性的安全防护措施。若对安全施工存在疑虑,应在事前向有关单位提出。

（12）为防止地面人员和物体坠落桩孔内,孔口四周必须设置护栏。护壁要高出地表面200 mm左右,以防杂物滚入孔内（见图7-45）。

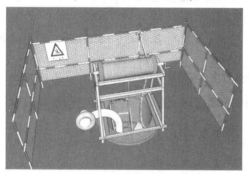
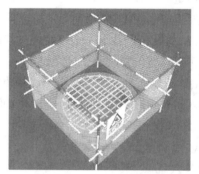

(a) 正在施工的挖孔桩桩口防护　　　　(b) 未施工的挖孔桩桩口防护

图7-45　人工挖孔孔口安全防护

（13）为防止孔壁坍塌,应根据桩径大小和地质条件采取可靠的支护孔壁的施工方法。

（14）暂停施工的桩孔,应加盖板封闭孔口,并加0.8~1 m高的围栏围蔽。

（15）施工现场的一切电源、电路的安装和拆除,必须由持证电工专管,电器必须严格接地、接零和使用漏电保护器。孔内电缆、电线必须绝缘,并有防磨损、防潮、防断等保护措施。孔内作业照明应采用安全矿灯或 12 V 以下的安全灯。

(16)在灌注桩身混凝土时,相邻 10 m 范围内的挖孔作业应停止,并不得在孔底留人。

(17)孔口配合人员应集中精力,密切监视孔内的情况,并枳极配合孔内作业人员进行工作,不得擅离岗位。

7.7.3　砌筑工程施工安全技术与要求

砌筑工程施工必须遵照《砌体结构工程施工规范》(GB 50924—2014)、《建筑施工安全检查标准》(JGJ 59—2011)等标准规范、规定及设计组织施工,保证施工安全。

(1)施工人员必须进行入场安全教育,经考试合格后方可进场。进入施工现场必须戴合格安全帽,系好下颚带,锁好带扣。

(2)在深度超过 1.5 m 的沟槽基础内作业时,必须检查槽帮有无裂缝,确定无危险后方可作业。距槽边 1 m 内不得堆放沙子、砌体等材料。

(3)砌筑高度超过 1.2 m 时,应搭设脚手架作业;高度超过 4 m 时,采用内脚手架必须支搭安全网,用外脚手架应设防护栏杆和挡脚板方可砌筑,高处作业无防护时必须系好安全带。

(4)脚手架堆料量(均布荷载每平方米不得超过 200 kg,集中荷载每平方米不得超过 150 kg),码砖高度不得超过 3 皮侧砖。同块脚手板上不得超过 2 人,严禁用不稳固的工具或物体在架子上垫高操作。

(5)砌筑作业面下方不得有人,交叉作业必须设置可靠安全的防护隔离层,在架子上斩砖必须面向里,把砖头斩在架子上。挂线的坠物必须牢固。不得站在墙顶上行走、作业。

(6)向基坑内运送材料、砂浆时,严禁向下猛倒和抛掷物料、工具。

(7)人工用手推车运砖,两车前后距离平地上不得小于 2 m,坡道上不得小于 10 m。装砖时应先取高处,后取低处,分层按顺序拿取。采用垂直运输,严禁超载;采用砖笼往楼板上放砖时要均匀分布;严禁砖笼直接吊放在脚手架上。

(8)抹灰用高凳上铺脚手板,宽度不得少于 2 块脚手板(50 cm),移动高凳时上面不能站人,作业人员不得超过 2 人。高度超过 2 m 时由架子工搭设脚手架,严禁脚手架搭在门窗、暖气片等非承重的物器上。严禁踩在外脚手架的防护栏杆和阳台板上进行操作。

(9)作业前必须检查工具、设备现场环境等,确认安全后方可作业。要认真查看在施工洞口、临边安全防护和脚手架护身栏、挡脚板、立网是否齐全、牢固;脚手板是否按要求放正、绑牢,有无探头板和空隙。

(10)砌筑 2 m 以上深基础时应设有爬梯和坡道,不得攀跳槽、沟坑上下。

(11)正常气候环境下,砖砌体每日砌筑高度不大于 1.5 m,冬雨期施工砖砌体每日砌筑高度不大于 1.2 m。

(12)脚手架未经交接验收不得使用。

(13)不准用不稳固的工具或物体在脚手板面垫高操作。

7.7.4　混凝土施工安全技术与要求

混凝土工程施工必须遵照《混凝土结构工程施工规范》(GB 50666—2011)、《建筑施工安全检查标准》(JGJ 59—2011)等标准、规范规定及设计组织施工,保证施工安全。

(1)施工人员进入现场必须进行入场安全教育,经考核合格后方可进入施工现场。

(2)作业人员进入施工现场必须戴合格安全帽,系好下颚带,锁好带扣;操作人员戴好口罩、手套等,临边、高空作业系好安全带;在临边作业时要有必要的防护措施,防止高空坠落物体打击。

(3)施工人员要严格遵守操作规程,振捣设备安全可靠。

(4)泵送混凝土浇筑时输送管道头应紧固、可靠、不漏浆,安全阀完好,管道支架要牢固,检修时必须卸压。

(5)浇筑框架梁、柱、墙时,应搭设操作平台,铺满绑牢跳板,严禁直接站在模板或支架上操作。

(6)使用溜槽、串桶时必须固定牢固,操作部位应设护身栏,严禁站在溜槽上操作。

(7)用料斗吊运混凝土时,要与信号工密切配合,缓慢升降,防止料斗碰撞伤人。

(8)混凝土振捣时,操作人员必须戴绝缘手套、穿绝缘鞋,防止触电。

(9)夜间施工照明行灯电压不得大于 36 V,行灯流动闸箱不得放在墙模平台或顶板钢筋上,遇有大风、雨、雪、大雾等恶劣天气时应停止作业。

(10)雨季施工要注意电器设备的防雨、防潮、防触电。

(11)振捣棒使用前检查各部位连接是否牢固,旋转方向是否正确。

(12)作业转移时,电机电缆线要保持足够的长度和高度,严禁用电缆线拖、拉振捣器。

(13)振捣器接线必须正确,电机绝缘电阻必须合格,并有可靠的零线保护,必须装设合格漏电保护开关保护。

(14)地下室施工要有足够的照明,使用低压电,非电工不得随便接电。

7.7.5　电焊作业安全技术与要求

电焊作业必须遵照《钢结构焊接规范》(GB 50661—2011)、《建筑施工安全检查标准》(JGJ 59—2011)等标准、规范最新规定,遵守电焊工安全操作规程,依据设计组织施工,保证施工安全。

(1)作业人员必须是经过电气焊专业培训和考试合格,并取得特种作业操作证的电气焊工持证上岗。

(2)作业人员必须明白职业危害(见图 7-46),经过入场安全教育考核合格后才能上岗作业。

(3)电焊作业人员作业时必须使用头罩或手持面罩,穿干燥工作服、绝缘鞋,用耐火防护手套,耐火的护腿套、套袖及其他劳动防护、保护用品,安全用具。要求上衣不准扎在裤子里,裤脚不准塞在鞋(靴)里,手套套在袖口外。

(4)进入施工现场必须戴好合格的安全帽,系紧下颚带,锁好带扣,高处作业必须系

图 7-46　职业危害告知卡

好合格的防火安全带,系挂牢固,高挂低用。

(5)施焊必须办理动火证,加强作业监管(见图 7-47)。进入施工现场禁止吸烟,禁止酒后作业,禁止追逐打闹,禁止串岗,禁止操作与自己无关的机械设备,严格遵守各项安全操作规程和劳动纪律。

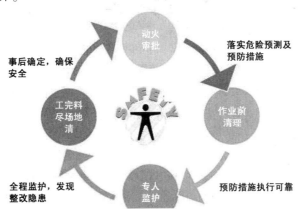

图 7-47　动火作业安全管理

(6)进入作业地点时先检查,熟悉作业环境。若发现不安全因素、隐患,必须及时向有关部门汇报,并立即处理,确认安全后再进行施工作业。

(7)焊接电缆横过通道时必须采取穿管理入地下、架空等保护措施。

(8)风力 6 级以上、雨雪天气不得露天作业,雨雪后应消除积水、积雪后方可作业。

(9)作业时如遇到以下情况必须切断电源:①改变电焊机接头;②更换焊件需要改接二次回路时;③转移工作地点搬运焊机时;④焊机发生故障需要进行检修时;⑤更换保险装置时;⑥工作完毕或临时离开操作现场时。

(10)焊工必须站在稳定的操作台上作业,焊机必须放置平稳牢固,设有良好的接零

（接地）保护。

（11）在狭小空间金属容器内作业时，必须穿绝缘鞋，脚下垫绝缘垫并加强通风。作业时间不能过长，应两人轮流作业，一人作业一人监护，监护人随时注意操作人员的安全及操作是否正确等情况。一旦发现危险情况应立即切断电源，进行抢救。身体出汗，衣服潮湿时，严禁将身体靠在金属及工件上，以防触电。

（12）电焊机及金属防护笼（罩）必须有良好的接零（接地）保护。

（13）电焊机必须使用防触电保护器，并须用开关箱控制。

（14）一、二次导线绝缘必须完好，接线正确，焊把线与焊机连接牢固可靠。一、二次接线处防护罩齐全。焊钳手柄绝缘良好，一次导线长度不超过 5 m，二次导线长度不大于 30 m 并且双线到达施焊部位（见图 7-48）。

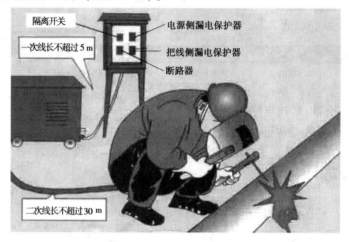

图 7-48　施焊用电安全

（15）作业完毕必须及时切断电源锁好开关箱，做到工完料尽场地清。

7.7.6　钢结构工程安全技术与要求

钢结构工程是以钢材制作为主的结构，主要由型钢和钢板等制成的钢梁、钢柱、钢桁架等构件组成，各构件或部件之间通常采用焊接、螺栓或铆钉连接，是主要的建筑结构类型之一。因其自重较轻，且施工简便，广泛应用于大型厂房、桥梁、场馆、超高层建筑等领域。

钢结构工程施工必须遵照《钢结构工程施工规范》（GB 50755—2012）、《建筑施工安全检查标准》（JGJ 59—2011）等标准、规范最新规定及设计组织施工，保证施工安全。

7.7.6.1　安装工程安全技术与要求

1. 防止高空坠落

（1）吊装人员应戴安全帽，高空作业人员应系好安全带，穿防滑鞋，带工具袋。

（2）吊装工作区应有明显标识，并设专人警戒，与吊装无关的人员严禁入内。起重机工作时起重臂杆旋转半径范围内严禁站人。

（3）运输吊装构件时，严禁在被运输、吊装的构件上站人指挥和放置材料、工具。

（4）高空作业施工人员应站在操作平台或轻便的梯子上工作。吊装屋架应在上弦设

临时安全防护栏杆或采取其他安全措施。

（5）登高用梯子、吊篮、临时操作台应绑扎牢靠，梯子与地面夹角以 60°~70° 为宜，操作台跳板应铺平绑扎，严禁出现挑头板。

2. 防物体落下伤人

（1）高空往地面运输物件时，应用绳捆好吊下。吊装时，不得在构件上堆放或悬挂零星物件。零星材料和物件必须用吊笼或钢丝绳、保险绳捆扎牢固，才能吊运和传递，不得随意抛掷材料、物件、工具，防止滑脱伤人或意外事故。

（2）构件绑扎必须牢固，起吊点应通过构件的重心位置，吊升时应平稳，避免振动或摆动。

（3）起吊构件时，速度不应太快，不得在高空停留过久，严禁猛升猛降，以防构件脱落。

（4）构件就位后临时固定前，不得松钩、解开吊装索具。构件固定后，应检查连接牢固和稳定情况，当连接确实安全可靠时，方可拆除临时固定工具和进行下步吊装。

（5）风雪天、霜雾天和雨期吊装高空作业应采取必要的防滑措施，如在脚手架、走道、屋面铺麻袋或草垫，夜间作业应有充分照明。

3. 防止起重机倾翻

（1）起重机行驶的道路，必须平整、坚实、可靠，停放地点必须平坦。

（2）吊装时，应有专人负责统一指挥，指挥人员应选择恰当地点，并能清楚看到吊装的全过程。起重机驾驶人员必须熟悉信号，并按指挥人员的各种信号进行操作，不得擅自离开工作岗位，遵守现场秩序，服从命令听指挥。指挥信号应事先统一规定，发出的信号要鲜明、准确。

（3）起重机停止工作时，应有利于刹住回转和行走机构，关闭和锁好司机室门，吊钩上不得悬挂构件，并升到高处以免摆动伤人和造成吊车失稳。

（4）在风力大于或等于 6 级时和吊装作业禁止露天进行桅杆组立或拆除。

4. 防止吊装结构失稳

（1）构件吊装应按规定的吊装工艺和程序进行，未经计算和可靠的技术措施，不得随意改变或颠倒工艺程序安装结构构件。

（2）构件吊装就位，应经初校和临时固定或连接可靠后方可卸钩，最后固定后才能拆除临时固定工具。高宽比很大的单个构件，未经临时或最后固定组成一稳定单元体系前，应设溜绳或斜撑拉（撑）固。

（3）构件固定后不得随意撬动或移动位置，如需重校，则必须回钩。

（4）多层结构吊装或分节柱吊装，应吊装完一层节，灌浆固定后，方可安装上层或上一节柱。

7.7.6.2　钢结构涂装工程安全技术与要求

（1）配制使用乙醇、苯、丙酮等易燃材料的施工现场，应严禁烟火和使用电炉等明火设备，并应配置消防器材。

（2）配制硫酸溶液时，应将硫酸注入水中，严禁将水注入酸中；配制硫酸乙酯时，应将硫酸慢慢注入酒精中并充分搅拌，温度不得超过 60 ℃，以防酸液飞溅伤人。

（3）防腐涂料的溶剂，容易挥发出易燃易爆的蒸汽，当达到一定浓度后，遇火易引起燃烧或爆炸，施工时应加强通风，降低积聚浓度。

（4）涂料施工的安全措施主要是涂料施工场地要有良好的通风，在通风条件不好的环境涂漆时，必须安装通风设备。

（5）使用机械除锈工具（如钢丝刷粗挫风动或电动除锈工具）清除锈层、工业粉尘、旧漆膜时，以避免眼睛被沾污或受伤，要戴上防护眼镜，并戴防尘口罩以防呼吸道被感染。

（6）在喷涂硝基漆或其他挥发性、易燃性较大的涂料时，严禁使用明火，严格遵守防火规则，以免失火或引起爆炸。

（7）高空作业时要系好安全带，双层作业时要戴安全帽；要仔细检查跳板、脚手架、吊篮、云梯、绳索、安全网等施工用具有无损坏、捆扎牢不牢，有无腐蚀或搭接不良等隐患；每次使用之前均应在平地上做起重试验，以防造成事故。

（8）施工场所的电线，要按防爆等级的规定安装；电动机的启动装置与配电设备，应是防爆式的，要防止漆雾飞溅在照明灯泡上。

（9）不允许把盛装涂料溶剂或用剩的漆罐开口放置。浸染涂料或溶剂的破布及废棉纱等物，必须及时清除；涂漆环境或配料房要保持清洁，出入畅通。

（10）在涂装对人体有害的漆料（如红丹的铅中毒、天然大漆的漆毒、挥发型漆的溶剂中毒等）时，需要戴上防毒口罩、封闭式眼罩等保护用品。

（11）因操作不小心，涂料溅到皮肤上时，可用木屑加肥皂擦洗；最好不用汽油或强溶剂擦洗，以免引起皮肤发炎。

（12）操作人员涂漆施工时，如感觉头疼、心悸或恶心，应立即离开施工现场，到通风良好、空气新鲜的地方，如仍感到不适，应速去医院检查治疗。

7.7.7 装饰工程施工安全措施

装饰工程施工安全风险因素很多，涉及高处作业、机械伤害、临边作业、触电、化学性爆炸等，必须遵照《住宅装饰装修工程施工规范》（GB 50327—2001）、《建筑施工安全检查标准》（JGJ 59—2011）等标准规范最新规定及设计组织施工，保证施工安全。

7.7.7.1 饰面装饰作业安全措施

1. 饰面作业安全措施

（1）施工前班组长应对所有人员进行有针对性的安全交底。

（2）外装饰为多工种立体交叉作业，必须设置可靠的安全防护隔离层。

（3）贴面使用预制件、大理石瓷砖等，应堆放整齐平稳，边用边运。安装时要稳拿稳放，待灌浆凝固稳定后，方可拆除临时设施。

（4）瓷砖墙面作业时，瓷砖碎片不得向窗外抛扔。剔凿瓷砖应戴防护镜。

（5）使用电钻、砂轮等手持电动工具，必须装有漏电保护器，作业前应试机检查，作业时应戴绝缘手套。

（6）夜间操作应有足够的照明。

（7）遇有6级以上强风、大雨、大雾时，应停止室外高处作业。

2.刷(喷)浆工程安全措施

(1)喷浆设备使用前应检查,使用后应洗净,喷头堵塞,疏通时不准对人。

(2)喷浆要戴口罩、手套和保护镜,穿工作服,手上、脸上最好抹上护肤油脂(凡士林等)。

(3)喷浆要注意风向,尽量减少污染及喷洒到他人身上。

(4)使用人字梯,拉绳必须结牢,并不得站在最上一层操作,不准站在梯子上移位,梯子脚下要绑胶布防滑。

(5)活动架子应牢固、平稳,移动时人要下来。移动式操作平台面积不应超过10 m²,高度不超过5 m。

3.外檐装饰抹灰工程安全措施

(1)施工前对抹灰工进行必要的安全和技能培训,未经培训或考试不合格者,不得上岗作业,更不得使用童工、身体有疾病的人员作业。

(2)对脚手板不牢固之处和跷头板等及时处理,要铺有足够的宽度,以保证手推车运灰浆时的安全。

(3)脚手架上的材料要分散放稳,不得超过设计允许荷载。

(4)不准随意拆除、斩断脚手架软硬拉结,不准随意拆除脚手架上的安全设施,如妨碍施工,必须经施工负责人批准后,方能拆除妨碍部位。

(5)使用吊篮进行外墙抹灰时,吊篮设备必须具备"三证"(检验报告、生产许可证、产品合格证),并对抹灰人员进行吊篮操作培训,专篮专人使用,更换人员必须经安全管理人员批准并重新教育、登记,在吊篮架上作业必须系好安全带,必须系在专用保险绳上。

(6)吊篮架子升降由架子工负责,非架子工不得擅自拆改或升降。

(7)高空作业时,应检查脚手架是否牢固,特别是大风及雨后作业。

4.室内水泥砂浆抹灰工程安全措施

(1)操作前应检查架子、高凳等是否牢固,如发现不安全的地方立即做加固等处理,不准用50 mm×100 mm、50 mm×200 mm木料(2 m以上跨度)、钢模板等作为立人板。

(2)搭设脚手板不得有跷头板,脚手板不得搭设在门窗、暖气片、洗脸池等非承重的物器上。阳台通廊部位抹灰,外侧必须挂设安全网。严禁踩踏脚手架的护身栏杆和阳台栏板进行操作。

(3)室内抹灰使用的木凳、金属支架应搭设平稳牢固,脚手板高度不大于2 m,架子上堆放材料不得过于集中,存放砂浆的灰斗、灰桶等要放稳。

(4)室内抹灰采用高凳上铺脚手板时,宽度不得少于两块脚手板,间距不得大于2 m,移动高凳时上面不得站人,作业人员最多不得超过2人。高度超过2 m时,应由架子工搭设脚手架。

(5)搅拌与抹灰时(尤其在抹顶棚时),注意灰浆溅落眼内。

7.7.7.2　门窗工程安全措施

1.门窗安装安全技术

(1)搬运和安装玻璃时,注意行走路线,手戴手套,防止玻璃划伤。

(2)安装门、窗及安装玻璃时严禁操作人员站在樘子、阳台栏板上操作。门、窗临时固定,封填材料未达到强度,门、窗未固定牢固严禁手拉门、窗进行攀登。

(3)使用的工具、钉子应装在工具袋内,不准口含铁钉。

(4)玻璃未钉牢固前,不得中途停工,以防掉落伤人。

(5)安装窗扇玻璃时,不能在垂直方向的上下两层间同时安装,以免玻璃破碎时掉落伤人。

(6)安装玻璃不得将梯子靠在门窗扇上或玻璃上。

(7)在高处安装玻璃,必须系安全带、穿软底鞋,应将玻璃放置平稳,垂直下方禁止通行。安装屋顶采光玻璃,应铺设脚手板。

(8)在高处外墙安装门、窗而无外脚手架时应张挂安全网。无安全网时,操作人员应系好安全带,其保险钩应挂在操作人员上方的可靠物件上,操作人员的重心应位于室内,不得在窗台上站立。

(9)门窗扇玻璃安装完后,应随即将风钩或插销挂上,以免因刮风而打碎玻璃伤人。

(10)储存时,要将玻璃摆放平稳,立面平放。

2.玻璃幕墙安装安全技术

(1)安装构件前应检查混凝土梁柱的强度等级是否达到要求,预埋件焊接是否牢靠、不松动;不准使用膨胀螺栓与主体结构拉结。

(2)严格按照施工组织设计方案及安全技术措施施工。

(3)玻璃面积过大(大于3 m²),应采用真空吸盘等机械安装。吸盘机必须有产品合格证和产品使用证明书,使用前必须检查电源电线,电动机绝缘应良好无漏电,重复接地和接保护零线牢靠,触电保护器动作灵敏,液压系统连接牢固无漏油,压力正常,并进行吸附力和吸持时间试验,符合要求,方可使用。

(4)遇有大雨、大雾或5级及其以上阵风时,必须立即停止作业。

7.7.7.3 涂料工程安全措施

1.涂料工程施工安全技术

(1)施工中使用油漆、稀料等易燃物品时,应限额领料。禁止交叉作业,禁止在作业场分装、调料。

(2)油工施工前,应将易弄脏部位用塑料布、水泥袋或油毡纸遮挡盖好,不得把白灰浆、油漆、腻子洒到地上,沾到门窗、玻璃和墙上。

(3)在施工过程中,必须遵守"先防护,后施工"的规定,施工人员必须佩戴安全帽,穿工作服、耐温鞋,严禁在没有任何防护的情况下违章作业。

(4)使用煤油、汽油、松香水、丙酮等调配油料,应戴好防护用品,严禁吸烟。熬胶熬油必须远离建筑物,在空旷地方进行,严防发生火灾。

(5)在室内或容器内喷涂时,应戴防护镜。喷涂含有挥发性溶液和快干油漆时,严禁吸烟,作业周围不准有火种,并戴防护口罩和保持良好的通风。

(6)刷涂外开窗扇,将安全带挂在牢固的地方。刷涂封檐板、水落管等应搭设脚手架或吊架。在温度高于25 ℃的铁皮屋面上刷油,应设置活动板梯、防护栏杆和安全网。

(7)使用人字梯应遵守以下规定:

①在高度2 m以下作业(超过2 m按规定搭设脚手架)使用的人字梯应四脚落地,摆

放平稳,梯脚应设防滑皮垫和保险拉链。

②人字梯上搭铺脚手板,脚手板两端搭接长度不得小于 20 cm,脚手板中间不得两人同时操作,挪动梯子时,作业人员必须下来,严禁站在梯子上踩高跷式挪动。人字梯顶部铰轴不准站人、不准铺设脚手板。

③人字梯应经常检查,发现开裂、腐朽、榫头松动、缺挡等不得使用。

(8)防水作业上方和周围 10 m 应禁止动用明火交叉作业。

(9)临边作业必须采取防坠落措施。在外墙、外窗、外楼梯等高处作业时,应系好安全带,安全带应高挂低用,挂在牢靠处。油漆窗户时,严禁站在或骑在窗栏上操作。刷封沿板或水落管时,应在脚手架或专用操作平台架上进行。

(10)在施工休息、吃饭、收工后,现场油漆等易燃材料要清理干净,油料临时堆放处要派专人看守,防止无人看守易燃物品造成火灾隐患。

(11)作业后应及时清理现场遗料,运往指定位置存放。

2. 油漆工程安全技术

油漆涂料的配置应遵守以下规定:

(1)调制油漆应在通风良好的房间内进行。调制有害油漆涂料时,应戴好防毒口罩、护目镜,穿好与之相适应的个人防护用品,工作完毕应冲洗干净。

(2)操作人员应进行体检,患有眼病、皮肤病、气管炎、结核病者不宜从事此项事业。

(3)工作完毕,各种油漆涂料的溶剂桶(箱)要加盖封严。

(4)在用钢丝刷、板锉、气动工具、电动工具清除铁锈、铁鳞时为避免眼睛沾污和受伤,需戴上防护眼镜。

(5)在涂刷或喷涂对人体有害的油漆时,需戴上防护口罩,如对眼睛有害,需戴上密闭式眼镜进行保护。

(6)在涂刷红丹防锈漆及含铅颜料的油漆时,应注意防止铅中毒,操作时要戴口罩。

(7)在喷涂硝基漆或其他挥发性、易燃性溶剂稀释的涂料时,不准使用明火。

(8)在配料或提取易燃剂时严禁吸烟,浸擦过清油、清漆、油料的棉纱、擦手布不能随意乱丢。

(9)油漆仓库,明火不准入内,须配备灭火器,不准装小太阳灯。

复习思考题

一、单选题

1. 专项施工方案应由(　　)组织专家进行论证。

　　A. 施工单位　　　　　B. 监理单位　　　　　C. 建设单位　　　　　D. 设计单位

2. 专项施工方案应当由(　　)主持编制,并由施工单位技术部门组织本单位施工技术、安全、质量等部门的专业技术人员进行审核。

　　A. 建设单位现场负责人　　　　　　　　B. 施工单位技术负责人

　　C. 项目技术负责人　　　　　　　　　　D. 项目总监理工程师

3. 施工单位应当在危险性较大分部分项工程施工前编制专项施工方案,并向项目监理机构报审,项目监理机构对专项施工方案进行审查,( )审核并签署意见后实施。

  A. 项目经理   B. 总监理工程师

  C. 项目技术负责人   D. 项目设计负责人

4. 专项施工方案专家论证审查中,专家组成员应不少于( )人。

  A. 3   B. 5   C. 2   D. 7

5. 起重臂、钢丝绳或重物等与1~20 kV架空输电线路的最近距离为( )m。

  A. 2.5   B. 3   C. 5   D. 7

6. 边长在( )cm以上的洞口,四周应设防护栏杆,洞口下张设安全平网。

  A. 150   B. 200   C. 300   D. 500

7. 下边沿至楼板或底面低于( )cm的窗台等竖向的洞口,如侧边落差大于2 m,则应加设1.2 m高的临时护栏。

  A. 80   B. 60   C. 50   D. 30

8. 卸料平台两侧面设置固定的防护栏杆,其立杆与主挑梁焊接固定。防护栏杆高度不低于1.5 m,下设( )mm高挡脚板,平台两侧及前方应采用硬质材料封闭。

  A. 150   B. 180   C. 120   D. 100

9. 高度超过24 m的层次上的交叉作业,应设( )防护棚。

  A. 单层   B. 双层   C. 软质   D. 硬质

10. 按照《建筑施工高处作业安全技术规范》(JGJ 80—2016)规定:凡在坠落高度基准面( )m以上,含( )m有可能坠落的高处进行的作业称为高处作业。

  A. 2   B. 3   C. 5   D. 6

11. 每张安全平网的质量一般不宜超过15 kg,并要能承受( )N的冲击力。

  A. 1 000   B. 800   C. 500   D. 200

12. 密目式安全网的目数为网上任意一处10 cm×10 cm的面积上应大于( )目。

  A. 2 000   B. 1 000   C. 3 000   D. 5 000

13. 将1.8 m×6 m的安全网与地面成30°夹角放好,四边拉直固定。在网中心上方( )m高度的地方,用一根ϕ18 mm×3.5 mm的5 kg钢管自由落下,网不贯穿,即为合格;网贯穿,即为不合格。

  A. 5   B. 3   C. 2   D. 4

14. 冲击试验。将密目式安全网水平放置,四边拉紧固定。在网中心上方1.5 m高度处,用一个( )kg的砂袋自由落下,网边撕裂的长度小于200 mm即为合格。

  A. 100   B. 200   C. 50   D. 300

15. 满堂模板立柱的水平支撑必须纵横双向设置,其支架立柱4边及中间,每隔( )跨立柱设置一道纵向剪刀撑。

  A. 4   B. 2   C. 3   D. 5

16. 满堂脚手架的纵、横距不应大于( )m。

  A. 1.5   B. 2   C. 1.8   D. 2.5

17. 外层架内侧满挂密目式安全网,安全网随施工层升高,应高出施工层( )m。

  A. 1.0~1.2   B. 1.5~1.8   C. 1.2~1.4   D. 0.8~1.0

18. 悬挑梁的断面高度不得小于(　　)mm。

    A. 100　　　　　　　　B. 120　　　　　　　　C. 160　　　　　　　　D. 150

19. 以下脚手架具的外侧边缘与外电架空线路的边线之间的最小安全操作距离错误的是(　　)。

    A. 1~10 kV, 6 m　　　　　　　　　　　　B. 35~110 kV, 8 m

    C. 150~220 kV, 10 m　　　　　　　　　D. 330~500 kV, 12 m

20. 落地钢管脚手架垫板宜采用长度不少于 2 跨、厚度不小于(　　)mm 的木垫板, 也可采用槽钢。

    A. 20　　　　　　　　B. 30　　　　　　　　C. 40　　　　　　　　D. 50

21. 吊篮脚手架挑梁必须按设计要求与主体结构固定牢靠, 必须保证挑梁抵抗力矩大于倾覆力矩的(　　)倍。

    A. 2　　　　　　　　B. 3　　　　　　　　C. 5　　　　　　　　D. 6

22. 电工检修电气设备时严禁带电作业, 必须切断电源并悬挂(　　)的警告牌。

    A. 小心触电　　　　　　　　　　　　B. 有人工作, 禁止合闸

    C. 正在维修, 严禁入内　　　　　　　　D. 危险

23. 起重机安装后, 在无荷载情况下, 塔身与地面的垂直度偏差值不得超过(　　)。

    A. 3/1 000　　　　　B. 10/1 000　　　　C. 4/1 000　　　　D. 5/1 000

24. 深度超过(　　)m 的基坑施工, 其临边应设置防止人及物体滚落基坑的安全防护措施。

    A. 2　　　　　　　　B. 3　　　　　　　　C. 4　　　　　　　　D. 5

25. 基坑工程均应进行基坑工程监测, 开挖深度大于(　　)m 时, 应由建设单位委托具备相应资质的第三方实施监测。

    A. 5　　　　　　　　B. 3　　　　　　　　C. 2　　　　　　　　D. 8

26. 基坑开挖前, 应测得监测项目的初始值, 且不应少于(　　)次。

    A. 2　　　　　　　　B. 1　　　　　　　　C. 3　　　　　　　　D. 5

27. 人工挖孔施工在灌注桩身混凝土时, 相邻(　　)m 范围内的挖孔作业应停止, 并不得在孔底留人。

    A. 15　　　　　　　　B. 10　　　　　　　　C. 5　　　　　　　　D. 20

28. 人工挖孔施工孔内作业照明应采用安全矿灯或(　　)V 以下的安全灯。

    A. 16　　　　　　　　B. 12　　　　　　　　C. 36　　　　　　　　D. 24

29. 混凝土夜间施工照明行灯电压不得大于(　　)V, 行灯流动闸箱不得放在墙模平台或顶板钢筋上。

    A. 24　　　　　　　　B. 36　　　　　　　　C. 12　　　　　　　　D. 6

二、判断题

1. 专项施工项目及企业内部规定的重点施工工程开工前, 企业的技术负责人及安全管理机构应向参加施工的施工管理人员进行安全技术方案交底。(　　)

2. 分包单位工程项目的安全技术人员向作业班组进行安全技术措施交底。(　　)

3. 电梯井口应根据具体情况设防护栏杆或固定栅门与工具式栅门; 电梯井内每隔两

层或最多 15 m 设一道安全平网。 （　　）

4. 模板支撑的立柱高度大于 2 m 时,应设两道水平支撑,高度超过 4 m 时,人行通道处的支撑应设置在 1.8 m 以上,以免人员碰撞造成松动。 （　　）

5. 跨度为 8 m 的现浇混凝土梁模板拆除之前,应对照拆除的部位查阅混凝土强度试验报告,必须达到设计强度的 100% 时方可进行。 （　　）

6. 现浇混凝土构件模板拆除之前,应对照拆除的部位查阅混凝土强度试验报告,必须达到标准条件养护规定的拆模强度时方可进行。 （　　）

7. 大雾及雨、雪天气和 5 级以上大风时,不得进行脚手架上的高处作业。 （　　）

8. 扣件式钢管脚手架双排架高在 50 m 以下或单排架高在 24 m 以下,按不大于 40 m² (三步三跨)设置一处。 （　　）

9. 双排架高在 50 m 以上,按不大于 27 m²(两步三跨)设置一处。 （　　）

10. 扣件式钢管脚手架应沿全高设置剪刀撑。架高在 24 m 以下时,沿脚手架长度间隔不大于 15 m 设置剪刀撑;架高在 24 m 以上时,沿脚手架全长连续设置剪刀撑。
（　　）

11. 扣件式钢管脚手架立杆接高时,应采用搭接,并等间距采用 3 个旋转扣件扣牢固。
（　　）

12. 出租单位在建筑起重机械首次出租前,自购建筑起重机械的使用单位在建筑起重机械首次安装前,应持建筑起重机械特种设备制造许可证、产品合格证和制造监督检验证明,到本单位工商注册所在地县级以上地方人民政府建设主管部门办理备案。 （　　）

13. 正常气候环境下,砖砌体每日砌筑高度不大于 1.5 m。 （　　）

14. 冬雨期施工砖砌体每日砌筑高度不大于 1.3 m。 （　　）

三、多选题

1. 危险性较大的分部分项工程,必须由施工企业专业工程技术人员编制专项施工方案,并附具安全验算结果,经(　　)签字后实施,由专职安全生产管理人员进行现场监督。

A. 施工单位技术负责人　　　　　　　　B. 项目技术负责人

C. 企业安全技术负责人　　　　　　　　D. 总监理工程师

E. 项目经理

2. 特殊工种包括(　　)、爆破工、司炉工、打桩司机、各种机动车辆司机等必须经过有关部门专业培训考试合格发给操作证,方准独立操作。

A. 电工　　　　　　　　　　　　　　　B. 焊工

C. 架子工　　　　　　　　　　　　　　D. 起重及信号指挥人员

E. 混凝土工

3. 建筑施工安全"三宝"是指(　　)的简称。

A. 安全帽　　　　B. 安全带　　　　C. 安全网　　　　D. 安全标志

E. 安全护栏

4. 建筑施工安全"四口"是指(　　)的简称。

A. 楼梯口　　　　B. 电梯口　　　　C. 预留洞口　　　　D. 通道口

E.现场封闭围挡入口

5.建筑施工安全"五临边"是指(　　　)和沟、坑、槽、深基础周边等危及人身安全的边沿。

　A.施工现场内无围护设施或围护设施高度低于 0.8 m 的楼层周边

　B.楼梯侧边　　　　　C.平台或阳台边　　　D.屋面周边　　　E.现场围挡周边

6.脚手架搭拆人员应持证上岗,操作时必须(　　　)。

　A.佩戴安全帽　　　B.佩戴安全带　　　C.穿防滑鞋　　　D.穿耐磨服

　E.穿戴手套

7.模板支架系统检查评定保证项目包括(　　　)。

　A.施工方案　　　B.支撑系统　　　C.支撑支架构造　　　D.施工荷载

　E.模板验收

8.悬挑式脚手架检查评定保证项目应包括(　　　)。

　A.施工方案　　　B.悬挑钢梁　　　C.架体稳定　　　D.脚手板

　E架体防护

9.附着式升降脚手架检查评定保证项目包括(　　　)。

　A.施工方案　　　B.安全装置　　　C.架体构造　　　D.附着支座

　E.脚手板

10.遇(　　　)等恶劣天气时禁止上附着式升降脚手架作业。

　A.6 级以上(包括 6 级)大风　　　B.大雨　　　C.大雪

　D.浓雾　　　E.55 dB 噪声

11.高处作业吊篮检查评定保证项目应包括(　　　)。

　A.施工方案　　　B.安全装置　　　C.悬挂机构　　　D.钢丝绳

　E.交底与验收

12.单排脚手架的横向水平杆不应设置在下列(　　　)部位。

　A.设计上不允许留脚手眼的部位

　B.过梁上与过梁两端成 60° 的三角形范围内及过梁净跨度 1/2 的高度范围内

　C.宽度小于 2 m 的窗间墙

　D.梁或梁垫下及其两侧各 500 mm 的范围外

　E.独立或附墙砖柱

13.起重吊装检查评定保证项目包括(　　　)。

　A.施工方案　　　B.起重机械　　　C.索具　　　D.作业人员

　E.起重吊装

14.塔式起重机的技术性能是用各种参数表示的,其主要参数包括(　　　)。

　A.幅度　　　B.起重量　　　C.起重力矩　　　D.最大高度

　E.结构重量

15.塔式起重机检查评定保证项目包括(　　　)。

　A.载荷限制装置　　　B.行程限位装置　　　C.保护装置　　　D吊钩、滑轮

　E.附着装置

16.建筑起重机械使用单位应当自建筑起重机械安装验收合格之日起30日内,将( )等,上报给工程所在地县级以上地方人民政府建设主管部门,办理建筑起重机械使用登记,登记标志应置于或者附着于该设备的显著位置。

A.建筑起重机械安装验收资料　　　　B.建筑起重机械安全管理制度

C.特种作业人员名单　　　　　　　　D.企业营业执照

E.企业税务登记证

17.建筑起重机械安装完毕后,使用单位应当组织( )等有关单位进行验收,或者委托具有相应资质的检验检测机构进行验收。

A.出租(供货)单位　　B.安装单位　　　C.监理单位　　　D.设计单位

E.地勘单位

18.塔吊的维护保养分类有( )。

A.日常保养　　　　B.一级保养　　　　C.二级保养　　　　D.三级保养

E.四级保养

19.在露天有( )等恶劣天气时,应停止起重吊装作业。

A.6级及以上大风　　B.大雨　　　　　C.大雪　　　　　D.大雾

E.30 ℃以上高温

20.起重机的吊钩和吊环严禁补焊。当出现( )的情况时应更换。

A.表面有裂纹、破口

B.危险断面及钩颈有永久变形

C.挂绳处断面磨损超过高度10%

D.心轴(销子)磨损超过其直径的3%~5%。

E.表面出现锈蚀

21.物料提升机检查评定保证项目包括( )。

A.安全装置　　　　B.防护设施　　　　C.附墙架与缆风绳

D.钢丝绳　　　　　E.基础与导轨架

22.施工升降机检查评定保证项目包括( )。

A.安全装置　　　　B.限位装置　　　　C.防护设施　　　　D.钢丝绳

E.导轨架

23.施工电梯作业前重点检查项目应符合( )要求。

A.各部结构无变形,连接螺栓无松动

B.齿条与齿轮、导向轮与导轨均接合正常

C.各部钢丝绳固定良好,无异常磨损

D.运行范围内无障碍

E.装载限量

24.基坑工程安全检查评定保证项目包括( )。

A.施工方案　　　　　　　　　　　　B.坑边荷载及临边防护

C.基坑支护及支撑拆除　　　　　　　D.基坑降排水

E.上下通道

25.确定深基础支护结构挡土桩截面及入土深度时,计算荷载应包括(　　　)等附加荷载。

 A.桩顶地面堆土 B.行驶机械 C.运输车辆 D.堆放材料

 E.地表水

26.(　　　)天气不得进行露天焊接作业。

 A.风力 6 级以上   B.雨天

 C.雪天   D.风力 4 级以上

 E.30 ℃及以上高温

三、简答题

1.常用的防止事故发生的安全技术措施有哪些?

2.常用的减少事故损失的安全技术措施有哪些?

3.安全技术措施计划应包括哪些内容?

4.简述土方工程专项施工方案审查要点。

5.简述脚手架专项施工方案审查要点。

6.简述模板施工专项施工方案审查要点。

7.简述临时用电专项施工方案审查要点。

8.什么是建筑施工中的"三宝""四口""五临边"?

9.简述临边防护栏杆搭设的构造要求。

10.简述洞口安全防护措施要求。

11.悬空进行门窗作业时,必须遵守哪些规定?

12.安全防护设施的验收主要包括哪些内容?

13.模板及其支架应满足什么要求?

14.模板支架安全检查评定应符合现行标准、规范规定,检查评定保证项目包括哪些?检查评定一般项目包括哪些?

15.模板工程的安全检查的内容一般包括哪些?

16.扣件式钢管脚手架检查评定的保证项目有哪些? 一般项目应包括哪些?

17.碗扣式钢管脚手架检查评定的保证项目有哪些? 一般项目应包括哪些?

18.附着式升降脚手架检查评定的保证项目有哪些? 一般项目应包括哪些?

19.起重吊装"十不吊"规定是指哪些内容?

20.起重吊装机械的钢丝绳使用有哪些要求?

21.机械安全检查的内容包括哪些?

22.施工电梯安装验收的内容包括哪些?

23.简述施工单位基坑支护专项施工方案报审批准程序。

24.基坑工程监测内容包括哪些?

25.基坑监测报告的内容包括哪些?

26.人工挖孔桩安全风险主要有哪些?

学习项目8 施工现场临时用电安全管理

【知识目标】

　　1. 了解施工现场临时用电的管理原则;

　　2. 熟悉施工现场安全用电常识、安全用电防护技术、施工现场的防雷接地要求;

　　3. 熟悉施工现场线路、配电箱与配电开关、配电室及自备电源的安全管理。

【能力目标】

　　1. 能阅读和参与编写、审查施工现场临时用电的专项施工方案,提出自己的意见和建议;

　　2. 能根据《建筑施工安全检查标准》(JGJ 59—2011)的施工用电安全检查评分表对施工用电组织安全检查和评分;

　　3. 能根据《施工现场临时用电安全技术规范》(JGJ 46—2005)进行施工现场临时用电的管理。

任务8.1 施工现场临时用电安全技术知识

8.1.1 临时用电组织设计及现场管理

　　(1)施工现场临时用电设备在5台及以上,或设备总容量在50 kW及以上者,应由电气工程技术人员组织编制用电组织设计,且必须履行"编制—审核—批准"程序,严格执行临时用电管理规范(见图8-1)。

　　(2)外电线路防护:在建工程不得在外电架空线路正下方施工、搭设作业棚、建造生活设施或堆放构件、架具、材料及其他杂物等。

8.1.2 施工现场临时用电原则

　　建筑施工现场临时用电工程专用的、电源中性点直接接地的220～380 V电力系统,必须符合下列规定。

8.1.2.1 采用TN-S接零保护系统

　　在施工现场专用变压器供电的TN-S接零保护系统中,电气设备的金属外壳必须与保护零线连接。保护零线应由工作接地线、配电室(总配电箱)电源侧零线或总漏电保护器电源侧零线处引出。

　　当施工现场与外电线路共用同一供电系统时,电气设备的接地、接零保护应与原系统保持一致,不得一部分设备做保护接零,另一部分设备做保护接地。

　　TN系统中的保护零线除必须在配电室或总配电箱处做重复接地外,还必须在配电系

图 8-1　用电管理制度规范样板

统的中间处和末端处做重复接地。保护零线每一处重复接地装置的接地电阻值不应大于 10 Ω。

　　N 线的绝缘颜色为淡蓝色,PE 线的绝缘颜色为绿/黄双色。任何情况下,上述颜色标记严禁混用和互相代用。

8.1.2.2　采用三级配电系统

　　所谓三级配电系统,是在施工现场从电源进线开始至用电设备中间,应经过三级配电装置配送电力,即由总配电箱(配电室内的配电柜)经分配电箱(负荷或若干用电设备相对集中处)到开关箱(用电设备处),分三个层次逐级配送电力(见图 8-2)。开关箱与用电设备之间必须实行“一机、一闸、一漏、一箱”,即每一台用电设备必须有自己专用的控制开关箱,而每一个开关箱只能用于控制一台用电设备。

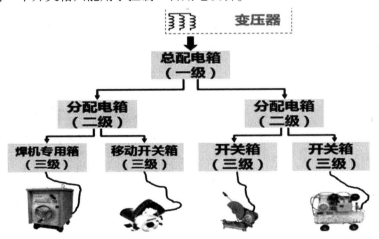

图 8-2　三级配电系统

8.1.2.3　采用二级漏电保护系统

　　二级漏电保护系统(见图 8-3)是指在整个施工现场临时用电工程中,总配电箱和开关箱中必须设置漏电保护开关。总配电箱中漏电保护器的额定漏电动作电流应大于 30 mA,额定漏电动作时间应不大于 0.1 s,但其额定漏电动作电流与额定漏电动作时间的乘积不应大于 30 mA·s;开关箱中漏电保护器的额定漏电流不应大于 30 mA,额定漏电动作时间不应大于 0.1 s。使用于潮湿或有腐蚀性场所的漏电保护器应采用防溅型产品,其额定漏电动作电流不应大于 15 mA,额定漏电动作时间不应大于 0.1 s。

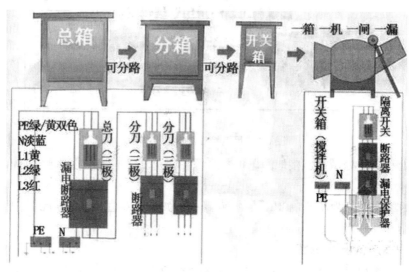

图 8-3　二级漏电保护系统

8.1.3　配电线路安全技术措施

电缆线路应采用埋地或架空敷设,严禁沿地面明设,并应避免机械操作和介质腐蚀。架空线必须架设在专用电杆上,严禁架设在树木、脚手架及其他设施上。在建工程内的电缆线路必须采用电缆埋地引入,严禁穿越脚手架引入。电缆垂直敷设应充分利用在建工程的竖井、垂直孔洞等引入,每楼层的固定点不得少于一处。

8.1.4　配电箱及开关箱

现场临时用电应做到"一机、一闸、一漏、一箱",是指每台机械设备必须有单独的开关箱,开关箱应安装闸刀开关(隔离开关)和漏电保护器,一个开关只能管一台机械设备,一闸多机易出现误操作而发生事故。

配电箱、开关箱应装设端正、牢固。固定式配电箱、开关箱中心点与地面的垂直距离宜为 1.4~1.6 m。移动式配电箱、开关箱应装设在坚固、稳定的支架上,其中心点与地的垂直距离宜为 0.8~1.6 m。

对配电箱、开关箱进行定期维修检查时,必须将其前一级相应的电源隔离开关"断开"或"分断",并悬挂标注"禁止合闸、有人工作"的停电标志牌。

熔断器的熔体更换时,严禁采用不符合原规格的熔体代替。

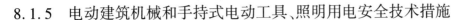

8.1.5　电动建筑机械和手持式电动工具、照明用电安全技术措施

每一台电动建筑机械或手持式电动工具的开关箱内,除应装设过载、短路、漏电保护外,还应按规范要求装设隔离开关或具有可见分断点的断路器,以及控制装置,不得采用手动双向转换开关作为控制电器。

夯土机械的负荷线应采用耐气候型橡皮护套铜芯软电线。使用夯土机械必须按规定穿戴绝缘手套、绝缘鞋等个人防护用品,使用过程中应有专人调整电缆,电缆严禁缠绕、扭结和被夯土机械跨越。

交流弧焊机的一次侧电源线长度不应大于 5 m,二次侧电源线长度不应大于 30 m。使用电焊机械焊接时,必须穿戴防护用品,严禁露天冒雨从事电焊作业。

手持式电动工具的负荷线应采用耐气候型的橡皮护套软电缆,并不得有接头。Ⅰ类手持电动工具的金属外壳必须做保护接零,操作Ⅰ类手持电动工具的人员必须按规定穿戴绝缘手套、绝缘鞋等个人防护用品。

照明灯具的金属外壳必须与保护零线相连接。普通灯具与易燃物距离不宜小于 300 mm;聚光灯、碘钨灯等高热灯具与易燃物距离不宜小于 500 mm,且不得直接照射易燃物。达不到规定安全距离时,应采取隔热措施。

任务 8.2　施工用电施工方案设计

施工现场临时用电设备在 5 台及以上,或设备总容量在 50 kW 及以上时,应编制临时用电施工组织设计。临时用电施工组织设计由施工技术人员根据工程实际编制后,经技术负责人、项目经理审核,经公司安全生产、技术部门会签,经公司总工程师审批签字,加盖施工单位公章后才能付诸实施。

临时用电施工组织设计的内容和步骤:首先进行现场勘测,了解现场的地形和工程位置,了解外电线路情况;其次确定电源线路配电室、总配电箱和分箱等的位置和线路走向,编制供电系统图;最后绘制详细的电气平面图,作为临时用电的唯一依据。

8.2.1　现场勘测

测绘现场的地形和地貌,了解新建工程的位置、建筑材料和器具堆放的位置、临设建筑物的位置,用电设备装设的位置,以及现场周围的环境。

8.2.2　施工用电负荷计算

根据现场用电情况,计算用电设备、用电设备组及作为供电电源的变压器或发电机的计算负荷。计算负荷被作为选择供电变压器或发电机、用电线路导线截面、配电装置和电器的主要依据。

8.2.3　配电与防雷设计

做好配电室(总配电箱)设计、配电线路(包括基本保护系统)设计、配电箱和开关箱设计、接地与接地装置设计、防雷设计、用电组织设计科学，合理适用。

8.2.4 编制安全用电技术措施和电气防火措施

编制安全用电技术措施和电气防火措施时，要考虑电气设备的接地（重复接地）、接零（TN-S系统）保护问题，"一机、一闸、一漏、一箱"保护问题，外电防护问题，开关电器的架设、维护、检修、更换问题，实施临时用电施工组织设计时应执行的安全措施问题，有关施工用电的验收问题，以及施工现场安全用电的安全技术措施等。

编制安全用电技术措施和电气防火措施时，不仅要考虑现场的自然环境和工作条件，还要兼顾现场的整个配电系统，包括变电配电室（总配电箱）到用电设备的整个临时用电工程。

8.2.5 绘制电气设备施工图

电气设备施工图包括供电总平面图、变电所或配电室（总配电箱）布置图、配电系统接线图、接地装置布置图等主要图纸。

任务8.3 施工现场临时用电设施及防护技术

施工用电检查评定应符合国家现行标准《建设工程施工现场供用电安全规范》（GB 50194—2014）和《施工现场临时用电安全技术规范》（JGJ 46—2005）的规定。

施工用电检查评定的保证项目应包括：外电防护接地与接零保护系统、配电线路、配电箱与开关箱；一般项目应包括：配电室电气装置、现场照明、用电档案。

8.3.1 外电防护

（1）外电线路与在建工程及脚手架、起重机械、场内机动车道的安全距离应符合规范要求。在建工程（含脚手架）的周边与外电架空线路边线之间的最小安全操作距离见表8-1。

表8-1 在建工程（含脚手架）的周边与外电架空线路边线之间的最小安全操作距离

外电线路电压(kV)	<1	1~10	35~110	220	330~500
最小安全操作距离(m)	4	6	8	10	15

注：脚手架的斜道不宜设在外电线路的一侧。

外电线路主要指不为施工现场专用的、原来已经存在的高压或低压配电线路。外电线路一般为架空线路，个别现场也会遇到地下电缆。施工过程中必须与外电线路保持一定的安全距离。

施工现场的机动车道与外电架空线路交叉时，架空线路的最低点与路面的最小垂直距离应符合表8-2的要求。

表 8-2　施工现场的机动车道与外电架空线路交叉时的最垂直距离

外电线路电压等级(kV)	<1	1~10	35
最小垂直距离(m)	6	7	7

起重机严禁超过无防护设施的外电架空线路作业。在外电架空线路附近吊装时,起重机的任何部位或被吊物在最大偏斜时与架空线路边线的最小安全距离应符合表 8-3 的要求。

表 8-3　起重机与架空线路边线的最小安全距离

外电线路电压(kV)	<1	10	35	100	220	330	500
垂直方向安全距离(m)	1.5	3	4	5	6	7	8.5
水平方向安全距离(m)	1.5	2	3.5	4	6	7	8.5

施工现场开挖基坑(槽)边缘与外电埋地电缆沟槽边缘之间的距离不得小于 0.5 m。

(2)当安全距离不符合规范要求时,必须采取绝缘隔离防护措施,并应悬挂明显的警示标志,防止发生因碰触造成的触电事故。

(3)防护设施与外电线路的安全距离应符合规范要求,并应坚固、稳定,详见表 8-4。

表 8-4　防护设施与外电线路的安全距离

外电线路电压(kV)	<10	35	100	220	330	500
垂直方向安全距离(m)	1.7	2	2.5	4	5	6

在施工现场一般采用搭设防护架的办法,其材料应使用竹、木质等绝缘性材料,并停电搭设(拆除时也要停电)。防护架距作业区较近时,应用硬质绝缘材料封严。

(4)在架空线路的下方不得施工,不得建造临时建筑设施,不得堆放构件、材料等。当在架空线路一侧作业时,必须保证安全操作距离。

当架空线路在塔吊等起重机的作业半径范围内时,其线路的上方也应有防护措施,搭设成门形,其顶部可用 5 cm 厚的木板或相当于 5 cm 厚的木板的强度的材料盖严。为警示起重机作业,可在防护架上端间断设置小彩旗,夜间施工应有警示灯,其电源电压应为 36 V。

8.3.2　接地、接零与防雷保护系统

人体触电事故一般分为两种情况:一是人体直接或过分靠近电气设备的带电部分(搭设防护遮栏、栅栏等属于防止直接触电的安全技术措施);二是平时不带电,因绝缘损坏而带电的金属外壳或金属架构而使人触电。针对这两种人体触电情况,必须从电气设备本身采取措施和从工作中采取妥善的保证人身安全的技术措施和组织措施。

保护接地和保护接零是防止电气设备意外带电造成触电事故的基本技术措施。

8.3.2.1　保护接地和保护接零

1. 接地

接地,通常是用接地体与土壤接触来实现的,是将金属导体或导体系统埋入土中构成的一个接地体。工程上,接地体除专门埋设外,有时还利用兼作接地体的已有各种金属构

件、金属井管、钢筋混凝土建(构)筑物的基础、非燃物质用的金属管道和设备等,这种接地称为自然接地体。用作连接电气设备和接地体的导体,如电气设备上的接地螺栓、机械设备的金属构架,以及在正常情况下不载流的金属导线等,称为接地线。接地体与接地线的总和称为接地装置。

接地分工作接地、保护接地、防雷接地、重复接地4种:

(1)将变压器中性点(三相供电系统中电源中性点)直接接地叫工作接地,阻值应小于4 Ω。

(2)在电力系统中,因漏电保护需要,将电气设备正常情况下不带电的金属外壳和机械设备的金属构件(架)接地,称为保护接地,阻值应小于4 Ω。

(3)防雷装置(避雷针、避雷器、避雷线)的接地,称为防雷接地。防雷接地设置的主要作用是雷击防雷装置时,将雷击电流泄入大地。

(4)在中性点直接接地的电力系统中,为了保证接地的作用和效果,除在中性点处直接接地外,在中性线上的一处或多处再接地(在保护零线上再做的接地)叫重复接地,其阻值应小于10 Ω。在一个施工现场中,重复接地不能少于三处(始端、中端、末端)。在设备比较集中的地方(如搅拌机棚、钢筋作业区等)应做一组重复接地,在高大设备处(如塔吊、外用电梯、物料提升机等)也要做一组重复接地。

2. 保护接零

将电气设备外壳与电网的零线连接叫保护接零。

(1)在 TN 系统中,下列电气设备不带电的外露可导电部分应做保护接零:

①电机、变压器、照明器具、手持式电动机具的金属外壳;

②电气设备传动装置的金属部件;

③配电柜与控制柜的金属框架;

④配电装置的金属外壳、框架及靠近带电部分的金属围栏和金属门;

⑤电力线路的金属保护管、敷线的钢索、起重机的底座和轨道、滑升模板金属操作平台等;

⑥安装在电力线路杆(塔)上的开关、电容器等电气装置的金属外壳及支架。

(2)城防、人防、隧道等潮湿或条件特别恶劣的施工现场的电气设备必须采用保护接零。

(3)在 TN 系统中,下列电气设备不带电的外露可导电部分可不做保护接零:

①在木质、沥青等不良导电地坪的干燥房间内,交流电压 380 V 及以下的电气装置金属外壳(当维修人员可能同时触及电气设备金属外壳和接地金属物件时除外);

②安装在配电柜、控制柜金属框架和配电箱的金属箱体上,且与其可靠电气连接的电气测量仪表、电流互感器、电气的金属外壳。

8.3.2.2 施工现场的防雷保护

多层与高层建筑建设与施工都应充分重视防雷保护。多层与高层建筑施工时,其四周的起重机,门式架,井字架等突出建筑物很多,材料堆积也较多,万一遭受雷击,不但会对施工人员的生命造成危险,而且容易引起火灾,造成严重事故。

多层与高层建筑施工期间,应注意采取以下防雷措施:

（1）建筑物四周、起重机的最上端必须装设避雷针,并应将起重机钢架连接于接地装置上。接地装置应尽可能利用永久性接地系统。如果是水平移动的塔式起重机,其地下钢轨必须可靠地接到接地系统上。起重机上装设的避雷针,应能保护整个起重机及其电力设备。

（2）沿建筑物四角和四边竖起的木、竹架子上,做数根避雷针并接到接地系统上,针长最小应高出木、竹架子 3.5 m,避雷针之间的间距以 24 m 为宜。对于钢脚手架,应注意连接可靠并要可靠接地。若施工阶段的建筑物当中有突出高点,应如上述加装避雷针。雨期施工时,应随脚手架的接高加高避雷针。

（3）建筑工地的井字架、门式架等垂直运输架上,应将一侧的中间立杆接高。高出顶墙 2 m,作为接闪器,并在该立杆下端设置接地线,同时应将卷扬机等现场机械的金属外壳可靠接地。

（4）应随时将每层楼的金属门窗（钢门窗、铝合金门窗）与现浇混凝土框架（剪力墙）的主筋可靠连接。

（5）施工时,应按照正式设计图纸的要求先做完接地设备,同时应注意跨步电压的问题。

（6）在开始架设结构骨架时,应按图纸规定,随时将混凝土柱的主筋与接地装置连接,以防施工期间遭到雷击而破坏。

（7）随时将金属管道、电缆外皮在进入建筑物的进口处与接地设备连接,并应把电气设备的铁架及外壳连接在接地系统上。

（8）防雷装置的避雷针（接闪器）可采用 Φ20 钢筋,长度应为 1～2 m;当利用金属构架做引下线时,应保证构架之间的电气连接;防雷装置的冲击接地电阻值不得大于 30 Ω。

8.3.3　现场照明

（1）单相回路的照明开关箱内必须装设漏电保护器。

（2）照明灯具的金属外壳必须做保护接零。

（3）施工照明的室外灯具距地面不得低于 3 m,室内灯具距地面不得低于 2.4 m。

（4）安全电压额定值的等级为 42 V、36 V、24 V、12 V、6 V。当电气设备采用超过 24 V的安全电压时,必须采取防直接接触带电体的保护措施。

（5）一般场所,照明电压应为 220 V;隧道、人防工程、高温、有导电粉尘和狭窄的场所,照明电压不应大于 36 V。

（6）潮湿和易触电场所及照明线路,照明电压不应大于 24 V。特别潮湿、导电良好的地面、锅炉或金属容器内,照明电压不应大于 12 V。

（7）手持灯具应使用 36 V 以下电源供电。灯体与手柄应坚固、绝缘良好并耐热和耐潮湿。

（8）施工照明使用 220 V 碘钨灯应固定安装,其高度不应低于 5 m,距易燃物不得小于 1.0 m,并不得直接照射易燃物,不得将 220 V 碘钨灯用作移动照明。

（9）需要夜间或暗处施工的场所,必须配置应急照明电源。

（10）夜间可能影响行人、车辆、飞机等安全通行的施工部位或设施、设备,必须设置红色警戒照明。

(11)照明动力应分设回路,照明用电回路正常的接法是在总箱处分路,考虑三相供电每相负荷平衡,单独架线供电。

(12)照明供电不宜采用 RVS 铜芯绞形聚氯乙烯软线(俗称花线)。

8.3.4　安全用电技术档案

安全用电技术档案由主管现场的电气技术人员负责建立与管理,其内容应包括如下方面:

(1)临时用电施工组织设计。

(2)修改临时用电施工组织设计的资料。

(3)技术交底资料。

(4)临时用电工程检查验收表,电气设备的试验、检验凭单和调试记录,电工维修工作记录,现场临时用电(低压)电工操作安全技术交底,施工用电设备明细表,接地电阻测记记录表,施工现场定期电气设备检查记录表,配电箱每日专职检查记录表,施工用电检查记录表等。

任务 8.4　用电安全事故案例分析

8.4.1　案例一　不重视施工用电的管理导致事故

2002 年 7 月 21 日,在上海某建设实业发展中心承包的某学林苑 4#房工地上,水电班班长朱某、副班长蔡某,安排普工李某、郭某二人为一组到 4#房东单元 4~5 层开凿电线管墙槽工作。下午 1 时上班后,李某、郭某二人分别随身携带手提切制机、榔头、凿头、开关箱等作业工具继续作业。李某去了 4 层,郭某去了 5 层。当郭某在东单元西套卫生间开凿墙槽时,由于操作不慎,切割机切破电线,使郭某触电。14 时 20 分左右,木工陈某路过东单元西套卫生间,发现郭某躺倒在地坪上,不省人事。事故发生后,项目部立即叫来工人宣某、曲某将郭某送往医院,经抢救无效死亡。

8.4.1.1　事故原因分析

1. 直接原因

郭某在工作时,使用手提切割机操作不当,以致割破电线造成触电,是造成本次事故的直接原因。

2. 间接原因

(1)项目部对职工安全教育不够严格,缺乏强有力的监督;

(2)工地安全管理上对施工班组安全操作交底不细,现场安全生产检查监督不力;

(3)职工缺乏相互保护和自我保护意识。

3. 主要原因

施工现场用电设备、设施缺乏定期维护及保养,开关箱漏电保护器失灵是造成本次事故的主要原因。

8.4.1.2　事故预防及控制措施

（1）企业召开安全现场会，对事故情况在全企业范围内进行通报，并传达到每个职工，认真吸取教训，举一反三，深刻检查，提高员工自我保护和相互保护的安全防范意识，杜绝重大伤亡事故的发生。

（2）立即组织安全部门、施工部门、技术部门以及现场维修电工等对施工现场进行全面的安全检查，不留死角。对查出的机械设备、电气装置等各种事故隐患马上定人、定时、定措施落实整改不留隐患。

（3）进一步坚决落实各级人员的安全生产岗位责任制，进一步加强对职工进行有针对性的安全教育、安全技术交底，并加强安全动态管理，加强危险作业和过程的监控，进一步规范完善施工现场安全设施。

8.4.1.3　事故处理结果

（1）本次事故直接经济损失约为 16 万元。

（2）事故发生后施工单位根据事故调查小组的意见，对本次事故负有一定责任者进行了相应的处理：

①经理范某，对项目部安全管理不够，对本次事故负有领导责任，给于做出书面检查的处分。

②公司副总经理曹某，对项目部安全管理、检查监督不严，对本次事故负有领导责任，给予做出书面检查的处分。

③项目经理石某，对职工安全教育交底不到位，对本次事故负有领导责任，做批评教育，并给予罚款的处分。

④工地安全员周某，对施工现场安全检查监督不严，对本次事故负有一定责任，给予通报批评，并处以罚款。

⑤水电班班长朱某、副班长蔡某，对班组安全生产、安全教育不够，对本次事故负有一定责任，分别给予口头警告和罚款的处分。

⑥普工郭某，手提切割机操作不当，对本次事故负有直接责任，鉴于郭某已在事故中死亡，故免于追究。

8.4.2　案例二　违反接地接零及漏电保护的有关规定导致事故

某建筑工地正在紧张施工，搅拌机拌和好混凝土后停了下来。一位工人推车过来接混凝土，正当搅拌机向外倒混凝土时，手扶推车把手的工人突然感到身体发麻，大喊有电，于是停止工作，找来电工修理，电工王某来后，用验电笔测搅拌机外壳确实有电，就把搅拌机上的开关拉开再一测还有电，就跑到前一级开关箱，拉开了控制搅拌机回路的铡刀开关，这时他认为不会再有电了，没再验电，就伸手抓住搅拌机动力箱的铁门，只听"啊"一声，王某倒地，在场的人员立即扯着他的裤脚将他拉出，送到医院抢救无效死亡。

8.4.2.1　事故原因分析

控制搅拌机的开关箱的电源是从总的配电箱配出的，总配电箱控制搅拌机回路的开关的三相导线中有一相是黑色的，而没经开关的保护线是灰色的，就在搅拌机拌和好混凝土后，工地"二包"队伍的一名电工，要为本队临时接一照明灯，他把开关拉开，负荷线撤掉，接好照明，在恢复原负荷时，他认为黑色线应该是保护线，就把黑色线和原来的保护线互换了一下，把原来的保护线接到电流的相线上，相线接在搅拌机外壳，当电工王某拉开两级开关时，由于三相开关并不能切断接在外壳上的相线，所以搅拌机仍然带电导致电工王某触电死亡。

（1）原线中总开关箱内的相序并没有按习惯做法把黑色线作为保护线，埋下了事故隐患。

（2）"二包"队伍的电工在恢复原接线时，主观地把相序倒过使搅拌机带电，是造成事故的直接原因。

（3）电工王某在检修中虽然拉下二级开关，但并没有切断在外壳上的相线，又没有认真验电，也是发生事故的原因。

8.4.2.2　事故教训及防范措施

（1）接线时要规范，黑色线或绿/黄双色线要接外壳，不要把相线错接在外壳上。

（2）检修开始前一定要全面验电，不能认为电已经停了验不验电无所谓。

8.4.3　案例三　违章用电给安全留下祸根

2002年8月10日，在上海某建筑工程有限公司承建的某住宅小区工地上，油漆班正在进行装饰工程的墙面批嵌作业。下午上班后，油漆工屈某在施工现场47#房西南广场处，用经过改装的手电钻搅拌机（金属外壳）伸入桶内搅拌批嵌材料。15时35分左右，泥工何某见到屈某手握电钻坐在地上，以为他在休息而未注意。大约1min后，发现屈某倒卧在地上，面色发黑，人事不省。何某立即叫来油漆工班长等人用出租车将屈某急送医院，经抢救无效死亡。医院诊断为触电身亡。

8.4.3.1　事故原因分析

1. 直接原因

屈某在现场施工中用不符合安全使用要求的手电钻搅拌机，本人又违反规定私接电源，加之在施工中赤脚违章作业，是造成本次事故的直接原因。

2. 间接原因

项目部对职工班组长缺乏安全生产教育，现场管理不到位，发现问题未能及时制止，况且用自制的手枪钻做搅拌机使用，在接插电源时，未经漏电保护，违反"三级配电，二级保护"原则，是造成本次事故的间接原因。

3. 主要原因

公司虽对职工进行过进场的安全生产教育，但缺乏有效的操作规程和安全检查，加之屈某自我保护意识差，是造成本次事故的主要原因。

8.4.3.2　事故预防及控制措施

（1）召开事故现场会，对全体施工管理人员、作业人员进行反对违章操作、冒险蛮干的安全教育，吸取事故教训，落实安全防范措施，确保安全生产。

（2）公司领导应提高安全生产意识，加强对下属工程项目安全生产的领导和管理，下属工程项目部必须配备安全专职干部。

（3）项目部经理必须加强对职工的安全生产知识和操作规程的培训教育，提高职工的自我保护意识和互相保护意识,严禁职工违章作业,违者要严肃处理。

(4)法人代表、项目经理、安全员按规定参加安全生产知识培训,做到持证上岗。

(5)建立健全安全生产规章制度和操作规程,组织职工学习,并在施工生产中严格执行,预防事故发生。

(6)加强安全用电管理和电气设备的检查检验,强化用电人员的安全用电意识,加强现场维修电工的安全生产责任性,对施工现场的用电设备进行全面的检查和维修,消除事故隐患,确保用电安全。

8.4.3.3　事故处理结果

(1)本次事故直接经济损失约 16 万元。

(2)事故发生后,施工单位根据事故调查小组的意见,对本次事故负有一定责任者进行了相应的处理。

①公司法人代表姚某,对安全生产管理不力,对本次事故负有领导责任,责令其做书面检查。

②项目经理朱某,放松对职工的安全生产管理和遵章守纪的教育,对本次事故负有管理责任,责令其做出书面检查,并处以罚款。

③项目部安全员叶某对施工现场安全生产监督检查不力,对本次事故负有一定责任,给予罚款的处分。

④项目部油漆班长包某,提供不符合安全规定的电动工具,对本次事故负有一定责任,给予罚款的处分。

⑤油漆工屈某,自我保护安全意识差,违章用电,赤脚作业,违反了安全生产规章制度,对本次事故负有一定责任,因本人已死亡,故不予追究。

复习思考题

一、单选题

1.施工现场临时用电设备在(　　)台及以上,或设备总容量在 50 kW 及以上者,应由电气工程技术人员组织编制用电组织设计。

    A. 3　　　　　　　　　B. 5　　　　　　　　　C. 10　　　　　　　　　D. 15

2.TN 系统中保护零线每一处重复接地装置的接地电阻值不应大于(　　)Ω。

    A. 10　　　　　　　　　B. 12　　　　　　　　　C. 15　　　　　　　　　D. 20

3.普通灯具与易燃物距离不宜小于(　　)mm。

    A. 300　　　　　　　　B. 200　　　　　　　　C. 1 000　　　　　　　D. 500

4.聚光灯、碘钨灯等高热灯具与易燃物距离不宜小于(　　)mm。

    A. 500　　　　　　　　B. 300　　　　　　　　C. 1 000　　　　　　　D. 800

5.临时用电施工组织设计由施工技术人员根据工程实际编制后,经技术负责人、项目经理审核,经公司安全生产、技术部门会签,经公司(　　)审批签字,加盖施工单位公章后才能付诸实施。

    A.总工程师　　　　　　B.总经理　　　　　　C.安全负责人　　　　　D.董事长

6. 固定式配电箱、开关箱中心点与地面的垂直距离宜为( )m。

    A 1.4~1.6   B.1.0~1.2   C.1.2~1.4   D.0.8~1.0

7. 在电力系统中,因漏电保护需要,将电气设备正常情况下不带电的金属外壳和机械设备的金属构件(架)接地,称为( ),阻值应小于4 Ω。

    A.保护接地   B.防雷接地   C.重复接地   D.工作接地

8. 在中性点直接接地的电力系统中,为了保证接地的作用和效果,除在中性点处直接接地外,在中性线上的一处或多处再接地(在保护零线上再做的接地)叫( ),其阻值应小于10 Ω。

    A.保护接地   B.防雷接地   C.重复接地   D.工作接地

9. 将变压器中性点(即三相供电系统中电源中性点)直接接地叫( ),阻值应小于4 Ω。

    A.保护接地   B.防雷接地   C.重复接地   D.工作接地

10. 将电气设备外壳与电网的零线连接叫( )。

    A.保护接地   B.保护接零   C.重复接地   D.工作接地

11. 防雷接地电阻值一般要求不超过( )Ω。

    A.4   B.8   C.10   D.12

12. 以下施工现场的机动车道与外电架空线路交叉时的最小垂直距离,错误的是( )。

    A.<1 kV,6 m   B.1~10 kV,7 m

    C.35 kV,7 m   D.35~110 kV,8 m

13. 防雷装置的避雷针(接闪器)可采用Φ20钢筋,长度应为1~2 m,防雷装置的冲击接地电阻值不得大于( )Ω。

    A.20   B.30   C.25   D.50

14. 在建工程内电缆线路应采用电缆埋地穿管引入的方法,沿工程竖井、垂直孔洞等逐层固定,电缆水平敷设高度不宜小于( )m。

    A.1.5   B.1.8   C.1.2   D.2.0

15. 当电气设备采用超过( )V的安全电压时,必须采取防止直接接触带电体的保护措施。

    A.24   B.12   C.6   D.36

16. 潮湿和易触电场所及照明线路,照明电压不应大于( )V。

    A.36   B.24   C.12   D.6

17. 特别潮湿、导电良好的地面、锅炉或金属容器内,照明电压不应大于( )V。

    A.36   B.24   C.12   D.6

18. 发电机组应采用三相四线制中性点直接接地系统,并必须独立设置,其接地电阻不得大于( )Ω。

    A.5   B.2   C.4   D.10

19. 特种作业操作证每( )年由原考核发证部门复审一次。

    A.1   B.2   C.3   D.4

20. 漏电保护器的作用是防止(　　)。

    A. 电压波动　　　　　B. 触电事故　　　　　C. 电荷超负　　　　　D. 电压稳定

21. 使用电气设备时,由于维护不及时,当进入(　　)时,可导致短路事故。

    A. 导电粉尘或纤维　　B. 强光辐射　　　　　C. 热气　　　　　　　D. 冷气

22. 如果工作场所潮湿,为避免触电,使用手持电动工具的人应(　　)。

    A. 站在铁板上操作　　　　　　　　　　　B. 站在绝缘胶板上操作

    C. 穿防静电鞋操作　　　　　　　　　　　D. 穿戴铁钉鞋

23. 在对锅炉、压力容器维修的过程中,应使用(　　)V 的安全灯照明。

    A. 36　　　　　　　　B. 24　　　　　　　　C. 12　　　　　　　　D. 6

24. 安全标志(　　)。

    A. 不能直接消除、控制危险　　　　　　　B. 可以直接消除、控制危险

    C. 可以从根本上消除、控制危险　　　　　D. 不能提醒人们的注意

二、判断题

1. 总配电箱中漏电保护器的额定漏电动作电流应大于 30 mA。　　　　　　(　　)

2. 开关箱中漏电保护器的额定漏电动作电流不应大于 30 mA。　　　　　　(　　)

3. 配电箱中漏电保护器的额定漏电动作时间应大于 0.1 s。　　　　　　　(　　)

4. 交流弧焊机的一次侧电源线长度不应大于 5 m,二次侧电缆长度不应大于 30 m。

    (　　)

5. 普通灯具与易燃物距离不宜小于 200 mm。　　　　　　　　　　　　　(　　)

6. 聚光灯、碘钨灯等高热灯具与易燃物距离不宜小于 500 mm。　　　　　(　　)

7. 当施工现场与外电线路共用同一供电系统时,电气设备的接地、接零保护应与原系统保持一致,不得一部分设备做保护接零、另一部分设备做保护接地。　　(　　)

8. 施工现场的临时用电电力系统可以利用大地做相线或零线。　　　　　　(　　)

9. 建筑工地的井字架、门式架等垂直运输架上,应将一侧的中间立杆接高。高出顶墙 2 m,作为接闪器,并在该立杆下端设置接地线。　　　　　　　　　　　(　　)

三、多选题

1. 建筑施工现场临时用电工程专用的、电源中性点直接接地的 220～380 V 电力系统,必须符合(　　)规定。

    A. 采用 TN-S 接零保护系统　　　　　　　B. 采用三级配电系统

    C. 采用二级漏电保护系统　　　　　　　　D. 采用二级配电系统

    E. 采用三级漏电保护系统

2. 下列属于我国安全电压额定值的是(　　)V。

    A. 63　　　　　　　　B. 50　　　　　　　　C. 42　　　　　　　　D. 36　　　　　　　　E. 24

3. 施工用电检查评定的保证项目应包括(　　)。

    A. 外电防护接地与接零保护系统　　　　　B. 配电线路

    C. 配电箱与开关箱电配　　　　　　　　　D. 电室电器装置

    E. 现场照明

4. 接地有(　　)四种。

A. 工作接地　　　　　B. 保护接地　　　　　C. 防雷接地　　　　　D. 重复接地

E. 短路接地

5. 在 TN 系统中,下列电气设备(　　　)不带电的外露可导电部分应做保护接零。

A. 电机、变压器、照明器具、手持式电动机具的金属外壳

B. 电气设备传动装置的金属部件

C. 配电柜与控制柜的金属框架

D. 配电装置的金属外壳、框架及靠近带电部分的金属围栏和金属门

E. 安装在配电柜、控制柜金属框架和配电箱的金属箱体上,且与其可靠电气连接的电气测量仪表、电流互感器、电气的金属外壳

6. 在 TN 系统中,下列电气设备(　　　)不带电的外露可导电部分应做保护接零

A. 配电柜与控制柜的金属框架

B. 配电装置的金属外壳、框架及靠近带电部分的金属围栏和金属门

C. 电力线路的金属保护管、敷线的钢索、起重机的底座和轨道、滑升模板金属操作平台等

D. 安装在电力线路杆(塔)上的开关、电容器等电气装置的金属外壳及支架

E. 在木质、沥青等不良导电地坪的干燥房间内,交流电压380 V 及以下的电气装置金属外壳(当维修人员可能同时触及电气设备金属外壳和接地金属物件时除外)

四、简答题

1. 临时用电的施工组织设计应包括哪些内容?

2. 施工现场临时用电的安全技术档案应包括哪些内容?

3. 什么是保护接地? 什么是保护接零?

4. 施工用电的接地电阻是如何规定的?

5. 漏电保护装置的原理是什么?

6. 施工现场常用的照明装置有哪些?

7. 触电的类型有哪些?

8. 在建工程(含脚手架具)的外侧边缘与外电架空线的边缘之间必须保持的安全操作距离有哪些规定?

9. 施工用电的保护接地有哪些类型?

10. 什么是三级配电和二级漏电保护?

11. 哪些情况下应使用安全电压的电源?

12. 施工临时用电的配电箱和开关箱应符合哪些要求?

13. 施工照明用电的供电电压是如何规定的?

14. 编制安全用电技术措施和电气防火措施应考虑哪些因素?

学习项目 9　现场文明施工与消防安全

【知识目标】

1. 熟悉文明施工内容现场总体规划布局；

2. 掌握施工现场管理与文明施工的主要内容；

3. 了解施工现场平面布置的消防安全要求；

4. 了解施工现场,加强消防安全管理的必要性；

5. 了解消防安全职责与消防安全法律责任；

6. 熟悉施工现场大气污染、施工噪声污染、水污染、固体废弃物、建筑施工照明污染的防治。

【能力目标】

1. 具有编制施工现场场容、场貌及料具堆放方案的能力,并能对场容、场貌及料具堆放进行检查验收；

2. 了解施工现场防火措施和要求,掌握灭火基本方法和施工临时防火安全管理、施工现场防火安全管理的要求；

3. 具有参与编制施工现场消防专项施工方案的能力；

4. 能够组织施工现场消防安全检查,并记录与收集有关安全管理的档案资料；

5. 具有对环境保护与环境卫生进行检查验收的能力。

任务 9.1　施工现场文明施工

施工现场的管理与文明施工是安全生产的重要组成部分。安全生产是树立以人为本的管理理念,保护社会弱势群体的重要体现；文明施工是现代化施工的一个重要标志,是施工企业一项基础性的管理工作,坚持文明施工具有重要意义。安全生产与文明施工是相辅相成的,建筑施工安全生产不但要保证职工的生命财产安全,同时要加强现场管理,保证施工井然有序,改变过去脏乱差的面貌,对提高投资效益和保证工程质量也具有深远意义。

文明施工检查评定应符合国家现行标准《建设工程施工现场消防安全技术规范》(GB 50720—2011)、《建设工程施工现场环境与卫生标准》(JGJ 146—2013)和《施工现场临时建筑物技术规范》(JGJ/T 188—2009)的规定。

文明施工检查评定保证项目应包括:现场围挡、封闭管理、施工场地、材料管理、现场办公与住宿、火灾知识、现场防火；一般项目应包括:综合治理、公示标牌、生活设施、社区服务。

9.1.1　施工现场场容与平面布置

施工现场必须科学合理地规划布局,绘制出施工现场平面布置图,在施工实施阶段按照施工总平面图要求,设置道路、组织排水、搭建临时设施、堆放物料和设置机械设备等。

9.1.1.1　施工总平面图编制的依据

(1)工程所在地区的原始资料,包括建设、勘察、设计等单位提供的资料。

(2)原有和拟建建筑工程的位置和尺寸。

(3)施工方案、施工进度和资源需要计划。

(4)全部施工设施建造方案。

(5)建设单位可提供房屋和其他设施。

9.1.1.2　施工现场功能区域划分要求

施工现场按照功能可划分为施工作业区、辅助作业区、材料堆放区和办公生活区。施工现场的办公生活区应当与作业区分开设置,并保持安全距离(见图9-1)。办公生活区应当设置于在建建筑物坠落半径之外,与作业区之间设置防护措施,进行明显的划分隔离,以免人员误入危险区域;办公生活区如果设置在在建建筑物坠落半径之内,必须采取可靠的防砸措施。功能区在规划设置时还应考虑交通、水电、消防和卫生、环保等因素。

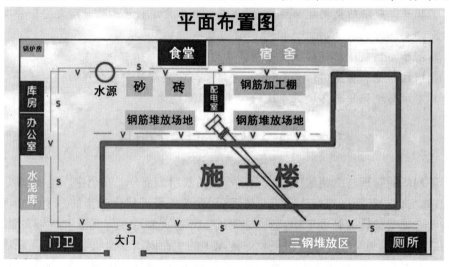

图9-1　施工临时设施平面布置

9.1.1.3　施工平面布置原则

(1)满足施工要求,场内道路畅通,运输方便,各种材料能按计划分期分批进场,充分利用场地。

(2)材料尽量靠近使用地点,减少二次搬运。

(3)生产区、生活区、办公区相对独立。

(4)现场布置紧凑,减少施工用地。

(5)在保证施工顺利进行的条件下,尽可能地减少临时设施搭设,并尽可能地利用施工现场附近的原有建筑物作为施工临时设施。

　　(6)临时设施的布置,应便于工人生产和生活,办公用房靠近施工现场,福利设施应在生活区范围之内。

　　(7)平面图布置应符合安全、消防、环境保护的要求。

　　(8)充分考虑劳动保护、职业健康、安全与消防要求。

　　(9)符合施工现场及安全技术要求和防火规范,符合安全生产、保护防火和文明施工的规定和要求。

9.1.1.4　施工总平面图表示的内容

　　(1)拟建建筑的位置,平面轮廓。

　　(2)施工用机械设备的位置。

　　(3)塔式起重机轨道、运输路线及回转半径。

　　(4)施工运输道路,临时供水,排水管线,消防设施。

　　(5)临时供电线路及变配电设施位置。

　　(6)施工临时设施位置。

　　(7)物料堆放位置与绿化区域位置。

　　(8)围墙与入口位置。

9.1.2　临时设施内容及要求

9.1.2.1　临时设施的选址

　　办公生活区临时设施的选址应首先考虑与作业区隔离,以保证安全(见图 9-2、图 9-3);其次周边环境必须具有安全性,不得设置在高压线下,也不得设置在沟边、崖边、河流边、强风口处、高墙下及滑坡、山洪、泥石流等地质灾害区。

图 9-2　办公区临时设施

　　安全距离是指在建筑物坠落半径和高压线防电距离以外。办公生活区若设置在安全距离以内,则必须采取可靠的防护措施(见图 9-4)。建筑物高度 2~5 m,坠落半径为 2 m;高度 30 m,坠落半径为 5 m。输送电压为 1 kV 以下的裸露电线,安全距离为 4 m;输送电

图 9-3　生活区临时设施

压为 330～550 kV 时,安全距离为 15 m(最外线的投影距离)。

图 9-4　办公生活区若设置在安全距离以内防护示意图

9.1.2.2　场地

施工现场的场地应平整并清除障碍物,无坑洼和凹凸不平现象,雨季不积水,暖季应适当绿化。施工现场应具有良好的排水系统,设置排水沟及沉淀池,现场废水不得直接排入市政污水管网和河流。现场存放的油料、化学溶剂等应设专门的库房,库房地面应进行防渗漏处理。施工现场地面还应当经常洒水,对粉尘源进行覆盖遮挡。

9.1.2.3　运输道路

施工现场的道路应畅通,并有循环干道,以满足运输及消防等要求。主干道应当平整坚实且有排水设施,路面硬化材料可采用混凝土、预制块或石屑、焦渣、砂子等压实整平,保证不沉陷、不扬尘,防止泥土带入市政道路。道路中间应起拱,两侧设排水设施,主干道宽度不小于 4.0 m,以满足运输与消防需要,载货汽车转弯半径不宜小于 15 m。施工现场主要道路尽量利用永久性道路或先建好的永久性道路的路基,在土建工程结束之前再铺路面。

9.1.2.4　封闭设施

施工现场的作业条件差,不安全因素多,容易造成作业人员和场外人员的伤害。因此,必须实行封闭式管理,将施工现场与外界隔离,同时保护环境、美化市容。

1. 围挡

施工现场的围挡应沿工地四周连续设置,不得留有缺口,并应根据地质、气候、围挡材料等进行设计计算,确保其安全及稳定性。围挡材料宜选用砌体、金属板材等硬质材料,保证坚固稳定、整洁美观,不宜选用彩布条、竹笆或安全网等。市区主要路段的工地周围设置的围挡高度不低于 2.5 m,一般路段的工地周围设置的围挡高度不低于 1.8 m(见图 9-5)。

图 9-5　封闭围挡

2. 大门

施工现场应当有固定的出入口,出入口处应设置大门(见图 9-6)。大门应牢固美观,并标有企业名称或企业标识。出入口处应设置专职的门卫保卫人员,并制定门卫管理制度及交接班记录制度。施工现场的工作人员应佩戴工作卡。大门口处应设置公示标牌,主要内容应包括:工程概况牌、消防保卫牌、安全生产牌、文明施工牌、管理人员名单及监督电话牌、施工现场总平面图,简称“五牌一图”。

图 9-6　施工现场大门

9.1.2.5　办公室

施工现场应设置办公室,室内布局应合理,文件资料应归类存放,并应保持清洁卫生。

9.1.2.6　职工宿舍

不得在尚未竣工的建筑物内设置员工集体宿舍。职工宿舍应设置在干燥通风的位置,以防止雨水和污水流入。宿舍必须设置可开启式的窗户和外开门,室内保证必要的生活空间,其净高不得小于2.4 m,通道宽度不得小于0.9 m,每间宿舍居住人员不应超过16人。宿舍内的单人铺不得超过2层,严禁使用通铺,床铺应高于地面0.3 m,人均床铺面积不得小于1.9 m×0.9 m,床铺间距不得小于0.3 m。宿舍内应设置生活用品专柜,有条件的宜设置生活用品储藏室。宿舍内严禁存放施工材料、机具和其他杂物(见图9-7)。

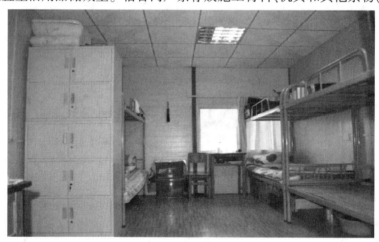

图9-7　职工宿舍

9.1.2.7　食堂

食堂应设置在干燥通风的位置,保持环境卫生,防止雨水和污水流入,远离厕所、垃圾站等有毒有害污染源,装修材料必须符合环保及消防要求。食堂外应设置密闭式泔水桶,并及时清运,保持清洁(见图9-8)。

食堂应设置独立的操作间和储藏间,配备必要的排风设施和冷藏设备,安装纱门、纱窗,室内不得有蚊蝇,门下方设置不低于0.2 m的防鼠挡板。食堂的燃气罐应单独设置在通风良好的存放间,并严禁存放其他物品。食堂制作间的灶台及其周边应贴瓷砖,瓷砖的高度不宜小于1.5 m,地面应做硬化和防滑处理,并按规定设污水排水设施。

食堂应制定卫生责任制并张挂,加强管理,落实到人。

9.1.2.8　厕所

施工现场的厕所应根据作业人员数量设置。高层建筑物施工高度超过8层后,每隔4层宜设置临时厕所。施工现场应设水冲式或移动式厕所,地面应硬化,门窗应齐全,蹲坑间宜设置隔板,其高度不宜低于0.9 m。厕所应安排专人定时打扫、冲刷和消毒,以防蚊蝇滋生,化粪池应及时清理。

9.1.2.9　防护棚

施工现场的防护棚(见图9-9),主要有加工站厂棚、机械操作棚及通道防护棚等。

图 9-8　职工食堂

图 9-9　防护棚

　　防护棚顶应满足承重及防雨的要求,在施工坠落半径以内的,棚顶应当具有抗砸能力。防护棚可采用多层结构,最上层的材料应能承受 100 kPa 的均布静荷载,也可采用 50 mm 厚的木板或两层竹笆架设,上下层竹笆间距应不小于 600 mm。

9.1.3　现场文明施工措施

9.1.3.1　现场管理

　　(1)工地现场应设置大门和连续、密闭的临时围护设施,且牢固、安全、整齐美观;围护外部色彩应与周围环境相协调。

　　(2)严格按照相关文件规定的尺寸和规格制作各类工程标志标牌,如施工总平面图、工程概况牌、文明施工管理牌、组织网络牌、安全记录牌、防火须知牌等。其中,工程概况牌设置在工地大门入口处,标明项目名称、规模、开竣工日期、施工许可证号和建设单位、设计单位、施工单位、监理单位及其联系电话等如图9-10所示。

图9-10　九牌二图

①安全标志的定义。

安全警示标志（见图9-11）是指提醒人们注意的各种标牌、文字、符号及灯光等，一般包括安全色和安全标志两类。安全色有红、黄、蓝、绿四种颜色，分别表示禁止、警告、指令和提示。安全标志有禁止标志、警告标志、指令标志和提示标志，其图形、尺寸、颜色、文字说明和制作材料等，均应符合国家标准规定。

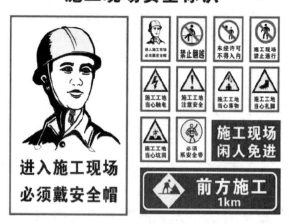

图9-11　安全警示标志

②设置悬挂安全标志的意义。

安全警示标志用来提醒、警示施工现场和管理人员、作业人员和其他有关人员要时刻认识所处环境的危险性，随时保持清醒和警惕，避免事故的发生。

③安全标志平面布置图。

项目经理部应根据施工平面图和安全管理的需要,绘制施工现场的安全标志平面布置图,按照施工不同阶段的特点,分施工阶段进行布置、绘图人员签名、项目负责人审批。

④安全标志的设置与悬挂。

根据国家的有关规定,施工现场入口处、施工起重机械、临时用电设施、脚手架、出入通道口(见图 9-12)、楼梯口、电梯井口、孔洞口、桥梁口、隧道口、基坑边沿、爆破物及有害危险气体和液体存放处等均属危险部位,应当设置明显的安全警示标志。安全警示标志的类型、数量应当根据危险部位的性质不同而设置。安全警示标志设置后应当进行统计记录,并填写"施工现场安全警示标志登记表"。

图 9-12　安全通道入口设置示意图

(3)场内道路要平整、坚实、畅通,有完善的排水措施;严格按施工组织设计中平面布置图划定的位置整齐堆放原材料和机具、设备。

(4)施工现场场地应有排水坡度、排水管、热电厂水沟等排水设施,做到排水畅通、无堵塞、无积水。

(5)施工现场应设污水沉淀池,防止污水、泥浆不经处理直接外排造成下水道堵塞,污染环境。

(6)施工现场不准随意吸烟,应设专用吸烟室,既要方便作业人员吸烟、又要防止火灾发生。

(7)施工区和办公生活区要有明确的划分;责任区分片包干,岗位责任制健全,各项管理制度健全并上墙;施工区内废料和垃圾及时清理,成品保护措施健全有效。

9.1.3.2　材料管理

(1)工地的材料、设备、库房等按平面图规定地点、位置设置,材料、设备分规格存放整齐,有标志,管理制度、资料齐全并有台账。

(2)料场、库房整齐,易燃易爆物品单独存放,库房有防火器材(见图 9-13、图 9-14)。活完料净脚下清,施工垃圾集中存放、回收、清运。

图 9-13　木工棚防护原料、半成品码放整齐

图 9-14　钢筋棚原料、半成品码放整齐

(3)材料堆放应做到整齐(见图 9-15),并按相关规定堆放整齐。

(a)钢筋上架并做防水措施

(b)黄砂、石子进池并做防扬沙措施

(c)水泥入库并做防雨、防潮措施

图 9-15　材料堆放应整齐、规范

任务 9.2　职业健康安全与施工现场环境保护

9.2.1　安职业健康安全

职业健康安全是研究并预防因工作导致的疾病,防止原有疾病的恶化。主要表现为工作中因环境及接触有害因素引起人体生理机能的变化。

职业健康安全标准的制定是出于两方面的要求。一方面是随着现代社会中生产的急速发展,产品更新周期的缩短,竞争日益加剧,有的企业领导迫于生产的压力和资源的紧张有意或无意地存在着对劳动者的劳动条件和环境状况改善的忽视,因此劳动者的条件相对下降。据国际劳工组织(ILO)统计,全世界每年发生各类生产伤亡事故约 2.5 亿起,平均每天 8.5 万起。国际社会呼吁:不能以牺牲劳动者的职业健康安全利益为代价去取得经济的发展。与此同时,这些企业也发现了劳动者的伤亡将会给企业和国家带来麻烦,有时甚至是非常严重的。因此,劳动者的安全问题又提上了工作日程,很多企业制定了安全标准,很多国家也制定了各自的国家标准,逐渐发展成为寻求一个系统的、结构化的职业健康安全管理模式。另一方面在国际的贸易合作日益广泛的情况下,也需要一个统一的职业健康安全标准。因此,各种国际合作制定的标准也相继产生。其中,对国际较有影响的是英国标准化协会(BSI)和其他多个组织,参照了 ISO 9000 和 ISO 14000 模式,制定的职业健康安全评价体系(Occupational Healthand Safety Assessment Series,简称 OHSAS) 18000 标准。

我国作为加入 WTO 的国家,对职业健康安全标准也给予了充分的重视。在 2001 年中国标准化委员会发布了《职业健康安全管理体系规范)(GB/T 28001—2001),发布标准的目的是规定对职业健康安全管理体系的要求,使组织能够制定有关方针与目标,通过有效应用控制职业健康安全风险,达到持续改进的目的。所以,建筑施工企业的工程建造师应当了解这个标准,积极创造条件实施标准。

(1)安全技术系统可靠性和人的可靠性不足以完全杜绝事故,组织管理因素是复杂系统事故发生与否的最深层原因,因此要求进行系统化,预防为主,全员、全过程、全方位的安全管理。

(2)推动职业健康安全法规和制度的贯彻执行,有助于提高全民安全意识。

(3)使组织职业健康安全管理转变为主动自愿性行为,提高职业健康安全管理水平,形成自我监督、自我发现和自我完善的机制。

(4)促进进一步与国际标准接轨,消除贸易壁垒和加入 WTO 后的绿色壁垒。

(5)改善作业条件,提高劳动者身心健康和安全卫生技能,大幅减少成本投入和提高工作效率,产生直接和间接的经济效益。

(6)改进人力资源的质量。根据人力资本理论,人的工作效率与工作环境的安全卫生状况密不可分,其良好状况能大大提高生产率,增强企业凝聚力和发展动力。

(7)在社会树立良好的品质、信誉和形象。因为优秀的现代企业除具备经济实力和技术能力外,还应保持强烈的社会关注力和责任感、优秀的环境保护业绩和保证职工安全与健康。

(8)把 OHSAS 18001(OSHMS)和 ISO 9001、ISO 14001 建立在一起将成为现代企业的标志和时尚。

9.2.2　施工现场环境保护

建设工程项目环境管理的目的是保护生态环境,控制作业现场的各种粉尘、废水、废气、固体废弃物以及噪声、振动等对环境的污染和危害,节约能源和避免资源的浪费。

9.2.2.1　防止大气污染的措施

(1)高层建筑物和多层建筑物清理施工垃圾时,要搭设封闭式专用垃圾道,采用容器吊运或将永久性垃圾道随结构安装好以供施工使用,严禁凌空随意抛撒。

(2)施工现场道路采用焦渣、级配砂石、粉煤灰级配砂石、沥青混凝土或水泥混凝土等铺设,有条件的可利用永久性道路,并指定专人定期洒水清扫,形成制度,防止道路扬尘。

(3)袋装水泥、白灰、粉煤灰等易飞扬的细颗散粒材料,应库内存放。室外临时露天存放时,必须下垫上盖,严密遮盖,防止扬尘。

(4)散装水泥、粉煤灰、白灰等细颗粉状材料,应存放在固定容器(散灰罐)内。没有固定容器时,应设封闭式专库存放,并具备可靠的防扬尘措施。

(5)运输水泥、粉煤灰、白灰等细颗粉状材料时,要采取遮盖措施,防止沿途遗撒、扬尘。卸运时,应采取措施,以减少扬尘。

(6)车辆不带泥沙出现场措施包括:可在大门口铺一段石子,定期过筛清理;做一段水沟冲刷车轮(见图9-16);挖土装车时不超装;场区和场外安排人清扫洒水,基本做到不撒土,不扬尘,减少对周围环境的污染。

图 9-16　洗车池硬化处理

(7)除设有符合规定的装置外,禁止在施工现场焚烧油毡、橡胶、塑料、皮革、树叶、枯草、各种包装等,以及其他会产生有毒、有害烟尘和恶臭气体的物质。

(8)工地搅拌站除尘是治理的重点。在进料仓上方安装除尘器、在搅拌机拌筒出料口安装活动胶皮罩,通过高压静电除尘器或旋风滤尘器等除尘装置将风尘分开净化,达到除尘目的。

(9)拆除旧有建筑物时,应适当洒水,防止扬尘。

9.2.2.2　防止水污染的措施

(1)禁止将有毒、有害废弃物做土方回填。

(2)施工现场搅拌站废水、现制水磨石的污水、电石(碳化钙)的污水须经沉淀池沉淀后再排入城市污水管道或河流。最好采取措施将沉淀水回收利用,可用于工地洒水降尘。上述污水未经处理不得直接排入城市污水管道或河流中。

(3)现场存放油料时,必须对库房地面进行防渗处理,如采用防渗混凝土地面、铺油毡等。使用时要采取措施,防止油料跑、冒、滴、漏,污染水体。

(4)施工现场100人以上的临时食堂,排放杂物时可设置简易有效的隔油池,定期掏油和杂物,防止污染。

(5)工地临时厕所、化粪池应采取防渗漏措施。中心城市施工现场的临时厕所可采取水冲式厕所、蹲坑上加盖,并有防蝇、灭蝇措施,防止污染水体和环境。

9.2.2.3　防止噪声污染的措施

(1)严格控制人为噪声,进入施工现场不得高声喊叫、无故甩打模板、乱吹哨,限制高音喇叭的使用,最大限度地减少噪声扰民。建筑施工场界环境噪声排放限值:昼间 70 dB,夜间 55 dB。

(2)凡在人口稠密区进行强噪声作业时,须严格控制作业时间,一般晚 10 时到次日早 6 时之间停止强噪声作业。确系特殊情况必须昼夜施工时,尽量采取降低噪声措施,并会同建设单位与当地居委会、村委会或当地居民协调,发出安民告示,取得群众谅解。

(3)尽量选用低噪声设备和工艺代替高噪声设备与加工工艺,如低噪声振捣器、风机、电动空压机、电锯等。

(4)在声源处安装消声器清声,即在通风机、鼓风机、压缩机、燃气轮机、内燃机及各类排气放空装置等进出风管的适当位置设置消声器。

(5)采取吸声、隔声、隔振和阻尼等声学处理的方法降低噪声。

任务 9.3　施工现场消防安全与防火

9.3.1　施工现场防火防爆安全管理概述

9.3.1.1　基本概念

(1)消防安全是指控制能引起火灾、爆炸的因素,消除能导致人员伤亡或引起设备、财产破坏和损失的条件,为人们生产、经营、工作、生活创造一个不发生或少发生火灾的环境。

(2)消防安全管理是指单位管理者和主管部门遵循经营管理活动规律和火灾发生的客观规律,依照一个规定,运用管理方法,制定制度规范,进行规范管理(见图 9-17),通过管理职能合理有效地组合,保证消防安全的资源,以保护单位员工免遭火灾危害,保护财产不受火灾损失所进行的系列活动。

图 9-17　制作规范挂图

9.3.1.2 防火防爆基本规定

（1）重点工程和高层建筑应编制防火防爆技术措施并履行报批手续，一般工程在拟定施工组织设计的同时，要拟定现场防火防爆措施。

（2）按规定在施工现场配置消防器材、设施和用品，并建立消防组织。

（3）施工现场明确划定用火和禁火区域，并设置明显安全标志。

（4）现场动火作业必须履行审批制度，动火操作人员必须经考试合格持证上岗。

（5）施工现场应定期进行防火检查，及时消除火灾隐患。

9.3.1.3 施工现场消防器材管理

（1）各种消防梯经常保持完整完好。

（2）经常检查水枪，保持开关灵活、喷嘴畅通，附件齐全无锈蚀。

（3）水带充水后防骤然折弯，不被油类污染，用后清洗晾干，收藏时应单层卷起，整放在架上。

（4）各种管接口和阀盖应接装灵便、松紧适度、无泄漏，不得与酸、碱等化学品混放，使用时不得摔压。

（5）按室内、室外（地上、地下）的不同要求，对消火栓定期进行检查和及时加注润滑用油，消火栓井应经常清理，冬季应采取防冻措施。

（6）工地设有大火探测和自动报警灭火系统时，应由专人管理；保证其处于完好状态。

（7）根据施工条件合理配备灭火器材，并保证其可靠有效。高层建筑一般每 100 m² 必须配备 2 个适合的灭火器，一般临时设施每 100 m² 配备 2 个 10 L 的灭火器，木工间、机具间等每 25 m² 应配备 1 个适合的灭火器，油库、危险品仓库应配备足够数量、种类的灭火器（见图 9-18）。明火作业应履行动火审批手续，并有专人监护。

(a) 易燃品附近　　　　(b) 配电箱附近　　　(c) 办公区　　　(d) 生活区　　　(e) 作业面

图 9-18　灭火器材布置示意图

9.3.1.4 防火防爆安全管理制度

（1）建立防火防爆知识宣传教育制度，加强消防宣传提示（见图 9-19、图 9-20），组织施工人员认真学习、执行消防法规，增强全员的法律意识。

图 9-19 防火防爆知识宣传

图 9-20 消防安全"三提示"牌

（2）建立定期消防技能培训制度,定期对职工进行消防技能培训,使所有施工人员都懂得基本防火防爆知识,掌握安全技术,能熟练使用工地上配备的防火防爆器具,掌握正确的灭火方法。

（3）建立现场明火管理制度,施工现场未经主管领导批准,任何人不准擅自动用明火。从事电、气焊的作业人员要持证上岗(动火证),在批准的范围内作业。要从技术上采取安全措施,消除火源。

（4）存放易燃易爆材料的库房建立严格管理制度。现场的临建设施和仓库要严格管理。存放易燃液体和易燃易爆材料的库房,要设置专门的防火防爆设备,采取消除静电措施,防止火灾、爆炸等恶性事故的发生。

（5）建立定期防火检查制度。定期检查施工现场设置的消防器具,存放易燃易爆材料的库房、施工重点防火部位和重点工种的施工操作，不合格者责令整改，及时消除火灾隐患。

9.3.2　现场施工防火安全管理

（1）建筑工程施工现场的消防安全由施工单位负责。实施总承包的，由总承包单位负责。分包单位向总承包单位负责，服从总承包单位对施工现场的消防安全管理。

（2）项目部应在开工前 15 日内备齐相关资料，到当地公安局消防科报审备案，并办理"消防施工许可证"。

（3）施工单位应当在建筑工程开工前编制施工组织设计、施工现场消防安全措施及消防设施平面图，建立应急预案，并定期演练。

（4）施工单位应在施工现场设置临时消防车道，其宽度不得小于 4 m，并保证临时消防车道的畅通。禁止在临时消防车道上堆物、堆料或挤占临时消防车道。

（5）安装电气设备和进行电、气焊作业人员，必须具有相应的特种作业操作岗位资格证书。进行电、气焊切割作业，必须开具用火证，设置专人看护，配备灭火器具。5 级（含 5 级）以上风力应停止室外电、气焊切割作业。

（6）建筑工程内不准存放易燃易爆化学危险物品和易燃、可燃材料。氧气瓶、乙炔瓶工作间距不小于 5 m，两瓶与明火作业距离不小于 10 m。

（7）施工单位应当建立健全临时用电管理制度，加强临时用电施工管理。临时用电施工必须由经培训合格的专业技术人员操作。临时用电必须安装过载保护装置，严禁超负荷使用电气设备。

（8）宿舍不得设置于在建建筑工程内，严禁使用可燃材料搭设，宿舍内不得卧床吸烟，施工现场和生活区，未经批准不得使用电热器具。严禁工程中明火保温施工及宿舍内明火取暖。

（9）施工现场消火栓应布局合理。消防干管直径不小于 100 mm。消火栓处昼夜要设有明显标志，配备足够的水龙带，周围 3 m 内不准存放物品。地下消火栓必须符合防火规范。

（10）施工现场必须配备消防器材，做到布局、选型合理。要害部位应配备不少于 4 具灭火器材，要有明显的防火标志，并经常检查、维护、保养，保证灭火器材灵敏有效。

（11）高度超过 24 m 的建筑工程，应安装临时消防竖管。管径不得小于 75 mm，每层设消火栓口，配备足够的水龙带。消防供水要保证足够的水源和水压，严禁消防竖管作为施工用水管线。消防泵房应使用非燃材料建造，位置设置合理，便于操作，并设专人管理，保证消防供水。消防泵的专用配电线路，应引自施工现场总断路器的上端，要保证连续不间断供电。

（12）电焊工及气焊工从事电、气焊切割作业，要有操作证和用火证。用火证当日有效，用火地点变换，要重新办理用火手续。

（13）施工现场使用的安全网、密目式安全网、密目式防尘网、保温材料等，必须符合消防安全规定，不得使用易燃、可燃材料。

（14）材料库房、油漆料库和调料间、木工操作间、喷灯作业现场等重点部位要有具体的防火防爆措施。

复习思考题

一、单选题

1.施工现场的道路应畅通,并有循环干道,道路中间应起拱,两侧设排水设施,主干道宽度不小于(　　)m。

　　A.5　　　　　　　　B.4　　　　　　　　C.6　　　　　　　　D.3

2.施工现场的道路应畅通,并有循环干道,载货汽车转弯半径不宜小于(　　)m。

　　A.15　　　　　　　B.10　　　　　　　C.12　　　　　　　D.20

3.施工现场的围挡应沿工地四周连续设置,市区主要路段的工地周围设置的围挡高度不低于(　　)m,一般路段的工地周围设置的围挡高度不低于(　　)m。

　　A.2.0,1.8　　　　B.2.5,1.8　　　　C.1.8,1.8　　　　D.2.5,2.5

4.施工现场的厕所应根据作业人员数量设置。高层建筑物施工高度超过8层后,每隔(　　)层宜设置临时厕所。

　　A.5　　　　　　　　B.4　　　　　　　　C.2　　　　　　　　D.3

5.建筑施工场界环境噪声最高限值:昼间(　　)dB,夜间(　　)dB。

　　A.75,55　　　　　B.70,55　　　　　C.85,55　　　　　D.70,50

6.项目部应在开工前(　　)日内备齐相关资料,到当地公安局消防科报审备案,并办理"消防施工许可证"。

　　A.15　　　　　　　B.30　　　　　　　C.10　　　　　　　D.20

7.施工现场消火栓应布局合理。消防干管直径不小于(　　)mm。

　　A.110　　　　　　B.100　　　　　　C.90　　　　　　　D.75

8.高度超过24 m的建筑工程,应安装临时消防竖管。管径不得小于(　　)mm,每层设消火栓口,配备足够的水龙带。

　　A.75　　　　　　　B.100　　　　　　C.110　　　　　　D.90

9.库房内防火设施齐全,应分组布置种类适合的灭火器,每组不少于(　　)个,组间距不大于30 m。

　　A.4　　　　　　　　B.2　　　　　　　　C.3　　　　　　　　D.5

10.库房内防火设施齐全,重点防火区应每(　　)m^{2}布置1个灭火器。

　　A.25　　　　　　　B.20　　　　　　　C.30　　　　　　　D.50

11.乙炔瓶的储存仓库,应避免阳光直射,与明火距离不得小于(　　)m。

　　A.10　　　　　　　B.15　　　　　　　C.20　　　　　　　D.30

12.在易燃、易爆区域动火必须执行(　　)。

　　A.动火审批制度　　　　　　　　　　B.动火备案制度

　　C.动火确认制度　　　　　　　　　　D.动火立案制度

二、判断题

1.职工宿舍应设置在干燥通风的位置,以防止雨水和污水流入。　　　　　　　(　　)

2. 寒冷地区冬季宿舍应有保暖和防煤气中毒措施,火炉应当统一设置和管理。

（　　）

3. 食堂制作间的灶台及其周边应贴瓷砖,瓷砖的高度不宜小于1.2 m。（　　）

4. 安全色有红、黄、蓝、绿四种颜色,分别表示禁止、警告、指令和提示。（　　）

5. 项目经理部应根据施工平面图和安全管理的需要,绘制施工现场的安全标志平面布置图。

（　　）

6. 应设茶水亭和茶水桶,做到有盖、有标志,夏季施工备有防暑降温措施。（　　）

7. 施工现场明确划定用火和禁火区域,并设置明显安全标志。（　　）

8. 现场动火作业必须履行审批制度,动火操作人员必须经考试合格持证上岗。

（　　）

9. 油漆料库与调料间应分开设置,油漆料库和调料间应与散发火花的场所保持一定的防火间距。

（　　）

10. 油漆料库或调料间性质相抵触、灭火方法不同的品种,存放间距应不小于1 m。

（　　）

11. 材料库房内使用碘钨灯,其与存放物品的间距应不小于1.5 m。（　　）

三、多选题

1. 文明施工检查评定保证项目应包括(　　)。

A. 现场围挡　　　　　B. 封闭管理　　　　　C. 施工场地

D. 现场办公与住宿　　E. 公示标牌

2. 施工现场按照功能可划分为(　　)

A. 施工作业区　　　　B. 辅助作业区　　　　C. 材料堆放区

D. 办公生活区　　　　E. 运动休闲区

3. 施工现场的临时设施指施工期间临时搭建或租赁的各种设施,主要有(　　)。

A. 办公设施　　　　　　　　　　B. 生活设施

C. 生产设施　　　　　　　　　　D. 辅助设施

E. 娱乐设施

4. 以下(　　)满足文明施工职工宿舍的要求。

A. 宿舍必须设置可开启式的窗户和外开门

B. 室内保证必要的生活空间,其净高不得小于2.4 m

C. 室内通道宽度不得小于0.9 m

D. 每间宿舍居住人员不应超过16人,宿舍内的单人铺不得超过2层,严禁使用通铺,人均床铺面积不得小于1.9 m×0.9 m

E. 室内应设卫生间

5. 现场安全文明施工安全标志有(　　)。

A. 禁止标志　　　　　　　　　　B. 警告标志

C. 指令标志　　　　　　　　　　D. 提示标志

E. 限制标志

6. 以下表述正确的是(　　)

A. 施工区和办公生活区要有明确的划分

B. 责任区分片包干, 岗位责任制健全, 各项管理制度健全并上墙

C. 施工区内废料和垃圾及时清理, 成品保护措施健全有效

D. 场内道路要平整、坚实、畅通, 有完善的排水措施

E. 施工机具、设备应布置安装在下风侧

7. 以下说法正确的是( )

A. 施工单位应在施工现场设置临时消防车道, 其宽度不得小于 5 m, 并保证临时消防车道的畅通

B. 安装电气设备和进行电、气焊作业人员, 必须具有相应的特种作业操作岗位资格证书

C. 进行电、气焊切割作业, 必须开具用火证, 设置专人看护, 配备灭火器具

D. 5 级(含 5 级)以上风力应停止室外电、气焊切割作业

E. 氧气瓶、乙炔瓶工作间距不小于 5 m, 两瓶与明火作业距离不小于 10 m

8. 以下说法正确的是( )。

A. 电焊工及气焊工从事电、气焊切割作业, 要有操作证和用火证

B. 用火证当日有效

C. 用火地点变换, 要重新办理用火手续

D. 施工现场和生活区, 未经批准不得使用电热器具

E. 工程中明火保温施工及宿舍内明火取暖需经批准

9. 以下说法正确的是( )。

A. 易着火的仓库应设在工地下风方向, 水源充足和消防车能驶到的地方

B. 易燃露天仓库四周应有 6 m 宽平坦空地的消防通道, 禁止堆放障碍物

C. 库房内可以兼作加工、办公等其他用途

D. 库房内严禁使用碘钨灯, 电气线路和照明应符合安全规定

E. 拖拉机进入仓库和料场进行装卸作业应有人指挥

四、简答题

1. 施工总平面图编制的依据有哪些?

2. 施工平面布置应遵循哪些原则?

3. 大门口处应设置公示标牌, 主要内容应包括哪"五牌一图"?

4. 根据国家的有关规定, 施工现场哪些部位等均属危险部位, 应当设置明显的安全警示标志?

5. 建设工程项目环境管理的目的是什么?

6. 简述防火防爆安全管理制度的主要内容。

7. 施工现场防火制度是什么?

8. 防火检查内容有哪些?

9. 现场文明施工对材料堆放有何要求?

10. 简述现场环境保护的基本规定。

11. 分析防止大气污染的基本措施。

参 考 文 献

［1］闫超君,张茹,张亦军.建筑工程质量控制与安全管理[M].郑州:黄河水利出版社,2010.

［2］郑文新.建筑工程质量事故分析[M].北京:北京大学出版社,2010.

［3］中国建设监理协会.建筑工程质量控制[M].北京:中国建筑工业出版社,2007.

［4］李峰.建筑工程质量控制[M].北京:中国建筑工业出版社,2007.

［5］马虎臣,宋广豪,郭荣玲.房屋建筑质量控制[M].北京:机械工业出版社,2007.

［6］周连起,刘学应.建筑工程质量与安全管理[M].北京:北京大学出版社,2010.

［7］白锋.建筑工程质量检验与安全管理[M].北京:机械工业出版社,2006.

［8］廖品槐.建筑工程质量与安全管理[M].北京:中国建筑工业出版社,2009.

［9］本丛书编审委员会.建筑工程施工项目质量与安全管理[M].北京:机械工业出版杜,2007.

［10］冯小川.安全管理与生产技术[M].北京:中国环境科学出版杜,2007.

［11］秦春芳.安全生产技术与管理[M].北京:中国环境科学出版杜,2007.

［12］中国建设监理协会.建设工程质量控制[M].北京:中国建筑工业出版杜,2012.

［13］金国辉.建设工程质量与安全控制[M].北京:清华大学出版杜;北京大学出版社,2009.

［14］王洪德,李钰.施工现场临时用电安全技术[M].北京:中国建筑工业出版社,2012.

［15］李世蓉,兰定筠.建设工程安全生产管理条例实施指南[M].北京:中国建筑工业出版杜,2004.

［16］中华人民共和国住房和城乡建设部.地下防水工程质量验收规范:GB 50208—2011[S].北京:中国建筑工业出版杜,2011.

［17］中华人民共和国住房和城乡建设部.建筑工程施工质量验收统一标准:GB 50300—2013[S].北京:中国建筑工业出版社,2013.

［18］中华人民共和国住房和城乡建设部.建筑地基基础工程施工质量验收标准:GB 50202—2018[S].北京:中国计划出版社,2018.

［19］中华人民共和国住房和城乡建设部.地下工程防水技术规范:GB 50108—2008[S].北京:中国计划出版杜,2008.

［20］蔡涛.浅谈建筑施工安全生产管理工作[J].建筑安全,2012(6):33-35.

［21］宁晓刚,吴建军,王英华.论建筑施工安全生产管理措施[J].科技资讯,2012(25):149.

［22］林海强.建筑施工质量管理与安全控制[J].科技创新与应用,2012(8):210.